LIVESTOCK AND MEAT MARKETING IN KOREA
From the Perspective of Value Chain

밸류체인 관점의

축산물 유통론

최 형 규 저

선 진 문 화 사

머리말

우리가 소비하는 축산물이 우리 손에 닿기까지는 생산자로부터 시작되는 유통활동이 필요하다. 생산자도 축산물을 생산하기 위해서 축사와 새끼가축, 사료 등 투입재가 필요하고 도축이라는 단계를 필수적으로 거쳐 가공에 의해 형태가 계속 바뀌어 소비자까지 이동 하는데 그러기 위해서는 다른 상품과 마찬가지로 도소매업과 운송, 보관 등의 물류활동이 수반 되어야 한다. 이 과정에서 축산물 유통 참여자들은 유통에 관한 정보 나아가서는 그 처리시스템을 바탕으로 어떠한 의사결정을 하여야 한다. 그런가 하면 오늘날 축산물 유통은 하나의 나라 안에 국한된 것이 아니고 많은 양의 축산물이 국경을 넘어 이동하고 있는 개방경제체제하에서 이루어지고 있다. 이 책은 축산물 유통 현장에서의 저자의 그동안의 일천한 경험과 관찰, 습득한 지식, 국내외 관련자료 등을 묶어 기술한 것이다. 그동안 축산물 유통에 관해서 분야별로 전문적인 자료들이 많이 산재하여 왔으나 구슬이 서말이라도 꿰어야 보배가 된다고 이 자료들을 꿰어 일관적인 하나의 흐름으로 정리해 보고자 하는 것이 이 책을 기술한 목적이다.

이 책을 기술하는데 있어 기본적인 틀이 된 것은 축산업 가치사슬(Value Chain) 모형이다. 그래서 이 책의 제명도 '밸류체인 관점의 축산물유통론'이라고 하였다. 이 책은 축산업 가치사슬을 도출하여 축산물 유통의 전체적인 흐름과 연계를 파악하고 이를 토대로 유통의 3대 기능인 거래, 물류, 유통조성의 세부 내용을 이해할 수 있도록 하는데 주력 하였다. 이 책을 기술하는데 있어 나름의 원칙은 각 파트별로 기본적으로 연혁, 내용, 문제점, 시사점 및 해결방안 등을 염두에 두었다. 그리고 현실경제에 대한 이해를 돕기 위해서 민간기업체의 이름도 기술하였으며, 국제화시대에서 필요한 기본적인 용어나 개념의 영어표기도 가급적 하려고 하였다. 또한 축산물 유통을 종합적으로 이해하기 위하여 축산을 전공하거나 관련산업에 종사하는 분들에게 다소 생소 하다고 생각될 수 있는 경제학의 수요와 공급 이론 및 탄력성의 개념, 유통론에서의 유통정보시스템(ERP, SCM 등), 선물시장 등도 간략히 소개 하였다. 다만, 시간과 자료의 제약으로 유통경로와 물류의 흐름에 있어 수입축산물을 충분히 다루지 못한 것이

아쉽다. 축산물 유통 전반을 나름 정리하고 밝히고 설명하려고 했지만 여전히 저자의 부족함을 많이 느끼며 당연히 모든 사람들의 눈높이를 만족시켜 주지는 못할 것으로 생각된다. 파트별 기술에 있어 각 독자는 그 내용이 어떤 부분은 너무 상세하고 어떤 부분은 좀 더 깊이가 있었으면 하고 느끼실 것으로 생각된다.

이 책을 기술하는 과정에서 많은 분들로부터 도움을 받았다. 가축개량과 가축분뇨 처리의 권위자 최염순 박사, 축산물 등급판정제도 도입에 혁혁한 공로를 세운 고경철 박사, 한국사료협회의 김왕근 전무와 홍순찬 이사, 축산물품질평가원의 승종원 팀장과 김성호 팀장을 비롯한 모든 직원들, 그리고 이 책의 흐름과 내용에 전반적인 조언을 해주신 안양대학교 글로벌경영학과 김동환 교수님께도 이 자리를 빌어 감사의 말씀을 드린다. 학부 시절부터 고시공부를 함께 하였고 농림부에서 오랫동안 같이 근무한 절친 유병린 FAO한국협회장은 국제무역 분야를 특별히 감수하여 주었다. 저자가 가지고 있는 조그만 소망이라면 이 책이 대학에서 공부하는 학생들이 축산물 유통의 세계를 보다 실제적이고 명확히 이해하는데 도움을 주었으면 하는 것과 축산업가치사슬상에서 부가가치를 창출하기 위하여 애를 쓰고 계신 양축농가와 축산관련단체, 축산물유통업 및 물류업에 종사하시는 분들은 물론 축산물유통 정책을 담당하는 정부의 관계자 분들에게도 얼마간의 도움이 되었으면 하는 바램이다. 이 책의 출판을 쾌히 수락해 주신 선진문화사의 양희돌 사장님과 직원분들께 감사의 말씀을 드린다.

이 책에서 제시하고 있는 의견과 에러는 전적으로 저자 자신의 것임을 밝힌다.

2019년 1월

최형규

차 례

제5부 축산가공품의 유통 271

제6부 미래의 도전 283

제 1 부

배경 자료

제 1 장 서 론

우리가 생존하고 활동하기 위해서는 이에 필요한 에너지를 얻어야 하고 그 에너지는 곡물, 야채, 과일, 축산물, 어류 등에서 얻게 되는데 이를 식량자원(food resource)이라고 한다. 동물로부터 식량자원을 얻기 위하여 인류는 주변에 있는 이용가치가 높은 야생동물을 길들이기 시작 하였다. 축산은 식량생산을 목적으로 하는 농업의 한 부분으로 발전하여 인간이 이용하기에는 곤란한 식물의 줄기와 잎 등을 가축의 먹이로 하여 인간이 이용하기 쉬운 유익한 물질로 변환시키는 일을 담당하여 왔다. 그 유익한 물질은 고기, 젖, 난 등의 고품질 단백질, 옷과 신발을 만들 수 있는 가죽과 털 그리고 운송, 동력의 제공 등이다.

우리나라 사람이 1일당 섭취하는 에너지량이 1980년 2,486kcal에서 2016년 3,129kcal로 증가하였다. 이 중 쌀, 보리 등 양곡에서 얻는 량은 76.3%에서 39.5%로 줄어들었고 육류, 계란, 우유 등 축산물에서 얻는 량은 5.6%에서 13.5%로 증가하였다. 우리나라 사람이 1인당 육류를 1년간 소비하는 량은 지난 25년(1990~2015년) 사이에 거의 3배가 증가 하였다. 이러한 수요 증가에 따라가기 위해 많은 숫자의 가축 · 가금이 국내에서 사육되고 있으며, 생산성 향상을 도모하기 위해 증체율과 육질이 좋은 품종 간의 교잡에 의한 개량, 사육기술 개선 등이 이루어져 왔고, 국내 생산이 부족한 부분은 외국에서 수입하고 있다.

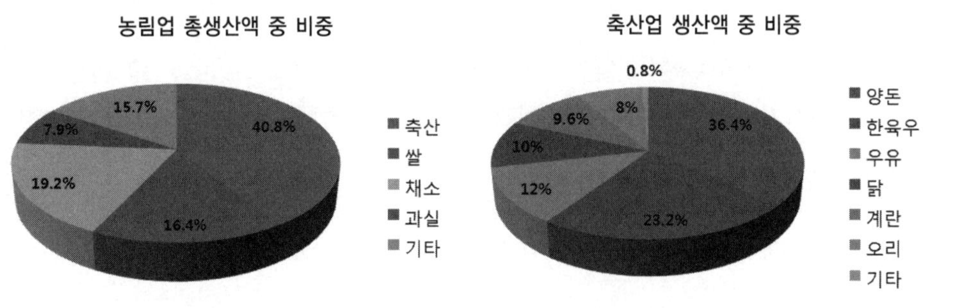

[그림 1-1] 농림업 총생산액 중 비중 및 축산업 생산액 중 비중

2015년 기준 농림업총생산액 46조8,909억원 중에 축산 40.8%, 쌀 16.4%, 채소 19.2%, 과실 7.9%를 점하고 있으며, 농업생산액이 큰 10대 품목에 축산품목이 6개를 차지하고 있다. 축산부문의 내역을 보면 축산업생산액 19조1,257억원 중 양돈 36.4%, 한육우 23.2%, 우유 12.0%, 닭 10.0%, 계란 9.6%, 오리 8.0% 등이다. 한편, 축산은 우리에게 유익한 식품과 부가가치 및 고용 창출이라는 가치를 제공하여 주지만 규모 확대에 수반하여 악취, 수질오염 등의 환경문제에도 직면하여 있다.

산업혁명에 의해 상품의 대량생산이 가능해 짐에 따라 지리적으로 멀리 떨어져 있는 생산과 소비를 연결시키는 유통기능이 필요하게 되었다. 이 시대에는 도시가 발달하면서 도시민들이 가축을 기르는 것을 포기하고 육류를 이웃의 양축농민들에게 의존하기 시작하였다. 그러나 이 단계에서의 유통기능은 단순히 생산된 제품의 집하와 분배에만 치중되어 있었으나, 사회조직이 더욱 복잡하여지고 생산 · 유통 · 소비의 분업화가 이루어 지면서 오늘날과 같은 정교한 형태의 유통기능이 본격적으로 형성되었다. 유통의 효용(utility)은 소비자가 특정제품이나 서비스에 대해 주관적으로 평가하는 가치를 말하는데 형태(form), 시간(time), 장소(place), 소유(possession)의 4가지가 있다. 가축 생산자들이 가축을 번식, 사육하는 프로그램과 가축을 도축 · 가공하는 활동은 형태효용의 창출에 관련되어 있는 경우이다. 육류의 공급이 많은 시기에 저장하였다가 부족한 시기에 공급하는 것은 시간효용의 창출의 경우이다. 생축과 그 생산물이 생산지역에서 소비지역으로 이동하는 것은 장소효용의 창출이고, 이 것이 소비자의 손에 들어가는 것은 소유효용의 창출이 된다. 그러나 이러한 효용 창출에 필요한 서비스가 가능하기 위해서는 도소매업체 등 중간 유통상인들과 도축, 가공, 보관, 운송 등 생산물의 소유와는 관련이 없는 주체들도 참여한다.

선진국과 개도국 모두 수 많은 생산자들이 가축을 사육하고 있다. 육류 가공의 정도와 축산물유통시스템의 정교함은 그 나라의 축산업 규모, 생산자 · 가공업자 · 유통업자들의 경영능력, 정부제도와 경제발전의 수준 등에 따라 다양하지만 세계적으로 보면 굉장한 량의 인력, 토지, 자본 등이 투입되고 있다. 이처럼 축산물유통시스템은 나라마다 다르지만 각국의 축산물유통시스템의 주요한 목적은 수요와 공급에 의한 균형된 가격으로 축산물을 생산자로부터 소비자까지 가능한 효율적으로 이전시키고, 유통 참여자 간에 공정한 소득분배가 이루어지도록 하는데 있다.

가축화의 조건

인류 역사상 최초로 가축화한 동물은 야생늑대를 길들인 개라고 알려져 있으며 약 1만년전에 가축화(domestication)된 것으로 추정하고 있다. 개와 비슷한 시기에 양과 염소가 가축화 되었다. 그 후 3대 가축이라고 하는 소, 돼지, 닭의 순서로 가축화 되었다. 그러나 모든 야생동물을 가축화 할 수 있는 것은 아니다. 대형 야생 육서 포유류 148종 중 가축화된 야생종은 모두 14종에 불과하다고 한다.

재레드 다이아몬드는 그의 책『총, 균, 쇠』에서 가축화에 필요한 조건들을 다음과 같이 제시하고 있다. (1) 식성 : 어떤 동물이 먹이를 먹을 때 소비자의 생물 자원으로 환원되는 효율이 중요하다. 근본적인 비효율성을 가진 육식성 포유류는 식용으로 가축화될 수 없다. (2) 성장속도 : 가축은 빨리 성장해야만 사육할 가치가 있다. 고릴라나 코끼리는 기특할 정도로 먹이를 가리지 않고 많은 고기를 제공하지만 다 자라려면 15년을 기다려야 하므로 불합격이다. (3) 손쉬운 번식 : 감금 상태에서 번식이 가능해야 가축으로서의 가치가 있다. 장거리를 달리는 구애 과정을 거쳐야만 배란을 하거나 교미가 가능한 치타를 가축화할 수는 없다. (4) 성격과 버릇 : 웬만한 크기의 포유류는 대부분 사람을 죽일 수도 있다. 따라서 온순한 성격을 가진 동물만 가축화가 가능하다. 유달리 신경이 예민하고 발이 빠른 사슴이나 가젤도 불합격이다. (5) 사회적 구조 : 무리를 지어 활동 하면서 위계가 있는 동물은 고정적인 순서를 유지하고 지도자를 본능적으로 따르기 때문에 목축에 적합하다. 세력권을 갖고 혼자 사는 동물들은 대부분 가축화되지 않았다.

■ 참고문헌 ■

• 재레드 다이아몬드(Jared Diamond)(2013), 총, 균, 쇠Guns, Germs, and Steel, 김진준 역, 문학사상사

제 2 장 축산물 유통의 이해

산업화 이전만 하더라도 생산농가는 자기가 만든 생산물을 일정한 장소에 가지고 가서 살 사람을 직접 물색하여 거래 하는 것이 일반적이었다. 그러나 고도 산업화 시대가 되면서 중간에서 거래를 하여 소유권을 이전받고 재화를 최종소비자에게 이동시키는 중간상인이 출현하면서 유통활동이 나타나기 시작 하였다. 재화를 거래하는 장소를 의미하는 시장도 시대가 변함에 따라 장소 뿐만 아니라 상품, 시간과 결부되어 그 의미가 광범위해 졌고 최근의 전자상거래에서는 거래는 물리적 장소(marketplace)가 아니고 전자시장공간(marketspace)상에서 이루어 진다. 축산물은 이러한 시장에서 교환이 이루어지는 하나의 상품이다. 상품으로서 축산물은 생산자로부터 소비자에게 이전되어야 그 가치가 있으며, 축산물이 이전되는 과정은 다른 상품, 즉 공산품은 물론 야채나 해산물과도 다른 축산물만이 갖고 있는 특성이 있다. 이 장에서는 유통과 시장의 개념 그리고 이 책의 주제인 축산물유통의 개념과 그 특성을 다루었다.

제 1 절 유통과 시장

1. 마케팅과 유통

자급자족 경제에서는 생산농가가 가축의 사육뿐만 아니라 판매를 위한 장소의 탐색과 이동, 구매자 탐색, 가격의 흥정 등 모든 것을 다 하여야 한다. 이들 생산농가가 최종 구매자와의 사이에서 누군가에게 사육 이외의 판매활동을 맡길 수 있다면 생산자는 생산에 전념할 수 있고 사육 가축마리수를 늘려 규모의 경제도 도모할 수 있을 것이다. 더욱이 오늘날 자본주의 또는 자유시장경제 시스템을 이끌어 나가는 것은 생산자가 아니고 소비자다. 소비자는 궁극적으로 누가 무엇을 생산할 것인지를 결정한다. 이러한 소비자의 요구에 맞추는 것이 마케팅의 역할인데 많은 사람들이 마케팅하면 판매와 광고를 주로 떠올린다. 마케팅이란 용어는 관점에 따라서 또는 주체에 따라서 다양하게 정의 되지만, 이러한 정의들로부터 두 개의 공통된 현상을 통찰할 수 있다. 하나는 마케팅은 판매를 포함하는 광범위한 개념이라는 것이다. 둘째는 생산물 형태는 반드시 시장요구를 충족시켜야 한다는 것이다. 이러한 관점에서 마케팅은 '조직과 개인이 서로의 필요와 욕구를 충적시키기 위해 시장에서 교환이 일어나도록 하는 일련의 활동', 즉, 시장에서의 계속적 활동(Market+ing)으로 정의되며, [그림 2-1]과 같이 나타낼 수 있다.

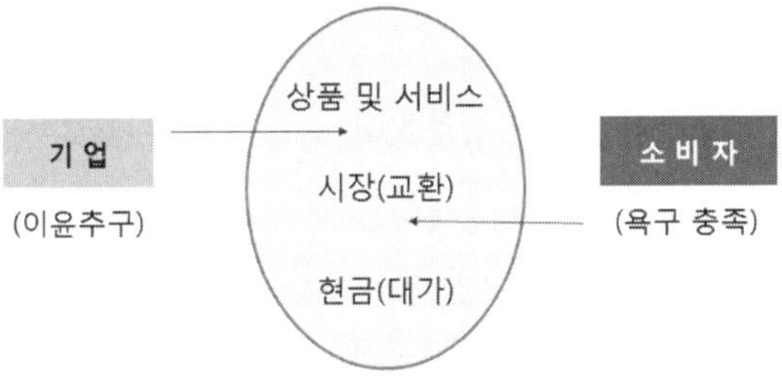

[그림 2-1] 마케팅의 정의

*자료 : 오영애 · 김문정 · 김은희(2014). 유통의 이해. 두남

마케팅과 유사한 의미로 유통이라는 용어가 사용되기도 하지만, 보통 유통은 마케팅의 실행을 위한 중요한 수단들을 통칭하는 마케팅믹스 변수의 하나로 이해 된다. 마케팅믹스는 기업이 제품 수요에 영향을 미치기 위해 수행하는 모든 것을 포함 하는데 대체로 제품(production), 가격(price), 유통(place), 촉진(promotion)으로 구성되는 4P로 분류될 수 있다. 이 중 유통은 기업이 자기가 생산한 상품을 소비자에게 이전하는 활동을 말한다. 따라서 생산자가 만들어 낸 제품을 소비자에게 이전시키는 과정에서 필요한 활동이 유통이라면, 마케팅은 유통활동이 일어나도록 만드는 활동이라고 할 수 있다.

유통활동에서 생산물이 이전되는 궤적을 추적하면 수도관이나 파이프라인과 같은 길을 그릴 수 있는데 이 길을 유통경로(distribution channel) 또는 마케팅경로(marketing channel)라고 한다. 그러나 유통경로에 대한 정의도 제조업자, 소비자, 유통관련연구자 등의 관점에서 약간씩 다르다. 마케팅론에서는 일반적으로 유통경로는 '상품의 유통에 참여하고 있는 독립적이면서 상호의존적인 다양한 조직체들의 집합'이라고 정의한다. 유통경로는 생산자, 다양한 형태의 도매상과 소매상과 함께 운송회사, 창고회사 등과 같이 물류와 유통기능을 촉진하는 기관 등으로 구성된다. 유통경로는 흔히 유통단계와 유통길이로 나누어 언급되고 있다. 유통단계란 제품 및 그 소유권이 이전될 때 관계하는 중간업자의 수를 말하며, 유통길이는 유통단계가 많을수록 길다고 말한다.

유통경로는 생산과정을 통하여 얻어진 상품의 사용가치에 추가적인 효용을 부가함으로써 상품의 교환가치를 높여서 완전한 상품이 되게 하고, 시장에서 상품으로 거래될 수 있도록 한다. 완전한 상품을 제공해 준다는 것은 소비자가 원하는 시점에 원하는 장소에서 원하는 형태의 상품이나 서비스를 소유할 수 있도록 해 주는 것을 의미한다. 이러한 효용을 창출하기 위하여 유통경로상에서 수행되는 제반기능을 유통기능이라고 하며, 유통기능은 거래기능, 물적유통기능, 조성기능으로 나눌 수 있다. ①거래기능은 생산자로부터 도매상과 소매상을 거쳐 소비자에게 상품의 소유권이 이전되는 기능으로 교환기능 또는 상적유통기능이라고도 하며 구매 및 판매활동을 통해 수행된다. ②물적유통기능은 상품의 소유권과 관계 없이 상거래 성립 후 상품의 물리적 이동이 원활하게 이루어지게 하기 위한 활동으로 운송, 보관, 하역, 포장 등의 활동을 말한다. 이와 같이 상품의 소유권 이전과 관련된 기능이냐 소유권과 관계없이 단순히 상품의 물리적 이동과 관련된 기능이냐에 따라 유통을 상적유통(commercial distribution)과 물적유통(physical distribution)으로 구분한다. ③조성기능은 상적 및 물적유통기능이 원활하게 수행될 수 있도록 지원해 주는 활동으로 표준화, 금융, 위험부담, 시장정보제공 활동 등을 말한다.

- **표준화활동** : 표준화는 상품의 질적 또는 양적 차이를 식별하는 척도를 말하고, 등급화(grading)란 표준화에 의거하여 상품을 선별하는 과정을 의미한다. 쇠고기 등급제는 표준화활동의 대표적인 예이다.
- **금융활동** : 유통경로구성원 간에는 유통이 원활하게 이루어질 수 있도록 외상거래, 할부판매, 자금지원 등의 금융거래가 이루어진다. 생산농가는 축산물의 출하와 재생산을 위하여 자금을 필요로 하고, 유통업자는 운영자금을 필요로 한다.
- **위험부담활동** : 유통과정에서 발생되는 물리적, 경제적 위험에 대한 부담을 말한다. 물리적 위험은 유통과정 중 도난, 파손, 부패 등으로 발생하고, 경제적 위험은 재고상품의 가치하락, 수요 감소, 거래업체의 도산 등에 의해 발생한다. 축산물 도 · 소매상 등이 재고를 분산 · 보관하거나 생산 · 가격위험에 의한 금전적 손실을 가축공제 등의 방법으로 부담하는 것 등을 예로 들 수 있다.
- **시장정보제공활동** : 기업이 필요로 하는 예상판매량, 가격정보, 소비자 정보 등과 소비자가 필요로 하는 상품정보, 생산정보 등을 수집 · 제공하는 활동이다.

2. 시장

우리가 시장(market)하면 언뜻 동대문 시장이나 남대문 시장과 같은 특정한 장소나 건물을 떠올리기 쉽다. 그러나 가축시장, 자동차 시장, 스마트폰 시장 등이 언급되는 것도 자주 들을 수 있다. 또 어떤 경우에는 곡물 및 외환시장 같은 선물시장이 언급되기도 한다. 이 경우 시장은 특정한 장소, 상품, 시간과 결부되어 있다. 또한 중국시장을 개척한다고 하는 경우에 시장은 잠재적 구매자의 집합을 의미하기도 한다. 최근 우리나라에서는 '시장을 이기는 정부는 없다'라는 말도 유행하고 있다. 이때의 시장은 정부와 대응되는 민간부문의 경제활동을 의미하는 것으로 이해될 수 있다.

시장은 물리적인 장소만을 의미하지 않는다. 시장은 구매자와 판매자가 직접 또는 중매인을 통하여 서로 접촉한 결과로 재화와 서비스의 교환이 발생하는 수단이다. 시장의 역사는 인류 문명의 역사만큼이나 오래되었다는 고고학적인 증거가 말해 주듯이 사람들은 오래전부터 서로에게 이익이 되는 거래를 끊임없이 추구해 왔다. 즉, 시장은 서로에게 이익이 되는 거래가 가능하기만 하면 자발적으로 형성되어 그 영역이 확대되고 심화되어가는 속성을 가지고 있다. 시장에 대한 개념들 사이에는 차이가 있지만, 그 것은 형식상의 표현일 뿐 시장은 세 가지 중요한 기능을 가지고 있다. 그것은 ①구매자와 판매자를 연결한다. ②정보, 상품, 서비스의 교환, 그리고 시장거래와 연관된 지불을 용이하게 한다. ③효율적인 거래가 가능하도록 하는 제도적 기반구조(법령 등 각종 규제)를 가지고 있다는 것이다. 오늘날 발달한 전자상거래는 이러한 시장기능을 용이하게 만들거나 시장기능을 수행하는데 수반되는 비용을 상당히 줄여 줌으로써 시장의 효율성을 높여 주고 있다. 결국 유통과의 관계에서 시장이란 거래 등 유통의 주요기능이 이루어 지는 장소(물리적 장소만을 의미하는 것은 아님)이기도 하고 이를 뒷받침 해주는 제도이기도 하다고 볼 수 있다.

제2절 축산물 유통의 특성

각국은 보통 축산물에 대해 그 생산에 대한 지원, 생산물의 안전성 등을 위한 규제, 그리고 효율적 유통시스템의 구축 등을 위하여 법과 제도를 갖고 있다. '축산법'에서는 가축의 종류를 열거하여 생산, 유통 등을 지원하고 있다. '축산물위생관리법'에는 축산물은 가축으로부터 얻어진 고기, 젖, 알 및 그 가공품으로서 우리가 먹을 수 있도록 인정된 것이라고 규정하고 있고 동시에 축산물의 안전성 확보를 위한 여러 가지 규제조치를 규정하고 있다. 우리가 이 책에서 다루려고 하는 축산물유통은 가축으로부터 얻는 고기, 젖, 알 등과 그 부산물 또는 그 가공품으로 이루어진 상품으로서의 축산물이 한 기업만이 아닌 국가적 · 사회적으로 생산자로부터 소비자에게로 이전되는 경제적인 활동 또는 과정이다. 축산물은 상품의 성질상 다음과 같은 고유한 유통상의 특징을 가지고 있다.

첫째, 가축은 성숙 전에도 판매가 가능하여 상품원재료로서 가치를 가진다. 가축은 성축뿐만 아니라 어린 새끼에 있어서도 유통이 이루어 질 수 있어 다른 생산물보다 상품화 될 수 있는 시간적인 기간이 짧다.

둘째, 생산자로부터 소비자까지의 유통은 가축의 수집, 도축, 가공, 판매 등 여러 단계를 거친다. 또한 축산물 유통경로에는 소유권을 이전하는 상적유통이 아닌 단순히 상품의 물리적 흐름에 관계되는 물적유통에 관계하는 경우가 많다. 예를 들어 보관, 운송 등 물적유통에만 종사하거나 가축거래상인, 도축장, 식육포장처리업체 중에는 소유가 아닌 중개에만 종사하는 경우가 많이 있다.

셋째, 육류의 유통은 생산자로부터 출하 될 때와 소매점에서 판매 될 때의 상품 형태가 전혀 다르다. 청과물이나 어패류 등은 출하에서 판매까지의 유통 단계에서 상품 형태는 별로 바뀌지 않는다. 반면 육류의 경우에는 생축→지육→부분육→정육으로 변하면서 유통이 되고 이 과정에서 무게손실도 발생한다.

넷째, 축산물의 유통에는 생축으로부터 가공 · 판매에 이르기까지 냉장 · 냉동시설 등 부패성을 막고 위생안전성을 확보하기 위한 시설과 품질을 확보하여 상품성을 높이기 위한 특별한 기술이 요구된다.

다섯째, 축산물의 공급은 비탄력적인 성격을 띠고 있다. 즉 가격변동에 대한 대응이 단시간에 이루어지기 어렵다. 그러나, 축산물은 소득탄력성(제3장 참조)이 다른 농산물에 비하여 높기 때문에 소득수준이 향상됨에 따라 축산물 소비량이 증가 되는 경향을 보이고 있다.

이와 같이 축산물유통은 시장에서 축산물의 상적유통과 물적유통, 그리고 이를 뒷받침하는 유통조성기능의 3대 측면이 어우러져 움직임과 동시에 식품의 안전성, 공정한 거래, 환경보전, 식량안보 등을 위한 정부의 규제와 지원 기능 그리고 국제 통상환경이 함께 작용하고 있는 대단히 동태적이고 복합적인 과정이다.

제 3 절 이 책의 구성과 체계

제1부 배경 자료는 축산물 유통에 관련된 기본적인 개념 이해와 축산물 유통을 전반적으

로 이해 · 조망하기 위한 것으로 서론(제1장), 축산물 유통의 이해(제2장)로 시작 하였다.

제2부 축산물 수요와 공급의 경제학에서는 축산물 유통은 한 나라의 경제활동의 한 부분을 구성하고 있기 때문에 경제학에서 설명하는 수요와 공급의 기본 개념과 시장의 원리, 세계의 축산 현황 등을 이해하는데 초점을 두었다. 이에 따라 경제와 유통의 원리(제3장), 세계의 축산과 국제무역(제4장), 생산 · 가격 변동과 가축순환주기(제5장), 한국의 축산물 수급 현황(제6장)으로 구성되었다. 그리고 이 책의 기술의 기본틀이 되는 축산업 가치사슬(제7장)로 구성 하였다.

제3부 축산물 거래는 축산물 유통의 가장 기본적 기능인 축산물의 거래 즉 소유권이전에 관한 것으로 축산업 가치사슬에 기초한 유통단계별로 기술하였다. 투입단계(제8장), 생산 · 출하단계(제9장), 도매단계(제10장), 소매단계(제11장)로 구성되어 있으며, 여기에 축산물 유통의 모든 단계에서 차지하는 비중이 높은 협동조합 유통(제12장)과 축산물 유통의 각 단계를 연결 · 조정하여 거래하고 있는 축산 계열화(제13장), 축산물거래에서 새로 개척해야 할 선물시장(제14장)을 다루었다. 그리고 품목별로 각 거래단계에서 도출되는 축산물 유통경로 및 유통비용(제15장)을 다루었다.

제4부 축산물 유통조성 및 물류는 축산물의 거래기능이 원활하게 이루어지도록 하는 보조기능과 축산물의 물리적 이동을 설명하는 것으로서, 물류에는 편의상 유통정보를 함께 묶어서 다루었다. 등급제도(제16장), 안전성과 품질관리(제17장), 그리고 물류 및 유통정보화(제18장)로 구성하였다.

제5부 축산가공품의 유통에서는 축산업에 부가가치를 더해주고 소비가 늘어나고 있는 2차 축산가공품의 종류와 유통경로(제19장)를 다루었다.

제6부 미래의 도전에서는 축산물 유통의 전망과 과제(제20장)를 다루었다. 향후 축산물 유통에 영향을 줄 것으로 예상되는 대내외적인 요인들을 감안한 축산물 유통의 전망과 이에 따른 축산물 유통의 기본적 과제 및 나아가야 할 중장기 방향을 제시하는데 중점을 두었다.

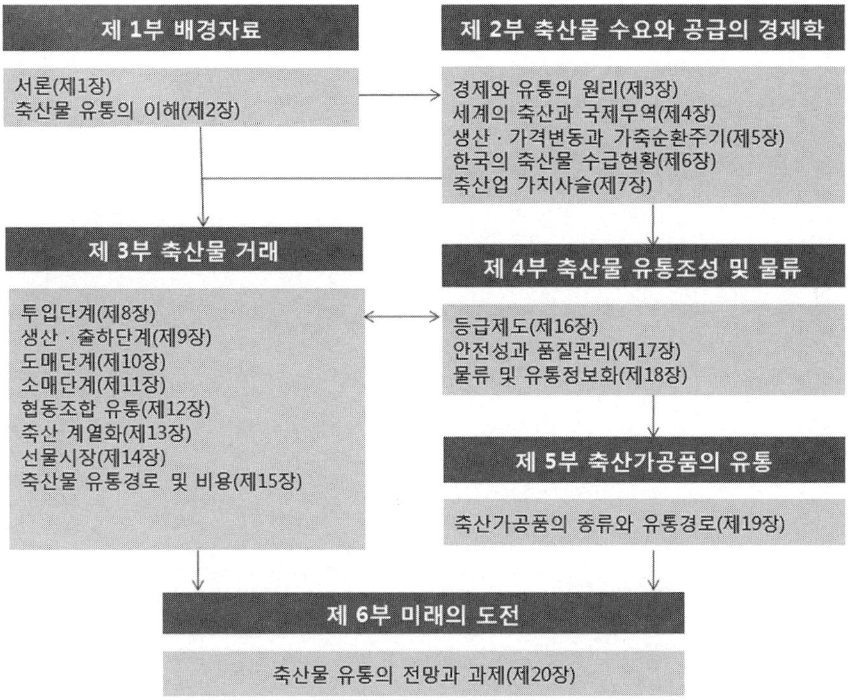

[그림 2-2] 이 책의 구성과 체계

■ 참고문헌 ■

- 박찬욱(2017), 실전 유통론, 청람
- 오영애 · 김문정 · 김은희(2014), 유통의 이해, 두남
- 이영환(2014), 미시경제학, 율곡출판사
- 필립 코틀러(Philip Kotler) 외(2008), 마케팅원리Principles of Marketing, 12th Edition, 안광호 외 공역, 시그마프레스
- J. H. McCoy and M. E. Sarhan(1988), Livestock and Meat Marketing, An avi Book

제 2 부

축산물 수요와 공급의 경제학

제 3 장 경제와 유통의 원리

이 장에서는 효율적인 시장과 이를 측정하는 관점이 되는 가격 효율성과 운영 효율성을 다루었다. 가축이나 축산물의 마케팅은 매우 실질적이고 현장 중심적이지만 경제학의 기초 개념은 이러한 시스템에 있어서 경제적인 환경을 이해하는데 도움이 된다. 경제학의 기초개념 중에서도 탄력성(elasticity)과 수요와 공급에 의한 시장균형(market equilibrium)에 한정해서 설명할 것이다. 소비자는 시장경제의 기본적인 의사결정권자이지만 그 중 소수만이 우리가 원하는 모든 것을 살 수 있다. 소득이 한정적인 소비자는 상대적으로 비싼 제품을 적게 구매하거나 다른 제품을 선택하게 된다. 소비자에게 이러한 선택을 하게 해주는 도구가 바로 탄력성이다. 탄력성의 개념은 육류의 수요에 영향을 미치는 요인들의 변화가 육류 수요에 어느정도 영향을 미치는지를 이해하는 도구가 된다.

제 1 절 시장의 문제

지속가능하고 경쟁적인 시장은 물리적 시설 이상을 요구한다는 것은 일반적으로 동의가 되어 있다. 그러나 거래 당사자들이 의사결정을 위해 필요한 정보를 충분히 갖고 있지 않거나 어느 한쪽이 다른 쪽보다 더 많은 정보를 가지고 있는 경우 시장은 정상적으로 작동하지 않는다. 거래에 관심있는 모든 당사자들이 적절한 정보를 갖추고 효율적인 의사소통 시스템을 갖는다면 시장의 개념은 지리적인 위치나 공간과는 관련이 약해지게 된다. 정보통신기술의 발달은 이러한 변화를 더욱 가속화시키고 있으며, 최근의 전자상거래(electronic commerce)는 이러한 생각을 더욱 명백하게 만들었다.

시장경제는 생산수단의 사유화를 바탕으로 주로 시장의 힘에 의하여 통제되는 경제체제 또는 경제질서로서 서로 관련되어 있는 무수히 많은 시장들로 이루어져 있다. 시장이 제대로 그 기능을 수행하도록 하는데 있어 가장 중요한 파라미터는 바로 가격체계이다. 시장경제에서는 수요와 공급에 의하여 경쟁적으로 결정된 가격이 무엇을 언제 어디에서 생산하고, 생산에 어떠한 기술이 사용되고, 언제 어디로 이전되고, 언제 어디에서 소비가 일어나고 이러한 과정에서 누가 이를 주체적으로 진행시킬 것인가를 인도하는 힘으로 작용한다. 그러나 현실에 존재하는 시장경제에서는 불완전경쟁이 보편적이고 경제주체들이 필요로 하는 재화나 서비스에 대한 시장이 모두 형성되어 있지 않은 것이 일반적이다. 기본적으로 시장경제에서는 정부가 제한된 위치를 갖고 있기 때문에 시장에 그 영향력을 발휘할 수 있는 힘이 시장 밖에서 때로는 시장내에서 자주 생긴다. 그러므로 어떤 규제가 없다면 이 힘은 독점, 과점 등이 되어 수요와 공급의 힘을 왜곡하고 결국 가격의 힘을 왜곡하게 된다. 따라서 세계 모든 나라가 시장활동에 대해 어느 정도의 정부 규제와 통제를 하고 있지만 정도의 차이는 각기 다르다. 그러나 어떠한 경제체제이든 상품의 생산과 분배, 참가자 간에 소득이 분배되는 기능은 필수적이다.

시장이 효율적이지 못하면 가격체계는 사람들에게 잘못된 신호(signal)를 제공함으로써 생산에 이용되는 자원의 분배가 왜곡되고 소비자는 원하는 형태, 양, 질, 장소 그리고 시간에 맞게 재화를 갖게 되지 못하게 된다. 또한 개인들 간의 소득 분배가 불공평 할 수 있다. 일반적으로 시장경제에서 바람직한 목표에서 벗어나게 되면 효율성과 공평성을 높이기 위하여 공익(public interest) 또는 공공복리(public welfare)라는 이름으로 정부가 개입하게 된다. 정부의 개입은 검사, 허가, 독점 방지 규제 등의 다양한 조치들로 법령, 제도 등의 형태로 이루어진다.

1. 가격 효율성과 운영 효율성

자유시장경제 체제에서 발생하여 왔던 문제들은 시장이 경제를 이끌어 나가는데 있어서 기대되는 기능으로부터 직접 연유한다. 이것은 4가지로 구분하여 볼 수 있는데 ①소비자 수요의 결정 ②소비자 수요의 변화가 마켓채널 상류의 가공업자와 생산자에게 반영 ③창출된 소득의 공평한 분배 ④유통경로를 통한 상품의 소비자까지의 이동이 그 것이다. 시장경제 체제에서 발생하는 문제는 이러한 기능들이 수행되는 효율성과 직접적인 관련이 있다. 앞의 3가지는 가격 효율성(pricing efficiency)과 관련되어 있고, 마지막 4번째는 운영 효율성(operational efficiency) 문제이다. 그러나 실제로는 이 두 가지 문제가 흔히 서로 관련되어 있다.

시장기능의 가격 효율성은 시장경제체제에서 가격이 형성하는 역할과 관련이 있다. 즉, 가격 시스템이 소비자 수요의 변화를 정확하게 해석 하는가 또 변화하는 수요를 즉시 생산자에게 전달하여 자원의 적절한 분배를 이끌어 내는가 그리고 생산자와 유통인 사이에 공평하게 소득을 분배하는가 하는 문제와 관련이 되어 있다. 가격 효율성과 관련된 첫번째는 소비자 수요의 결정이다. 이는 시장시스템이 어떻게 신속정확하게 그리고 자유롭게 최종 소비자에게 생산물의 내재된 가치를 측정하는 가격을 형성하여 주는가의 문제이다. 시장에서 수요와 공급의 원리에 의해 가격이 형성되지만 이는 생산물의 가치에 변화를 야기하는 모든 요소와 다양한 종류의 정보를 항상 충분히 반영한 것이어야 한다. 두번째는 소비자 수요의 변화가 유통경로를 거슬러 올라가 가공업자나 생산자에게 잘 반영되는가의 문제이다. 만약 시장의 조건변화에 대해 각 부문들이 가격의 조정에 매우 느리게 반응하여 자원의 효율적인 배분이 이루어지지 못한다면 이것은 가격 형성이 비효율적이라고 말할 수 있다. 세번째는 창출된 소득의 공평한 분배이다. 예를 들면 축산물에 대한 총소비자 지불가격은 양축농가와 가공, 운송, 도매, 소매 등의 서비스에 공정하게 지불되어야 한다. 공정한 시장과 경쟁하에서는 유통과정에 참여한 어느 당사자도 불만하지 않게 소득이 공평하게 분배되어야 하는 것이다. 그러나 공평성(equity)은 객관적 평가가 어렵고 규범적 판단을 요구한다.

시장기능의 운영 효율성은 투입 대 산출비율로 측정된다. 즉, 더 적은 자원으로 생산지점에서 소비지점까지 이전하는 상품의 양을 종전과 동일하게 하거나, 같은 자원으로 취급하는 상품의 양을 종전보다 더욱 증가시키는 경우 등은 모두 운영 효율성의 증가를 대표한다. 이 경우 모두 유통의 단위당 비용이 운영 효율성의 향상에 따라 낮아질 것이라고 가정한다. 그러나 모든 형태의 운영 효율성이 직접 측정되지는 않는다. 농가 수취가격과 소매판매 가격과의 차이로 정의되는 유통마진(제15장 참조)은 농가에서 소비자로 상품을 가공하고 이전시키는데 수행되는 서비스의 대략적인 가치이다. 이러한 과정에서 창출되는 부가가치와 유통비용의 대비로 운영 효율성을 대략적으로 측정할 수 있다. 그러나, 여기에 포함되어 있는 일반적 가정은 부가가치와 유통마진에 있어서 과도한 이윤의 유입을 막을만큼 경쟁이 충분하다는 것이다.

2. 시장의 실패

시장의 기능이 불안하고 비효율적으로 움직일 때마다 하나의 시장에 참여하는 참여자들에 대한 보상이 불평등하게 이루어지고 시장은 정보의 전달에 있어 불안하게 된다. 사실상 완벽한 시장경쟁은 존재하지 않는다. 이와 같이 시장이 자유롭게 기능하도록 맡겨둘 경우 효율적인 자원배분을 하지 못하는 경우를 시장실패(market failure)라고 한다. 어느 정도의 시장실패는 항상 존재하는데, 이는 운영의 비효율성 또는 가격의 비효율성 또는 이 두 가지 모두가 작용하였을 때 발생하게 된다. 가격독점에 의하여 노동투입에 비하여 자본이 더 많은 이윤을 취득하는 경우나 시장의 조건변화에 대해 각 부분들의 가격조정이 매우 느리게 반응하는 경우에 가격 비효율성이 발생한다. 예를 들어 산지 가축가격이 내렸는데 소비지 육류 가격이 잘 연동되지 않는 경우 그것이 판매자의 과도한 이윤 추구와 이를 위한 가격조정 지연 등에 기인한다면 가격이 비효율적이라고 말할 수 있다.

그러나 농업부문에 있어서 이와 같이 전형적인 냉철한 경쟁적 시장구조만 존재하는 것은 아니다. 많은 생산자단체는 정부에 대해 가격과 소득 보장을 요구하고 있고, 각국 정부는 1995년 WTO(World Trade Organization : 세계무역기구)가 출범한 후 직접적인 가격 지지정책은 국제규범내에서 제한적으로 실시 하고 있지만 별도의 농가소득 안정정책의 시행과 식량 안전보장이나 농촌과 농지가 가지고 있는 환경 및 지역보전 역할에 대하여 특별한 지불을 하기도 한다.

제 2 절 수요와 공급 이론

수요와 공급은 시장경제체제를 움직이는 원동력이다. 수요와 공급은 시장에서 사람들이 상호작용 하는 행위를 말하는데, 각 재화의 판매가격과 생산량을 결정한다. 수요와 공급이론을 설명하기 위해서는 시장이 완전경쟁적이라고 가정한다. 완전경쟁시장은 ①판매되는 재화들이 동일하다. ②소비자와 판매자의 수가 많아서 각 소비자와 판매자는 시장가격에 영향을 미치지 못한다는 두 가지 조건을 만족하는 시장이다. 완전경쟁시장에서는 소비자나 판매자들이 시장에서 결정되는 가격을 받아 들여야 하므로 이들을 가격 수용자(price takers)라고 한다. 수요와 공급의 이론을 설명하기 위해서 완전경쟁시장이 가장 편리하기 때문에 완전경쟁시장을 전제로 하지만 그 기본적인 원리는 보다 복잡한 시장에도 적용될 수 있다.

1. 수요 이론

1.1 개념

수요(demand)란 소비자들이 값을 치르고 구입할 의사와 능력이 있는 재화나 서비스의 양을 의미한다. 다른 조건이 같을 때 어떤 재화의 수요량은 가격이 오르면 줄어들고 가격이 내리면 늘어나므로 수요량은 가격과 마이너스 상관관계에 있다고 말하는데 이를 수요의 법칙이라고 한다.

수요곡선(demand curve)은 소비자의 수요량을 결정하는 다른 변수들은 변함이 없다는 것을 전제하고 어느 재화의 가격과 그 재화의 수요량 사이의 관계를 말하는데, 보통 수요곡선은 우하향하는 모습을 보인다. 원칙적으로 각 소비자는 자신이 구매하고자 하는 모든 상품에 대해 수요곡선을 가진다. 개인의 수요곡선은 한계효용곡선과 일치한다고 말할 수 있다. 효용(utility)은 소비자가 한 재화 묶음에서 얻는 만족을 나타내는 추상적인 개념으로, 한계효용(marginal utility)은 소비자가 소비량을 한 단위 증가시켰을 때 발생하는 추가적인 효용을 의미한다. 개인의 수요곡선을 모두 합하면 시장 수요곡선이 도출된다. 시장 수요량은 재화의 가격 뿐만 아니라 소득, 취향, 미래에 대한 기대, 대체재와 보완재의 가격, 구매자의 수 등에 의해서도 영향을 받는다.

1.2 수요의 탄력성

1.2.1 가격 탄력성

수요의 법칙은 가격이 상승할 때 수요량은 감소하고, 가격이 하락할 때 수요량은 증가할 것이라는 것을 말해주지만 수요량이 얼마만큼 변화할지에 대해서는 탄력성의 개념을 동원하여야 한다. 탄력성의 개념은 가격이나 소득이 오르면 육류의 소비가 어느만큼 늘어날까, 축종 간에는 어떤 차이가 있을까 또는 쇠고기 가격이 올라가면 돼지고기의 수요에는 어떤 영향이 있을까 등을 설명하는데 유용한 도구가 된다. 경제학에서 탄력성(elasticity)이란 어떤 충격에 대하여 반응하는 정도를 의미하며 정확한 계산을 위해 충격을 주는 쪽과 충격에 반응하는 쪽 단위를 변화율로 통일해 계산한다. 특정 X재의 가격이 변할 때 X재의 수요량이 얼마나 변하는지를 나타내는 것을 수요의 가격탄력성(price elasticity of demand)이라고 한다. X재의 수요의 가격 탄력성은 X재의 수요량변화율(수요량 변화분/ 당초 수요량)을 X재의 가격변화율(가격 변화분/당초 가격)로 나누어 계산한다.

$$\text{수요의 가격탄력성} = \frac{\text{재화 X의 수요량 변화율}}{\text{재화 X의 가격 변화율}}$$

예를 들어, 쇠고기 가격이 600g당 5,000원에서 6,000원으로 올라서 소비자의 수요가 1인당 500g에서 350g으로 감소하였을 경우 쇠고기의 가격변화분은 1,000원(6,000원-5,000원)이 되고, 쇠고기의 수요량변화분은 150g(500g-350g)이 된다. 쇠고기의 당초 가격과 수요량은 5,000원과 500g이다. 따라서 쇠고기의 수요탄력성은 1.5(150g/500g//1,000원/5,000원=0.3/0.2=1.5)로 탄력적이다. 가격 변화에 비해 수요량 변화가 민감하게 나타나면 탄력성은 1보다 크게 나타나는데 이를 탄력적이라고 하고, 반대일 때는 탄력성이 1보다 작게 나타나는데 이를 비탄력적이라고 한다. 그리고 가격 변화와 수요량 변화율은 서로 반대 부호를 가지므로 마이너스(-) 수치로 표시하기도 한다. 그러나, 일반적으로 마이너스(-)부호를 붙이지 않으며 이 수치, 즉 계수가 1보다 크면 그 수요는 탄력적이라 하고, 1보다 작으면 비탄력적이라고 하며, 1일 경우에는 단위 탄력적이라고 한다.

1.2.2 교차탄력성

한 상품의 가격변화가 다른 상품의 수요량에 어떤 영향을 주는가를 나타내는 것을 알기 위해서는 교차탄력성의 개념을 응용할 수 있다. 특정 X재의 가격이 변할 때 관련재인 Y재의 수요량이 얼마나 변하는지를 나타내는 것을 수요의 교차탄력성(cross elasticity of demand)이라고 한다. 교차탄력성은 재화 Y의 수요량변화율(수요량 변화분/ 당초 수요량)을 재화 X의 가격변화율(가격 변화분/당초 가격)로 나누어 계산한다.

$$\text{교차탄력성} = \frac{\text{재화 Y의 수요량 변화율}}{\text{재화 X의 가격 변화율}}$$

서로 다른 상품의 가격변화와 수요량의 변화를 가지고 측정하기 때문에 교차라는 이름이 붙었다. 교차탄력성에 있어서 그 계수가 (−)값을 가지면 보완재, (+)값을 가지면 대체재라고 하며 독립재는 0의 교차탄력성을 가진다. 예를 들어 쇠고기와 경쟁관계에 있는 돼지고기의 수요 함수에서 살펴보면, 다른 조건이 고정되어 있는 상태에서 쇠고기의 가격이 상승하면 돼지고기의 수요량이 증대되고, 이와 반대로 쇠고기의 가격이 하락하면 돼지고기의 수요는 감소되어 돼지고기의 쇠고기에 대한 교차탄력성은 (+)부호를 가진다. 즉, 쇠고기와 돼지고기는 대체재이다.

1.2.3 소득탄력성

수요량을 변동시키는 요인으로 가격 이외에 소득을 넣어서 탄력성의 개념을 만들 수도 있다. 즉 소득의 변화에 따라 특정한 상품의 수요량이 어떻게 변하는지를 보는 것이다. 이를 수요의 소득탄력성(income elasticity of demand)이라고 한다. X재의 소득탄력성은 X재의 수요량변화율(수요량 변화분/당초 수요량)을 소득변화율(소득 변화분/당초 소득)로 나눈 것이다.

$$\text{수요의 소득탄력성} = \frac{\text{재화 X의 수요량 변화율}}{\text{재화 X의 소득 변화율}}$$

일반적으로 소득이 증가하면 어떤 재화나 서비스에 대한 소비가 늘어난다. 즉 소득탄력성이 정(+)의 수로 나타난다. 국민소득이 증가할수록 쇠고기나 우유 등과 같은 식품은 더욱 많이 소비되는데, 이를 우등재라고 한다. 그런데 대중교통수단, 보리 등의 경우에는 소득이 상승하면 수요량이 감소하고 소득탄력성은 음수(-)로 나타나는데, 이를 열등재라고 한다.

2. 공급 이론

2.1 개념

공급은 판매자가 팔 의사와 능력이 있는 수량을 말한다. 공급량은 가격이 오르면 늘어나고 가격이 내리면 줄어들므로 공급량은 가격과 플러스 상관관계에 있다고 말하는데 이를 공급의 법칙이라고 한다. 공급곡선은 생산자의 공급량을 결정하는 다른 변수들은 변함이 없다는 것을 전제하고 어느 재화의 가격과 그 재화의 공급량 사이의 관계를 나타내는 표를 말한다. 보통 공급곡선은 우상향하는 모습을 보인다. 재화의 가격 이외에 공급량을 결정하는 변수로는 생산요소 가격, 생산기술, 미래에 대한 기대, 판매자의 수 등이 있다.

2.2 공급의 가격 탄력성과 가격의 신축성

X재의 가격이 변할 때 X재의 공급량이 얼마나 변동하는지를 나타내는 것을 공급의 가격 탄력성(price elasticity of supply)이라고 한다. 공급의 가격 탄력성은 X재의 공급량변화율(공급량 변화분/당초 공급량)을 X재의 가격변화율(가격 변화분/당초 가격)로 나눈 수치이다. 공급의 가격 탄력성이 0보다 크고 1보다 작으면 비탄력적이라고 한다. 가축 사육은 단기간에 공급을 늘리기 어려울 뿐만 아니라 고정투자의 비중이 높고 생산에 큰 비중을 차지하고 있는 가족노동이 다른 산업에 종사 할 수 있는 기회가 적어 공급을 줄이기도 쉽지 않아 공급의 가격 탄력성은 비탄력적이다.

$$\text{공급의 가격탄력성} = \frac{\text{재화 X의 공급량 변화율}}{\text{재화 X의 가격 변화율}}$$

가격의 신축성(price flexibility)이란 공급의 가격 탄력성과 역으로 상품의 공급량이 변할 때 상품의 가격이 얼마나 변동하는지를 나타낸 것이다. 예컨대 축산물시장에서 모든 다른 조건이 일정하다고 가정하고 공급량만 변화할 때 가격은 얼마나 변화하는지를 나타내 주는 계수를 말한다. 가격의 신축성은 그 상품의 가격변화율(가격 변화분/당초 가격)을 공급량변화율(공급량 변화분/당초 공급량)로 나눈 것이다.

$$\text{가격의 신축성} = \frac{\text{재화 X의 가격 변화율}}{\text{재화 X의 공급량 변화율}}$$

가격의 신축성은 수요의 탄력성이 작은 상품일수록 크고, 반대로 수요의 탄력성이 큰 상품일수록 작아지기 마련이다. 따라서 어느 상품에 대한 가격신축성은 그 상품에 대한 수요의 탄력성과 역의 관계를 나타낸다. 가격신축성계수는 정부의 식육수급 정책의 중요한 지표로 활용될 수 있다. 예컨대, 돼지고기의 가격신축성 계수가 0.5라면 돼지고기 공급량을 1% 씩 축소시킬 때마다 가격을 0.5% 인상시킬 수 있다는 것을 의미한다.

3. 균형가격의 형성

수요곡선과 공급곡선이 만나는 점을 균형이라고 하고, 두 곡선이 만나는 점의 가격을 균형가격(equilibrium price)이라고 한다. 균형가격에서는 수요량과 공급량이 일치하며 이를 균형거래량이라고 한다. 경제학에서는 시장균형이란 수요와 공급이 일치하는 가운데 모든 경제주체들이 만족하고 있기 때문에 외부의 충격과 같은 교란요인이 없는 한 어느 누구도 이탈하고 싶지 않은 경제적 상태라고 정의하고 있다. 소비자와 공급자들의 행동에 의해 시장은 자연스럽게 균형을 찾아간다. 시장가격이 균형가격보다 높으면 초과공급 혹은 공급과잉이 생겨 가격이 하락한다. 반면에 시장가격이 균형가격보다 낮으면 초과수요 혹은 물량부족이 발생하여 가격이 상승한다.

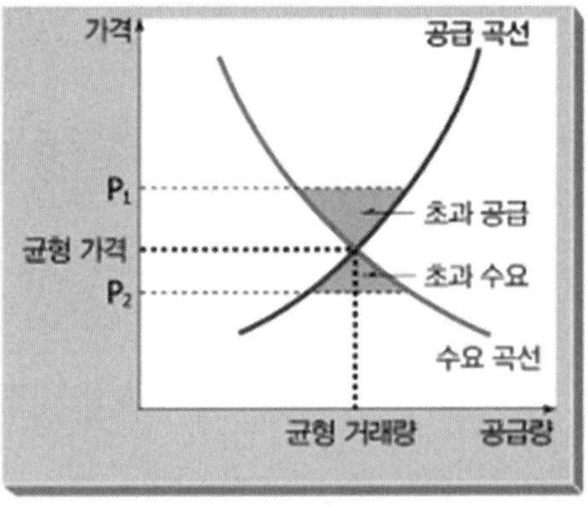

[그림 3-1] 균형가격

■ 참고문헌 ■

• 그레고리 맨큐(N. Gregory Mankiw)(2005), 맨큐의 경제학 Principles of Economics, 3rd Edition, 김경환 외 공역, 교보문고

• J. H. McCoy & M. E. Sarhan(1988), Livestock and Meat Marketing, An avi Book

제 4 장 세계의 축산과 국제무역

가축은 세계 각국에서 사육되고 있고 마찬가지로 축산물도 세계 각국에서 생산되고 있다. 그러나 축종에 따라서 생산의 지역적 특성을 가지는 경우도 많다. 한 국가에서 생산된 축산물은 자국내에서 소비될 뿐만 아니라 남는 경우 수출을 하고 모자라는 경우 수입을 한다. 이렇게 축산물의 국제적인 무역이 성립되지만 거기에는 각국의 이해관계가 얽혀 여러 가지 통상마찰이 발생하고 있다. 국제무역의 룰을 만들고 국가 간의 통상마찰을 조정하기 위하여 WTO가 역할을 하고 있다. 이 장에서는 세계적 차원에서 축산물의 주요 생산국가 및 수출입국가, 주요 축산물의 소비 등을 다루었다. 그리고 WTO와 FTA(Free Trade Agreement : 자유무역협정)에 대한 것과 한국의 쇠고기와 관련된 통상마찰을 다루었다.

제 1 절 가축사육 및 생산

1. 가축사육

1.1 소

소 사육은 전세계에 넓게 퍼져 있다. 그 것은 소가 초식동물로서 인간이 소화할 수 없는 별 용도가 없는 풀을 사료로 잘 뜯어 먹으며 이 것을 체내에서 소화하여 우유나 고기로 만드는 것이 가능하다는 특징을 가지고 있고, 다양한 기후에 대해 유전적으로 적응력이 강하기 때문이다. 소는 인류에게 많은 기여(고기, 우유, 모피, 동력)를 하여 왔다. 소는 고기를 생산할 목적일 때는 육우 또는 고기소(beef cattle), 우유를 생산할 때는 젖소(dairy cattle)라고 부른다. 인도, 동남아시아에서는 물소(water buffalo)라고 해서 일소, 고기소 및 젖소로 사육하고 있다.

소는 아시아대륙에서는 인도와 중국, 아메리카대륙에서는 미국과 브라질이 많이 사육하고 있다. 인도는 보통 3억마리 이상을 사육하고 있어 세계에서 소 사육마리수가 가장 많은데 이는 종교적(힌두교, 소를 숭배)인 이유인 것으로 판단된다. 그 다음 브라질은 평시 브라질 전체 인구보다 많은 2억마리 이상의 소가 사육되고 있다. 소 사육마리수는 인도 3억360만마리, 브라질 2억2,605만마리, 중국 9,917만마리, 미국 9,371만마리로 그 뒤를 잇고 있으며 EU 8,915만마리, 아르헨티나 5,352만마리, 호주 2,497만마리를 사육하고 있다(2017년초 기준).

1.2 돼지

돼지(swine)는 세계적으로 그 분포가 제한적이다. 돼지 사육은 대륙별로 몇 개의 나라들에 의해 큰 영향을 받고 있는데, 이 것은 사료공급 능력과 종교에서 비롯된다. 돼지를 사육하기 위해서는 사료용 곡물이 필수적이기 때문에 그 조달이 용이하지 않으면 사육하기 힘들다(아프리카의 경우). 한편, 전세계에서 가장 많은 교도를 가진 이슬람은 돼지고기의 소비를 금지하고 있어 중동과 북부 아프리카(아프카니스탄에서 시리아, 모로코까지)의 넓은 지역에 걸쳐 사실상 돼지고기 생산을 불가능하게 한다.

2017년초 기준 아시아대륙에서는 중국이 4억3,504만마리로서 압도적인 사육마리수를 나타내고 있는데 중국은 세계적으로도 1위 돼지 사육국가이다. EU는 1억4,719만마리로 국가들 간의 사육규모 차이는 아시아 보다 심하지 않지만, 돼지사육 마리수 상위 5개국가(독일, 스페인, 프랑스, 네덜란드, 덴마크)가 이 지역 돼지 사육 마리수의 60%를 넘고 있다. 남미대륙의 경우 브라질은 3,922만마리의 돼지를 사육하여 세계 4위를 차지하고 있는 반면 대부분의 다른 나라들은 200~300만마리의 돼지를 사육하는 대조적인 모습을 보여주고 있다. 북중미대륙의 경우 미국, 캐나다, 멕시코 등 3개국이 전체 사육마리수의 대부분을 차지하고 있으며 미국의 돼지사육마리수는 7,155만마리로 세계 3위이며 북중미지역의 돼지 사육마리수의 2/3를 차지하고 있다. 우리나라는 1,037만마리, 일본 935만마리로 우리나라는 아시아에서는 중국을 제외하고 돼지를 가장 많이 사육하고 있다.

1.3 닭

닭(chicken)은 오늘날 극지방을 제외한 전 세계에 분포되어 있다. 2차 세계대전후 양계산업은 집단유전학, 통계에 근거한 육종법 등이 개발되면서 육종기술이 빨리 진화하였고 육용종과 난용종의 전용 품종이 개발 되어 대량생산으로 급성장을 이루었다. 닭의 육종의 역사는 100여년에 불과하지만 육종과 사육기술의 눈부신 발전으로 인류를 기아의 공포에서 해방시키는 큰 기여를 하였다. 이는 닭 사육이 타 축종에 비해 사육기간이 매우 짧아 동물성 단백질을 얻기 쉽고 계란의 생산으로 꾸준히 경제적인 이익을 가져다 주며 인공부화를 통하여 대량 번식이 가능한 장점이 있기 때문이다. 닭 사육마리수는 중국이 51억5,563만마리로 가장 많으며 그 다음이 미국, EU, 브라질 순이다. 아시아에서는 중국, 인도, 터키 다음으로 태국이 2억7,232만마리의 닭을 사육하고 있다(2016년 기준).

■ 표 4-1 주요 가축사육국가(2017/2016)

(단위 : 천마리)

	소		돼지		닭	
1	인도	303,600	중국	435,040	중국	5,155,635
2	브라질	226,045	EU	147,188	미국	1,971,947
3	중국	99,173	미국	71,545	EU	1,390,734
4	미국	93,705	브라질	39,215	브라질	1,352,291
5	EU	89,152	러시아	21,888	인도	774,250
6	아르헨티나	53,515	캐나다	13,945	멕시코	549,215
7	호주	24,971	멕시코	10,697	러시아	490,418
8	러시아	18,638	한국	10,367	터키	329,011
9	멕시코	16,490	일본	9,346	태국	272,319
10	터키	14,222	우크라이나	6,816	우크라이나	186,354
세계		995,342		769,192		22,705,417

주1) 소 사육마리수에는 젖소, 물소 등도 포함

주2) 닭에는 육용, 난용, 겸용 모두 포함

*자료 : 소, 돼지-USDA(http://www.fas.usda.gov) 〉 psdonline 〉 Reports and Data 〉 psd Publications 〉 Livestock and poultry : World Markets and Trade, April 10, 2018

닭-FAO(http://www.fao.org/faostat/en/#data) 〉 Production, Liveanimals, 2016

2. 축산물 생산

사육하는 가축마리수에 따른 국가 순위와 실제 생산된 축산물의 생산량을 토대로 한 국가 순위는 완벽히 일치하지 않는다. 그 이유는 첫째로, 인도 같은 특별한 곳을 제외하고는 대부분의 사육가축은 소비되기 위해서 도축이 되지만 지역간에 도축된 가축의 도체중 차이가 있기 때문이다. 예를 들면 소의 경우 브라만 같은 체격이 큰 종은 작은 골격을 가진 앵거스보다 도체중이 훨씬 크다. 둘째는, 종의 차이와 함께 사육방법도 차이가 있기 때문이다. 같은 종이라고 하더라도 지역에 따라서 도축연령이 달라 도체중이 달라진다. 2016년 기준 세계 육류 생산량은 3억2,129만톤(지육기준)으로 이 중 가금육(닭 · 오리고기등) 36.5%, 돼지고기 36.1%, 쇠고기 21.3%, 양 · 염소고기 등 6.1%로 추정하고 있다(FAO, Food Outlook, Dec 2017).

■ 표 4-2 주요 육류 및 우유 생산국가(2017)

(단위 : 천톤, 육류지육기준)

	쇠고기		돼지고기		닭고기		우유	
1	미국	11,938	중국	53,400	미국	18,696	EU	153,400
2	브라질	9,550	EU	23,675	브라질	13,150	미국	97,734
3	EU	7,900	미국	11,610	EU	11,840	인도	72,000
4	중국	7,260	브라질	3,725	중국	11,600	중국	35,450
5	인도	4,250	러시아	2,960	인도	4,400	러시아	30,600
6	아르헨티나	2,830	베트남	2,741	러시아	4,000	브라질	23,550
7	호주	2,149	캐나다	1,970	멕시코	3,400	뉴질랜드	21,530
8	멕시코	1,925	필리핀	1,563	터키	2,137	멕시코	12,162
9	파키스탄	1,780	일본	1,282	아르헨티나	2,086	우크라이나	10,300
10	터키	1,382	멕시코	1,280	태국	1,900	아르헨티나	10,090
세계		61,557		110,928		90,718		502,804

주1) 쇠고기에는 젖소고기, 물소고기 등도 포함

주2) 우유(cows milk)는 젖소(dairy cattle)에서 생산된 량으로 물소 등에서 생산된 젖을 제외

* 자료 : USDA(http://www.fas.usda.gov) 〉 psdonline 〉 Reports and Data 〉 psd Publications 〉 Livestock and poultry/Dairy : World Markets and Trade, Apri 10, 2018/Jul 2018

2.1 쇠고기

2017년 기준 세계 쇠고기(beef and veal) 생산량은 6,156만톤이다. 국가별로는 미국이 1,194만톤으로 가장 많고, 브라질 955만톤, EU 790만톤, 중국 726만톤, 인도 425만톤, 아르헨티나 283만톤, 호주 215만톤 순이다.

Beef cattle on a feedlot in the Texas Panhandle

[그림 4-1] 미국 소 전문비육장(Feedlot)

*자료 : 위키피디아(https://en.wikipedia.org/wiki/Feedlot)

미국은 세계 쇠고기 생산량의 약 20%를 점하고 있는 세계 최대의 쇠고기 생산국이면서 세계 최대의 쇠고기 수입국이기도 하다. 미국내에서 고기용 송아지 생산은 가족농에 의한 생산 · 관리가 행하여지고 있는 한편 육성우는 대규모 전문비육장(feedlot)에서 곡물비육이 행하여진다. 미국에서 소가 많이 사육되는 주(소위 beef belt)는 텍사스, 캔사스, 네브라스카, 콜로라도, 아이오와 등으로 이들 상위 5개주가 전체 비육우 사육마리수의 70%를 점하고 있다. 미국의 고기소 사육농가는 72만8천호(2012년 기준), 1호당 사육마리수는 98.5마리로 이 중 약 80%가 가족경영 형태이고 기업이 운영하는 농장수는 소수에 불과 하지만 사육마리수와 생산액 비중이 크다. 비육우 품종은 70여품종이 있는데 앵거스가 대종이고 샤로레, 헤어포드 등이 있다. 미국의 소 사육형태의 주류는 7~9개월령 미만에서 어미소로부터 이유되며(송아지 단계, Cow-calf producer), 4~8개월간 방목 또는 보조적으로 곡물사료 급여를 받고(육성우 단계, Yearling or Stocker operator), 비육후기에는 전문비육장에서 4~6개월동안 고농축 사료를 급여 받게 되어 집중 육성 된다(비육우 단계, Feedlot operator). 전문비육장(feedlot)은 약 4만 4천개소로 이 중 상위 2%가 전체 사육마리수의 85%를 사육하고 있는데, 전문비육장은 비육용 소를 구입하여 자기 소유로 비육하고 있지만 단순히 비육위탁만을 행하는 곳도 있다. 미국의 고기소 사육농가는 보통 생산시스템에 따라 어느 한 단계에 분업화 되어 있지만 두단계를 통합 하거나 전체단계를 통합하여 일관시스템으로 운영하는 농가도 많이 있다. 쇠고기 유통면에서는 대형패커에 의한 과점화 현상이 현저하게 되어있어 전국 706개 도축장 중 타이슨푸드, JBS 스위프트, 카길미트솔루션, 내쇼널비프패킹 등 상위 4대패커에 의해 운영되는 약 24개 작업장이 매년 도축되는 소의 약 60~70%를 점하고 있다.

브라질은 상업적인 육류 생산을 위한 규모면에서 세계 1위의 소 사육마리수를 보유하고 있다. 브라질의 쇠고기는 대부분 방목을 통한 목초사육(grass-fed) 방식으로 생산되고 있으며, 전문비육장(feedlot)을 통한 생산은 전체 도축량의 5% 미만이다. 전체 사육마리수의 35%가 중서부 지역에 집중되어 있는데, 최근 중서부 지역에 대두와 사탕수수의 재배면적이 확대되면서 중서부 지역의 사육마리수가 북부 지역으로 점차 이동하는 동시에 전문비육장(feeddlot)에 의한 곡물사육도 확대되는 경향이 나타나고 있다. 브라질에서는 열대지역에 잘 적응하는 제부(Zebu : 브라만종)계열의 네로레 품종이 가장 보편적으로 사육되어 왔으나, 네로레종은 육량과 육질면에서 개선의 여지가 있어 근자에는 네로레종과 유럽종(앵거스 등)의 교잡종 사육이 늘어나고 있다. 브라질은 세계 제 1, 2위를 다투는 쇠고기 수출국이다. 브라질 쇠고기는 2005.11월 구제역의 발생으로 한국을 비롯한 일부 국가에 수출 제한을 받고 있는데 브라질 정부는 백신접종을 대폭 강화하여 현재는 북부3주를 제외한 모든 주가 백신접종청정지역으로 되어 있다.

EU는 미국, 브라질에 이어 세계 3위의 쇠고기 생산을 자랑하고 있으며 5억명의 거대한 역내시장을 가지고 있어 수출입은 생산량의 약 5% 전후이다. EU는 낙농이 성한 지역으로 전체 도축마리수 가운데 약 2/3가 젖소이다. 따라서 낙농부문이 확대 되느냐 또는 축소 되느냐에 따라 EU의 쇠고기 생산량이 큰 영향을 받고 있다. EU는 기후 · 지리 · 역사적조건에 의하여 다종다양한 품종의 소(육용종, 유용종, 유육겸용종)가 사육되고 있어 쇠고기의 생산구조는 회원국에 따라서 상당히 다르다. 프랑스, 독일, 영국의 3개국이 EU 쇠고기 생산량의 약 절반을 생산하고 있다. EU의 쇠고기 자급률은 2001년에는 103%(프랑스, 독일 등이 일부 수출)였으나 이 해에 BSE(소해면상뇌증 : 일명 광우병) 문제가 또다시 터져 생산량이 감소되는 추세를 보여 2003년 이후에는 쇠고기의 순수입지역이 되어 브라질, 아르헨티나 등으로부터 수입하였으나 2010년 이후 자급률은 100% 전후로 보합세를 보이고 있다.

호주의 고기소 산업은 낙농과 마찬가지로 목초지에서의 방목에 의한 목초사육에 의존하고 있으며 매년 약 2백여만톤의 쇠고기를 생산하여 약 70%를 수출(세계 3위)하고 있는 수출지향형 산업이다. 호주 소의 주요품종은 헤어포드와 브라만이고 앵거스, 쇼트혼 등이 있다. 주요 고기소 사육주는 퀸스랜드주(46.6%), 뉴사우스웨일즈주(21.0%), 빅토리아주(8.2%)로 동부 3주가 호주 고기소 사육의 80% 가까이 점하고 있다. 특히 퀸스랜드주는 호주 고기소의 약 절반이 사육되고 있으며, 수출의 50% 이상을 차지하고 있다. 호주의 고기소 사육농가는 6만6,000호이다(2015년 기준). 호주에서 수출용의 곡물비육우는 전체 사육마리수의 약 3%, 전체 수출량의 약 20%정도로 일본, 한국 이외에도 EU, 중동국가 등에 수출하고 있다.

아르헨티나는 농지면적이 국토의 64%를 차지하고 있으며, 그 중에서도 국토의 약 25%를 차지하는 팜파(Pampa)라고 불리는 비옥하고 평탄한 온대 초원지대에서 대두, 옥수수, 밀 등을 재배하고, 소를 중심으로 한 방목이 이루어지고 있다. 아르헨티나의 쇠고기 생산은 온대지역에 적응하는 품종인 엥거스, 헤어포드 등의 유럽종 내지 그 교잡종의 비육이 일반적이다. 아르헨티나는 소에게 인공사료를 먹이지 않고 방목을 한다는 특징을 가지고 있어 BSE가 가장 낮은 국가로 분류되고 있다. 아르헨티나 쇠고기는 유럽에서 높은 인기를 과시하였으나 2008~2015년에 걸쳐 국내우선정책에 의한 수출규제(예 : 15% 수출세, 수급상황에 따른 수출금지 등)가 강하게 실시되고, 팜파지역의 일부가 농경지로 바뀌면서 대두 수확면적이 늘어남에 따라 소 사육마리수가 감소 되었다. 그러나 2015년 이후 수출규제가 철폐되어 아르헨티나 쇠고기 산업은 다시 활기를 띠고 있다.

중국의 쇠고기는 종래 폐용된 역우를 식용으로 하는 정도였으나 정부가 황우(물소와 야크를 제외한 재래종) 등의 품종개량으로 육질개선을 진행하여 1990년대에 들어서 본격적인 쇠고기 생산이 시작 되었다. 중국은 2000년대 들어 쇠고기 소비가 급속하게 증가하고 있는데 생산은 연간출하마리수가 9마리 이하의 농가가 전체의 95.3%(2014년 기준)를 점하고 있을 정도로 아직 중소규모의 생산자들이 점하고 있는 비중이 높아 충분치 못하여 쇠고기 수입량도 늘어나고 있다. 고기소 사육은 지역별로 보면 서남, 화서지방 등 내륙부에 위치한 상위 7성 · 자치구(운남성, 하남성, 사천성, 티벳자치구, 청해성, 길림성, 감숙성)에서 전체의 50%가 사육되고 있다. 현재 중국에서 사육되고 있는 소의 품종은 주로 중국의 황우(암소)에 심멘탈(숫소)을 교배한 교잡종이다.

인도는 소 사육마리수가 많으나 종교적인 이유(힌두교는 소를 신성시)로 쇠고기 소비를 하지 않지만 물소를 중심으로 한 쇠고기 수출로 세계 최대 쇠고기 수출 국가로 성장하고 있다. 인도에서 물소는 종교적인 제약이 없으며 인도 사람들은 물소에서 착유하여 만든 유제품을 좋아하는데 물소에서 착유가 끝나면 수출용 고기소로서 사육하고 있다. 또한 인도에는 이슬람교도가 있는데 이들은 돼지고기는 안 먹지만 쇠고기는 식용을 금지하고 있지 않다. 인도 물소고기는 싸고 지방이 적어 할랄식품으로서 강점을 보이고 있고 구매력이 약한 국가에 수출하고 있다.

2.2 돼지고기

2017년 기준 세계 돼지고기(pork) 생산량은 1억1,093만톤이다. 국가별로는 중국이 5,340만톤으로 가장 많고, EU 2,368만톤, 미국 1,161만톤, 브라질 373만톤, 러시아 296만톤 순이다.

중국은 전체 육류 생산량중 돼지고기가 약 2/3(금액기준으로는 40% 이상)를 점하고 있는 것처럼 돼지고기는 전통적인 식문화를 형성하고 있는 중요한 축산물이다. 중국은 세계 돼지고기 생산량의 약 절반을 차지하고 있는데 2위인 EU보다 2.3배, 3위인 미국보다 4.6배가 많다. 중국의 대표적인 농업지역인 황하유역과 장강중하류지역(사천, 하남, 호남, 산동 등)은 식량주산지로서 사료용 곡물의 공급이 용이하고 상하이, 광저우 등 대도시 지역으로 접근성이 용이하여 전통적으로 돼지 사육이 발전하였다. 특히 중국 최대의 돼지 사육지역인 사천분지(전체 사육마리수의 약 10% 사육)는 아열대 기후대의 습윤지역에 속하고 강수량이 풍부하며 옥수수, 서류, 쌀 등 식량생산량이 많고 조사료 자원도 풍부하여 돼지 사육에 적합하다. 중국은 홍콩 등에 소량의 돼지고기 수출을 하고 있지만, 돼지고기 소비량의 증가로 2015년부터 돼지고기 수입량이 급증하고 있는데 (2017년 974천톤 수입), 주된 수입국은 독일이 약 25%를 점하고 있으며 스페인, 미국, 덴마크 등이다. 중국의 양돈업은 2000년대 들어 지속적인 규모화가 추진되고 있지만 아직 사육구조상 연간 출하마리수가 50마리 미만의 소규모 사육농가가 94.6%(2015년 기준)로 절대적인 비중을 차지하고 있다. 2016년 이후 환경규제의 강화로 많은 영세농가가 폐업되고 규모확대가 가속화 되고 있다.

EU는 중국에 이어 세계 2위의 돼지고기 생산지역으로 돼지고기 수출량은 세계 최대이나 생산구조는 회원국에 따라 커다란 차이가 있다. EU의 양돈경영체는 약 220만호(2013년 기준)로 호당 평균 사육마리수는 67마리(서유럽 464마리, 동유럽 13마리)이다. 스페인, 독일이 2대 생산국으로 프랑스, 덴마크, 네덜란드, 폴랜드를 포함한 6개국이 EU전체 생산량의 약 70%를 점하고 있다. EU의 돼지고기 자급률은 110% 전후로 순수출지역인데 수출은 독일, 스페인, 덴마크 등이 점하는 비율이 높으며, 중국(홍콩 포함)에 절반 이상을 수출하고 일본, 한국, 필리핀 등에 수출하고 있다. 덴마크는 돈육 생산량의 80%를 수출하는 전형적인 돈육 수출국으로 EU 전체 수출량의 약 20%를 점하고 있다. EU는 2013년부터 강력한 동물복지 정책을 시행하여 동물복지 규제강화에 대한 대응이 불가능한 소규모 양돈농가의 경영 중지와 번식과 비육의 분업화, 통폐합 등 생산구조 변화의 움직임이 활발해 졌다. EU의 돼지고기 생산량은 엄격한 환경규제와 동물복지에 대응하면서도 증가기조에 있는데 역내 소비량이 일정량에 머무르고 있어 수출확대를 도모하고 있다.

미국의 양돈산업은 총농업생산액에서 차지하는 비중이 6%로 쇠고기(20%), 가금육(15%), 낙농(9%)에는 못미치지만 약 5만 5천호 이상의 농장에서 80만명 이상을 고용하고 있는 중요 산업이다. 미국의 돼지고기 생산은 중국, EU에 이어 세계 3위, 수출량은 EU에 이어 세계 2위를 점하고 있다. 미국 콘벨트지대(아이오아주, 일리노이주 등)는 호그벨트라고 불릴만큼 돼지고기 생산은 사료원료인 옥수수, 콩 등이 풍부하게 생산되는 중서부 지역이 중심이 되어 있다. 번식돈 · 비육돈 모두 아이오아주가 가장 많은데 특히 비육돈 사육마리수는 아이오아주가 다른 주를 압도하고 있다. 한편, 1960년대 후반에 놀스캐로라이나주와 오클라호마주에서의 양돈 계열화의 출현은 양돈산업에 대하여 생산 · 유통면에서 커다란 변화를 가져왔으나 아직도 100마리 미만을 사육하고 있는 가족농 중심의 농가가 80%를 점하고 있다. 그러나 미국의 양돈산업은 생산에 있어서는 생산계약을 사용하여 생산공정의 전업화를 확립함과 동시에 대규모화로 그 효율성을 높여 온 결과, 5만마리 이상 사육농가가 145호로 전체 양돈농가의 1%에 못 미치지만 사육마리수는 60%를 점하고 있다. 미국은 돼지고기 생산량의 약 20%를 수출하고 있어 생산량의 약 10%를 수출하고 있는 쇠고기보다 수출상의 위치가 높다고도 볼 수 있으나 미국이 돼지고기 순수출국이 된 것은 1995년으로 그 역사는 짧다. 미국은 돼지 사육마리수를 6,000~7,000만마리의 범위 내에서 유지하고 있는데 각주에서 환경규제를 강화하는 움직임을 보임에 따라 대규모경영체에 의한 환경문제도 현저하게 나타나 있다.

캐나다는 광대한 토지와 선선한 기후 등 양돈에 적합한 환경을 보유하고 있는데 양돈 생산지역은 퀘벡주와 온타리오주를 포함한 동부와 매니토바주(기업양돈 집중 지역)와 앨버타

주를 포함한 중서부의 2지역으로 나누어져 있다. 이 중 곡류생산지대인 퀴벡주와 온타리오주가 돼지 생산의 2/3를 차지하고 있다. 캐나다는 2000년에 미국의 돼지고기 수출량을 추월하였던 적이 있는 돼지고기 수출 강국으로, 캐나다 돼지고기 수출량의 60% 정도가 미국을 대상으로 하고 있지만 최근에는 일본과 러시아 시장에서의 성장세가 두드러지고 있다. 캐나다는 미국에 돼지 생체 수출도 많이 해 왔으나 2008년부터 미국이 육류에 출생, 비육, 도축 등의 원산지표시를 의무화하는 COOL(Country of Origin Labelling)규제가 시행되어 수출이 줄어 들었으나 2015년에 COOL규제가 폐지됨으로써 캐나다 양돈산업은 새로운 국면에 접어 들었다.

베트남은 아시아에서 중국에 이어 2번째로 돼지 사육마리수가 많은데, 돼지고기 생산량은 전체 육류 생산량의 80% 정도를 차지하고 있으며 2000년 이후 꾸준한 증가세를 보이고 있다. 베트남의 돼지 사육은 지역별로는 홍강 델타(삼각주)지역 및 북부구릉산악지역, 북중부 · 중부 연안지역에서 주로 이루어지고 있는데 특히 홍강 델타지역이 전체 생산량의 33%로 가장 큰 비중을 보이고 있다. 베트남의 돼지 사육구조는 양돈농가 4,132천호(자가소비 농가 포함)중 10마리 미만의 영세소규모 농가가 87%를 점하고 있어 규모화는 그다지 진전되지 못하고 있다. 베트남의 돈육 소비량은 증가하고 있으나 생산은 환경오염, 수입사료 의존 등의 문제로 증산에 어려움을 안고 있다.

칠레는 남북 5000km에 이르는 국토를 가지고 있고 양돈산업은 오이긴스주를 중심으로 이루어지고 있는데 오이긴스주가 돼지 사육마리수의 약 80%를 점하고 있다. 칠레는 양돈 패커업체가 생산농장도 직접 직영하는 수직계열화 형태로 미국 · 유럽 등과 차이가 있으며 이들이 직영하는 65개 농장외에 자가소비용으로 돼지를 사육하고 있는 농가도 1만호를 넘는다. 양돈 패커업체 중 아그로수퍼가 전체 생산량의 약 70%를 차지하고 있고 막사그로, 코엑스카 등 4개 메이저업체가 중심이 되어 '칠레 포크' 브랜드로 일본, 한국, 러시아 등에 수출하고 있다. 칠레는 남미 대륙의 길고 좁은 국토를 가진 나라로 왼쪽은 태평양, 오른쪽은 안데스 산맥, 위는 사막과 산지, 아래는 남극에 접해 있다. 칠레는 이러한 고립된 섬과 같은 천혜의 조건 때문에 BSE, 구제역 등의 각종 가축 질병으로부터 안전하다는 점을 강조하고 있다. 그러나 칠레 양돈산업은 사료곡물의 해외 의존도가 높아 미국, 브라질, 아르헨티나, 파라과이 등으로부터 사료곡물을 수입하고 있으며 환경문제로 인한 생산확대 제약, 인건비 상승 등의 문제에 접해 있다.

브라질은 돼지고기 생산이 산타카타리나, 파라나, 히우그란지두술 등 남부지역에 집중되어 있어 이들 3개주가 전체 생산량의 약 70%를 점하고 있는데 최근에는 중서부 지역으로 확장하고 있다. 중서부 지역은 곡물 및 유지종자 복합지대로서 사료곡물의 사용이 용이하여 비용이 낮고, 환경제약을 덜 받으며, 주(state) 정부로부터 상당한 지원을 받고 있다. 브라질은 수출국까지의 수송일수가 길어 돼지고기 수출은 냉동제품이 중심이 되어 있다. 브라질의 돈육패커는 BRF, JBS 등이다. 브라질의 돼지고기 생산은 국내외 수요증대, 중서부 지역의 지속적 생산투자, 낮은 사료비용, 유리한 판매가격에 힘입어 계속 증가추세가 이어질 것으로 전망된다.

2.3 닭고기

2017년 기준 세계 닭고기(broiler meat) 생산량은 9,072만톤이다. 국가별로는 미국이 1,870만톤으로 가장 많고 브라질 1,315만톤, 중국 1,160만톤, EU 1,184만톤, 인도 440만톤 순이다.

미국은 제2차세계대전 후 브로일러 전용 육계의 개량, 각종 예방치료약의 개발, 적합한 배합사료 연구개발, 대규모 사육설비 및 처리가공 설비의 개발 진전으로 닭고기 대량공급이 가능하게 되었다. 이 것이 슈퍼마켓에 의한 대량유통 · 대량판매 및 외식산업과 결부 되어 육계산업은 경이적인 발전을 하게 되고, 1950년경에는 전세계로 확산 되었다. 미국은 닭고기의 세계 최대 생산국인 동시에 수출국으로 미국에서 가금육의 소비는 쇠고기나 돼지고기에 비해 상당히 높게 나타나고 있다. 미국의 양계산업은 사료곡물의 대생산국이라는 이점을 살려 생산부터 유통까지 일관하는 수직통합의 진전에 의해 대단히 효율적인 생산이 이루어지고 있다. 미국내 육계의 생산은 동부 델라웨어부터 대서양 해안가를 따라 남쪽으로 조지아, 알라바마, 미시시피, 아칸소에 집중돼 있으며 이들 지역에서 생산되는 물량은 전체의 약 70%를 차지하고 있다. 미국은 소비자의 건강중시에 따라 닭고기의 소비가 크게 늘어나고 있음과 동시에 국내 수요가 없는 닭다리살을 중심으로 생산량의 약 20%를 수출하고 있다.

브라질은 세계시장에서 미국에 이어 2번째로 닭고기 생산량이 많은 국가이며, 수출 규모로는 세계 1위이다. 닭고기 산업은 브라질 내에서 6번째 규모의 수출 산업이며, 농업 분야 중 3번째로 수출액이 많다. 브라질은 북미와 같이 풍부한 대두생산국으로서 육계 생산에 적합하기 때문에 미국 자본이 일찍부터 도입되어 유럽을 위시하여 이슬람 국가, 일본 등에 닭고기를 수출하고 있다. 브라질의 닭고기 생산지역은 파라나, 산타카타리나, 상파울로 등 주로 남부 지역에 위치한다. 브라질의 육계산업은 BRF, JBS 등이 이끌고 있다.

중국은 닭고기 세계 생산량의 약 10% 이상을 점하고 있다. 중국의 양계산업은 1960년대 말의 농정개혁을 계기로 크게 발전하여 닭고기는 육류 가운데 돼지고기에 이어 2번째로 많이 소비되고 있다. 최근에는 중국인의 기호에 맞는 재래계(황색종 : 소위 토종닭으로 100여개 이상의 품종이 있음)와 재래계를 수입계와 교배하여 개량된 닭이 생산의 주류가 되어 소비자의 니즈에 맞는 생산이 진전되어 왔다. 중국에서 닭은 전국적으로 골고루 사육되고 있지만 하남성, 산동성, 요녕성, 사천성, 하북성, 호북성, 광동성 등 연안부 등에 위치한 상위 7성이 전체의 50%를 점하고 있다. 출하규모별 농가호수를 보면 연간 출하마리수가 2천마리 미만 농가가 전체의 98.1%로 영세농가가 주체로 되어 있는 구조이나, 최근 육계산업의 규모화와 계열화가 급격하게 진행되고 있다. 중국은 화교계의 태국기업, 일본상사, 미국기업 등과의 합작 등으로 대규모 육계 생산을 시도하고 있는데, 당초 주로 대일 수출이 목적이었으나 국내경제발전의 급속한 진전으로 국내수요도 급속히 신장되고 있다.

EU 국가 중 프랑스, 이탈리아, 네덜란드, 스페인, 스칸디나비아 국가들에서는 주요 도계 및 가공업자들이 육계농가 및 육계판매협동조합 등과 계약을 통하여 닭을 조달하고 있다. 도계업에서의 시장집중도가 매우 높은 영국에서는 도계업자들이 조달하는 닭의 절반 정도를 직접 사육하고 있을 정도로 수직계열화가 발달되어 있다. 유럽 전체 닭 생산량의 12%를 차지하고 있는 프랑스의 육계산업은 다양한 형태의 계약이나 수직계열화를 통하여 조정되고 있다.

태국의 닭고기 산업은 태국의 농식품부분 중 가장 유망한 분야로 생산량(2017년 기준 190만톤)의 약 30~40%를 수출하고 있다. 태국의 닭고기 산업은 사료원료의 국내 확보 가능, 저렴한 근로자 확보 등을 이점으로 1970년대 중반부터 CP(Charoch Pokphand ; 쟈룬 포카판)그룹 등에 의한 계열화 방식을 채택하여 대일본 수출을 중점으로 하여 발전하여 왔다. 태국은 전체 수출의 75~80%를 일본과 EU로 수출하고 있다.

2.4 우유

2017년 기준 세계 우유(cows milk) 생산량은 5억280만톤이다. 우유 생산은 EU가 1억 5,340만톤으로 가장 많고, 미국 9,773만톤, 인도 7,200만톤, 중국 3,545만톤, 러시아 3,060만톤, 브라질 2,355만톤, 뉴질랜드 2,153만톤 순이다. 그러나 젖소 뿐만이 아닌 물소 등에서 생산된 우유를 포함하면 인도가 단일국가로는 세계에서 가장 많이 우유를 생산하고 있다.

EU의 우유 생산량은 단일국가로는 세계최대 우유생산국인 미국의 약 1.6배로 EU 낙농은 국제 유제품 시장에서 커다란 영향력을 가지고 있다. EU 회원국 중에서 독일, 프랑스, 영국, 폴랜드, 네덜란드, 이탈리아, 스페인, 아일랜드 등의 8개국이 전체 생산량의 약 80%를 점하고 있다. EU는 낙농가 수가 148만호(2013년 기준)로 회원국별로 서로 다른 낙농구조를 가지고 있다. 농장의 규모에서도 1호당 경산우 사육마리수가 덴마크 155마리, 루마니아 2.1마리, 불가리아 · 리투아니아가 각각 4.6마리 등 회원국 간 차이가 있고 젖소당 생산량에 있어서도 차이가 있지만, EU 전체적으로 낙농분야는 성장하고 있으며 국가간 격차는 축소되고 있는 경향을 보이고 있다. EU는 우유 및 유제품의 순수출국으로 2017년 세계의 유제품 무역량에 점하는 비중은 치즈가 42.0%, 버터 20.8%, 탈지분유 34.5%이다. EU의 치즈 생산량은 987만 5천톤(독일, 프랑스, 이탈리아 3국이 약 50~60% 점유)으로 세계 최대이며 세계 생산량의 약 절반을 차지하고 있는데, EU역내외의 수요가 많고 이익률도 다른 유제품보다 높아 2010년 이후 증산추세이다. EU는 1984년부터 EU 낙농가가 연간 생산할 수 있는 우유의 양을 한정하는 우유생산쿼터제를 실시하여 한 농가가 정해진 쿼터보다 많은 우유를 생산하면 벌금을 물게 하였다. 그러나 EU의 우유생산쿼터제가 2014년 3월말부터 전면 폐지되면서 EU의 우유 생산량은 2014년에 전년보다 4.6% 증가, 2015년에는 전년보다 2.5% 증가하여 유제품의 생산량도 증가 하고 있다. 그러나 러시아가 2014.8월부터 유럽의 농축산물에 대하여 금수조치를 취하고 있고 중국의 유제품 수입량이 2015년 들어 정체 되어 EU의 유제품 수출환경이 악화 되었다.

미국은 쇠고기, 돼지고기 등의 축산 이미지가 강하지만 연간 9,000만톤이 넘는 우유를 생산하는 낙농강국이다. 그러나 국내에 거대한 소비시장을 가지고 있어 국제 유제품 시장에서의 위치는 그리 높지 못하다. 주요 낙농지역은 캘리포니아, 위스콘신, 뉴욕, 아이다호, 펜실베니아의 5주로 전체 원유량 생산에서 차지하는 비중이 약 53%인데 위스콘신주는 캘리포니아주에 이어 2번째로 비중이 높지만 미국에서는 낙농주로 익히 이름이 알려져 있다. 위스콘신주는 생산 우유량의 약 90%가 치즈로 가공되고 있고 이중 90%는 주밖에서 소비되고 있다. 미국의 낙농가수는 6만4,098호, 젖소 사육마리수는 925만2천마리로 호당 젖소 경산우 사육마리수는 144두이다(2012년 기준). 젖소 경산우 500마리 이상 사육하고 있는 농가는 전체 농가의 5%이나 사육규모는 60%를 점하고 있다. 쇠고기 산업과는 달리 낙농생산은 대부분 송아지 생산부터 우유 생산까지 한 농장에서 모두 담당하며, 예외적으로 규모가 큰 농장들은 다른 지역에 착육우군을 별도로 가지고 있다. 농가에서 착유와 살균이 이루어진 후 대부분 낙농조합에 의하여 집유 되고(81%), 나머지는 유업체가 집유하고 있거나 낙농가가 자가가공 하고 있다. 우유 및 유제품 가공제조업자가 대부분의 도매역할도 하고 있는데 네슬레, 딘푸드, 크래프트푸드, 랜드올래이크(낙농조합) 등이 규모가 크다.

중국의 낙농은 내몽고자치구, 신장자치구 등 소수민족의 지구에서는 유목생활이 이루어짐으로써 오래전부터 유류를 식용하는 습관이 있었기 때문에 그 역사가 오래 되었다고 할 수 있다. 중국의 젖소 사육은 내몽고자치구, 신장자치구, 하북성, 흑룡강성, 산동성, 하남성이 전체의 70%를 점하고 있다. 중국은 낙농의 규모화가 진행되어 젖소의 호당 평균 사육마리수는 43마리이며 사육마리수가 100마리 이상 점하는 농가의 비율이 48.3%에 달한다. 중국의 젖소 한 마리당 연간평균 산유량은 2015년 현재 6,000kg으로 예전에 비해 크게 증가

하였으나 국제수준과 비교하면 상당히 큰 차이가 있다. 중국은 우유 · 유제품의 소비가 국민소득의 향상에 따라 확대되는 경향에 있어 젖소의 사육마리수와 유제품 수입량도 늘어나는 경향을 보이고 있다. 그러나 젖소의 유전적 능력의 개량과 사료확보, 사양관리 기술의 개선 등 과제가 많다. 또한 우유업계도 2008년에 발생한 멜라민 혼입사건에서 보듯이 품질안전 문제에 대한 소비자의 신뢰회복과 고비용 생산구조의 개선, 콜드체인 정비 등의 과제를 안고 있다.

브라질은 세계 6위의 우유 생산국으로 최근 우유생산은 증가기조로 전이 되고 있지만 국내수요가 왕성하고 생산비가 주요 수출국에 비해 높기 때문에 수출여력이나 수출 경쟁력을 거의 갖고 있지 못하다. 브라질은 남부 3주는 온대에 속해 있어 홀스타인종의 사육이 가능하지만 기타 지역의 태반은 열대 및 아열대에 속해 있어 소에게는 기본적으로 더위와 진드기에 견딜 수 있는 적성이 필요하다. 따라서 1960년대부터 네슬레 등의 외국자본에 의하여 젖소의 품종개량이 이루어졌다. 브라질의 낙농가수는 104만2천호(자가소비농가 포함 : 2015년, 국제낙농연맹)로 1호당 평균 젖소 사육마리수는 20마리 정도로 규모화가 진전되고 있다. 브라질의 젖소 사양관리는 전통적으로 조방적인 방목사육이 일반적으로 향후 증산을 추진하는 가운데 생산성 및 품질향상에 힘쓰면 세계 유제품 무역에서 차지하는 위치가 커질 수 있는 '잠자는 낙농 거인국'으로 평가되고 있다.

뉴질랜드의 낙농은 생산액, 수출액 모두 농축산물 전체의 40% 이상 점하고 있으며 뉴질랜드 전체수출에서 차지하는 비중이 약 25%인 중요한 산업이다. 뉴질랜드는 전국토의 50% 이상이 목초지로 연중 풀이 자라고 혹한이나 혹서가 없어 초지를 최대한 활용한 방목을 통해 젖소를 사육하고 있다. 연간 우유 생산은 목초의 생육상황과 연동된 명확한 계절형 생산체계로 9월부터 다음해 2월까지의 6개월간 생산량이 연간 우유 생산량의 약 3/4을 생산한다. 전통적으로 강수량이 많은 북쪽섬의 와이카토 지방 등을 중심으로 낙농이 성행하여 왔으나 점차 인구가 적고 초지면적이 넓은 남쪽섬에서 관개시설의 정비가 진전되어 캔터베리 지방을 중심으로 젖소 사육마리수가 증가하고 있다. 낙농가수는 2014/15년에 1만1,970호로 7년 연속 전년도보다 증가하였다. 1호당 평균 농장규모는 100ha가 넘고 젖소 사육마리수는 2014/15년에는 419마리로서 1,000마리 이상 사육하는 농가 호수가 전체에서 점하는 비율은 5.1%이다. 뉴질랜드는 인구가 400만 정도로 국내시장이 작아 우유생산량의 95%이상을 치즈와 버터, 분유 등으로 가공해 수출하고 있어 국제시장에서 낮은 가격을 경쟁력으로 미국, EU와 대등한 유제품 수출국의 위치를 차지하고 있으며 국제가격에 큰 영향을 미치고 있다. 뉴질랜드 낙농업에서 가장 큰 역할을 하는 기업은 폰테라 협동조합으로 뉴질랜드 유제품 수출의 90% 이상을 담당하는 세계적 기업이다. 폰테라는 2002년에 세계적 식품기업인 네슬레와 합병기업을 설립하여 2003년부터 중남미시장에서의 유제품 제조 · 판매를 도모하고 있으며, 2007년에는 중국에 목장을 설립하여 우유 생산을 개시하는 등 국제시장에 적극적인 진출을 도모하고 있다.

호주의 낙농은 뉴질랜드와 마찬가지로 방목을 주체로 하는 경영이 대부분으로 생산비용이 낮다. 호주의 낙농지역은 비교적 기온이 낮고 음용수 확보가 가능한 남동부(빅토리아주, 뉴사우스웨일즈주) 연안에 많이 분포되어 있으며 이 중 빅토리아주는 전체 우유 생산량의 약 65%를 차지하고 있다. 또한 뉴사우스웨일즈주와 빅토리아주의 경계에 흐르는 머레이걸번 강의 주변에는 관개를 이용한 낙농도 행하여지고 있다. 호주의 낙농산업은 우유 생산량의 약 80%가 가공용이고 더욱이 유제품의 60% 이상이 수출용인 수출지향형 산업이다. 호주의 젖소 사육농가는 6,102호, 젖소 사육규모는 166만마리이며, 호당평균 젖소 사육마리수는 273마리이다. 호주의 낙농은 10여년 전 심한 가뭄이 있기 전만해도 강우에 전적으로 의존하는 목초지 방목이 대부분이었으나 이제는 관개시설을 이용한 목초지 방목과 함께 일부 곡물 보조사료 및 농후사료를 급여하는 경영방식이 90% 이상을 점하고 있으며, 축사에서 TMR 사료 등을 급이하여 집약적인 생산을 하고 있는 농가도 2% 정도이다. 완전히 방목으로만 사육하고 있는 농가는 5% 정도이다, 호주 우유생산량의 약 33%가 낙농가 소유의 협동조합을 통해 가공되고 있는데 최대 유업체인 머레이걸번(MG)사는 낙농협동조합이고 그 다음의 유업체는 해외자본이 많다. 호주 낙농은 관개시설에 의한 수자원을 확보하기 위한 수리권 즉 물을 사용하는 권리가 시장에서 매매되고 있는데 한발이 발생하면 많은 낙농가가 귀중한 물을 구입하기를 원하기 때문에 수리권의 매매가격은 높아진다. 이처럼 호주의 낙농생산은 수자원의 확보가 중요한 관건이 되어 있다.

제 2 절 | 소비

1. 주요 소비국

육류의 소비량이 많은 국가는 대개 중국, EU, 미국, 브라질 등 인구가 많은 국가들이지만(인도 예외) 1인당 소비량을 보면, 미국, 호주, 아르헨티나 등이 주요 소비국가이다. 국가별 소비량을 살펴보면 중국은 세계 육류소비량의 약 30%를 차지하고 있으며, 육류소비량 상위 1~5위 국가(중국, EU, 미국, 브라질, 러시아)가 세계 육류 소비량에서 차지하는 비중이 약 70%에 달할 정도로 육류소비가 편중되어 있다.

2017년 기준 주요국의 쇠고기 소비량을 보면 미국이 1,168만톤으로 가장 많고 중국, EU, 브라질, 아르헨티나 순이다. 돼지고기 소비는 중국이 5,481만톤으로 가장 많고 EU, 미국, 러시아, 브라질 순이며, 닭고기는 미국이 1,564만톤으로 가장 많고 중국, EU, 브라질, 인도 순이다. 우유 소비는 인도가 6,520만톤으로 가장 많고 EU, 미국, 중국, 브라질 순이다.

■ **표 4-3** 주요 육류 및 우유 소비국가(2017)

(단위 : 천톤, 육류지육기준)

	쇠고기		돼지고기		닭고기		우유	
1	미국	11,676	중국	54,812	미국	15,643	인도	65,200
2	중국	8,227	EU	20,832	중국	11,475	EU	33,550
3	EU	7,871	미국	9,540	EU	11,230	미국	26,320
4	브라질	7,750	러시아	3,298	브라질	9,306	중국	14,792
5	아르헨티나	2,537	브라질	2,941	인도	4,396	브라질	10,000
6	인도	2,401	일본	2,741	멕시코	4,198	러시아	8,600
7	멕시코	1,841	베트남	2,703	러시아	4,083	우크라이나	5,199
8	러시아	1,812	멕시코	2,180	일본	2,489	멕시코	4,184
9	파키스탄	1,721	한국	1,926	아르헨티나	1,911	일본	3,970
10	터키	1,408	필리핀	1,803	터키	1,730	캐나다	2,900
세계		59,600		110,500		88,586		182, 515

주) 우유는 시유(백색시유+가공시유) 물량임

*자료 : USDA(http://www.fas.usda.gov) 〉 psdonline 〉 Reports and Data 〉 psd Publications 〉 Livestock and poultry/Dairy : World Markets and Trade, April 10, 2018/July 2018

육류 소비에 영향을 주는 요소들

육류 소비는 소비자의 소득수준, 식육의 가격, 대체재의 가격 변화, 경기변동 등의 경제적 요인과 인구의 구성과 분포, 관습과 식습관, 종교 등의 사회적 요인 등에 따라 영향을 받는다. 물론 다른 조건이 동일하다면 인구가 많으면 육류소비가 많지만 관심사항은 1인당 육류소비량이다. 1인당 육류소비량에 있어 가장 기본적이고 중요한 요인은 제품의 가격, 경쟁제품의 가격, 소득수준이다. 이는 제3장에서 탄력성의 개념으로 설명 하였다.

(1) 제품의 가격

한 육류제품의 가격과 소비량의 변화 관계에 대해서는 가격 탄력성으로 설명할 수 있다. 육류의 가격 탄력성에 대한 연구는 국내외적으로 대단히 많이 이루어 졌는데 결과가 동일한 것은 아니지만 이론적으로 일관성이 있다. 두가지 공통적인 사실의 하나는 수요는 소매수준에서 보다 농가단위에서 덜 탄력적이라는 것이고, 개별 육류보다 총육류 소비수준이 덜 탄력적이라는 것이다. 이 것은 가령 가격이 떨어지면 가격변화에 대한 소비자의 육류 소비량의 증가에 대해 생산자의 육류 공급량의 증가가 미치지 못한다는 것이고, 개별 육류의 가격이 변하면 그 육류의 소비량에 영향을 주지만 이는 다른 육류로 대체하는 것이지 전체 육류 소비량이 늘어나지는 않는다는 것을 의미한다. 다른 하나는 대다수 국가의 경우 돼지고기의 가격 탄력

육류 소비에 영향을 주는 요소들 (계속)

성은 쇠고기보다 더 낮은 것으로 추정되었다. 한국의 국내산 쇠고기의 가격탄력성은 −0.9에서 −2.05, 국내산 돼지고기의 가격탄력성은 −0.40에서 −0.74까지 제시되어 있는데 이는 분석기간과 분석방법의 차이에서 비롯된 것이다.

(2) 경쟁제품의 가격

경쟁 육류제품의 가격 변화와 특정한 육류제품의 소비량의 변화에 대해서는 교차탄력성으로 설명될 수 있다. 미국의 경우 1980년대초 연구에서 쇠고기의 돼지고기에 대한 교차탄력성은 0.16으로 추정 되었다. 이 것은 쇠고기 가격이 1% 상승하면 소비자는 돼지고기의 구매를 0.16% 늘린다는 것을 의미한다. 그러나 돼지고기의 쇠고기에 대한 교차탄력성은 0.12로 돼지고기의 가격 변화에 따른 쇠고기의 구매 변화량은 이보다 낮은 것으로 나타났다. 그러나 오늘날에는 수입산 쇠고기와 국내산 쇠고기 또는 수입산 쇠고기와 국내산 돼지고기 등의 교차탄력성이 더욱 관심을 끈다.

(3) 소득수준

소득수준의 변화와 육류 소비량의 관계는 소득탄력성으로 설명된다. 육류의 소득탄력성은 일반적으로 선진국의 경우 비탄력적이고 개도국이나 저개발국가의 경우 탄력적인 것으로 알려져 있다. 미국의 경우 쇠고기 수요의 소득탄력성은 1946~1987년 간 다양한 분석기간을 가지고 추정한 바에 의하면 0.07~0.47로 추정 되었다. 즉 모든 경우에 쇠고기의 수요는 소득의 변화에 탄력적이라는 것을 설명하여 준다. 그러나 소득수준이 계속 높아지면 시간이 갈수록 소득탄력성은 적어질 것이다.

(John H. McCoy et al., 1988).

2. 1인당 연간 소비량

OECD에 의하면 2017년 기준 세계에서 육류 소비량이 가장 많은 나라는 미국으로 연간 1인당 육류 소비량이 98.6kg였다. 미국 다음으로는 호주(94.6kg) 아르헨티나(88.7kg), 이스라엘(80.3kg), 우루과이(79.0kg), 브라질(78.6kg), 뉴질랜드(72.2kg), 캐나다(70.1kg) 등이 그 뒤를 이었다. 미국인은 1년에 평균 쇠고기 25.8kg, 돼지고기 23.6kg, 닭고기 48.8kg을 소비 하였으며, 고기를 가장 적게 먹는 방글라데시 육류 소비량(3.3kg)의 약 30배에 달했다. 동아시아 국가의 육류 소비량은 중국 50.2kg, 일본 36.3kg으로 한국(55.9kg)보다 적었다. 품목별 소비량이 많은 국가는 쇠고기-우루과이(43.2kg), 돼지고기-EU(32.5kg), 닭고기-이스라엘(56.9kg)로 나타났다. 우루과이, 아르헨티나, 브라질, 파라과이는 주식이 쇠고기여서 쇠고기를 많이 먹고, 이스라엘은 종교적인 이유로 돼지고기를 소비하지 않아 닭고기 소비량이 많다.

선진국(OECD)일수록 전체 육류소비량은 많아지며 품목별로 닭고기, 쇠고기의 소비량은 많아지고 돼지고기의 소비량은 낮아지는 것을 볼 수 있다. 1인당 GDP 3만달러 이상 국가의 닭고기 소비량은 이스라엘 56.9kg, 미국 48.8kg, 호주 44.5kg, 캐나다 34.9kg, 뉴질랜드 37.9

kg 등으로 닭고기 소비량이 다른 육류보다 많았다. 이는 건강에 대한 관심으로 소비자의 백색육 선호도가 높아지기 때문인 것으로 보인다. 우리나라도 GDP 증가에 따라 앞으로 닭고기 등 백색육 소비량이 훨씬 많아질 것으로 예상된다.

■ 표 4-4 국가별 1인당 육류소비량(2017)

(단위 : kg, 지육기준)

	쇠고기		돼지고기		닭고기	
1	우루과이	43.2	EU	32.5	이스라엘	56.9
2	아르헨티나	41.2	중국	30.8	미국	48.8
3	브라질	26.5	베트남	29.0	사우디	44.7
4	미국	25.8	한국	28.7	호주	44.5
5	파라과이	25.5	미국	23.6	말레이시아	41.7
6	호주	20.9	러시아	20.7	브라질	39.9
7	이스라엘	20.0	호주	20.7	페루	38.2
8	캐나다	18.4	파라과이	20.6	뉴질랜드	37.9
9	칠레	18.1	칠레	18.6	아르헨티나	37.5
10	카자스탄	17.2	뉴질랜드	18.1	캐나다	34.9

*자료 : OECD Data, Meat Consumption(indicators), 2017

제 3 절 국제무역

세계적으로 축산물 생산의 규모에 비해서 국가 간에 거래되는 양은 소규모이다. FAO에 의하면 2016년 기준 세계의 육류(쇠고기, 돼지고기, 닭고기 • 오리고기, 양 • 염소고기 등) 생산량은 3억2,129만톤(지육기준)인데 비해 국제 교역량은 3,116만톤으로 생산량의 9.7%이다. 생산량에 대비하여 쇠고기는 13.1%, 돼지고기는 7.1%, 닭고기 • 오리고기는 10.9%, 양 • 염소고기 등은 6.4%가 교역되고 있다. 생축의 교역량은 더 제한적이다. 미국농무성(USDA)에 의하면 2017년 기준 생축 수출은 소는 491만마리로 호주, 캐나다, 멕시코가 주요 수출국가이다. 돼지는 762만마리로 캐나다, 중국이 주요 수출국가이다. 미국은 캐나다 및 멕시코와 육우를 교역하고 있는데 수출(2017년 19만마리)은 적은 반면 육우수입 1위국가(2017년 181만마리)로 수입되는 소들은 바로 도축하기 위한 성우이거나 비육단계를 남겨 놓은 소들이다. 미국은 돼지 수입도 1위국가(2017년 560만마리)로 주로 캐나다로부터 수입하는데 30%는 도축용이고 70%는 비육용으로 콘벨트지대(일리노이주 중앙부에서 아이오아주

동부에 이르기까지 비옥한 토지와 적당한 강우량에 의한 천혜의 농업지역으로 옥수수, 대두의 주산지)으로 수송된다.

1. 주요 수출국과 수입국

1.1 수출

세계의 쇠고기 수출량은 9,969천톤이다. 쇠고기 수출은 브라질이 1,856천톤으로 가장 많고 인도 1,849천톤, 호주 1,486천톤, 미국 1,298천톤, 뉴질랜드 593천톤순이다. 특이한 것은 힌두교 교리에 따라 소를 신성시하는 인도가 쇠고기 수출 세계 2위에 올라있다는 점이다. 인도연방 헌법에서는 힌두교 교리에 따라 소 도축을 금지하고 있지만 물소의 도축은 법적으로 허용되는데 인도가 쇠고기 수출대국이 된 것은 물소 때문이다. 물소 고기가 다른 쇠고기보다 저렴하면서도 동물성 단백질이 풍부해 아시아와 중동 지역에서 수요가 높다고 알려져 있다.

세계 돼지고기 수출량은 8,279천톤이다. 돼지고기 수출은 EU가 2,857천톤으로 가장 많고 미국 2,555천톤, 캐나다 1,324천톤, 브라질 786천톤, 중국 208천톤, 칠레 171천톤 순이다. EU 국가 중에는 독일, 스페인, 덴마크 등이 주요 수출국가이다. 세계 닭고기 수출량은 11,039천톤이다. 닭고기 수출은 브라질이 3,847천톤으로 가장 많고, 미국 3,075천톤, EU 1,310천톤, 태국 757천톤, 중국 436천톤 순이다. 닭고기는 브라질과 미국이 전세계 수출량의 60% 이상을 차지하고 있다.

■ 표 4-5 주요 육류수출국가(2017)

(단위 : 천톤, 지육기준)

	쇠고기		돼지고기		닭고기	
1	브라질	1,856	EU	2,857	브라질	3,847
2	인도	1,849	미국	2,555	미국	3,075
3	호주	1,486	캐나다	1,324	EU	1,310
4	미국	1,298	브라질	786	태국	757
5	뉴질랜드	593	중국	208	중국	436
6	캐나다	469	칠레	171	터키	410
7	우루과이	435	멕시코	170	우크라이나	262
8	파라과이	378	베트남	50	아르헨티나	181
9	EU	367	호주	43	벨라루스	150
10	아르헨티나	293	세르비아	16	캐나다	134
세계		9,969		8,279		11,039

*자료 : USDA(http://www.fas.usda.gov) 〉 psdonline 〉 Reports and Data 〉 psd Publications 〉 Livestock and poultry : World Markets and Trade, April 10, 2018

1.2 수입

쇠고기 수입은 미국이 1,358천톤으로 가장 많고 중국, 일본, 홍콩 순이다. 미국은 국내 쇠고기 소비량의 약 10%를 수입하고 있다. 미국은 예전에는 쇠고기를 주로 캐나다, 멕시코에서 수입 하였으나 2000년대 들어 호주, 뉴질랜드에서 목초사육(Grass-fed)한 쇠고기도 수입하고 있는데, 이는 대부분 분쇄육으로 가공하여 패스트푸드와 단체급식용(햄버거를 만들기 위한 뼈없는 쇠고기) 제품으로 사용하고 있다.

돼지고기 수입은 일본이 전통적으로 가장 많았으나 2015년 이후 중국이 폭발적으로 돼지고기 수입이 늘어 1,620천톤으로 가장 많고 일본, 멕시코, 한국 순으로 수입을 많이 하고 있다. 닭고기 수입은 일본이 1,056천톤으로 가장 많고 멕시코, 사우디아라비아, EU, 이라크 순으로 수입을 많이 하고 있다.

■ 표 4-6 주요 육류수입국가(2017)

(단위 : 천톤, 지육기준)

	쇠고기		돼지고기		닭고기	
1	미국	1,358	중국	1,620	일본	1,056
2	중국	974	일본	1,475	멕시코	804
3	일본	817	멕시코	1,083	사우디	780
4	홍콩	543	한국	645	EU	706
5	한국	531	미국	506	이라크	656
6	러시아	509	홍콩	463	남아프리카	524
7	EU	338	러시아	375	아랍에미레이트	310
8	칠레	281	필리핀	241	홍콩	291
9	이집트	250	캐나다	222	쿠바	278
10	캐나다	229	호주	215	앙골라	264
세계		7,953		7,884		8,968

*자료 : USDA(http://www.fas.usda.gov) 〉 psdonline 〉 Reports and Data 〉 psd Publications 〉 Livestock and poultry : World Markets and Trade, April 10, 2018

2. WTO와 FTA

국제무역은 역사적으로 자유무역과 보호무역의 흐름이 계속해서 교차되어 왔다. 1960년대까지는 GATT(관세 및 무역에 관한 일반협정)를 중심으로 자유무역의 흐름이 세계경제의 기조를 이루어 왔지만 1970년대 이후에는 소위 신보호무역주의가 나타나기도 하였다. 1980년대 이후에는 자유무역을 향한 움직임이 계속 되었고, 우루과이라운드(간단히 줄여 UR이라고도 함)를 거쳐서 1995년에는 WTO가 출범하게 되었다. WTO의 기능은 국제교역질서를 유지하기 위한 규범(rule)을 만드는 일과 자유무역을 추구하기 위해 회원국 간 교역의 저해요인을 없애거나 줄여나가는 일이라고 할 수 있다. 2000년대 들어 세계무역질서는 다자주의 및 지역주의가 동시에 진행되었으나 WTO에 의한 다자간 무역협상인 DDA의 진전이 늦어짐에 따라 지역주의가 활발해 졌으며 이는 특정 지역내에서의 경제통합(economic integration)이라는 형태로 나타나고 있다. 경제통합은 단계별로 자유무역지대, 관세동맹, 공동시장, 완전경제통합(단일 시장) 등으로 구분되는데 이들은 서로 배타적인 형태가 아니라, 처음 단계부터 경제통합이 진행됨에 따라 다음단계로 나아가게 된다고 할 수 있다. ①자유무역지대(free trade zone)는 역내에서는 무역장벽을 완전히 철폐하여 자유무역을 하고 역외국에 대해서는 각 회원국들이 독자적인 무역정책을 실시할 수 있다(예 : NAFTA). ②관세동맹(customs union)은 역내국가에서 무역장벽을 철폐하는 것은 물론이고 역외국가에 대해서도 공동관세 등 공동무역정책을 취하는 단계이다. 역사적으로 보면 가장 전형적인 형태의 경제통합 형태이다(예 : 남미공동시장, MERCOSUR). ③공동시장(common market)은 관세동맹에서 한 걸음 더 나아가 회원국간에 노동, 자본 등 생산요소가 자유롭게 이동할 수 있는 단계이다(예 : 1958년 유럽 주요국이 참여한 유럽경제공동체, EEC). ④단일시장(single market)은 화폐, 금융, 재정, 사회정책 등 까지 통합하며 궁극적으로는 정치적 통합을 이루는 단계를 지칭한다(예 : 마스트리트 조약이 발효된 이후 EU). 국제경제통합체들을 통칭하여 FTA(Free Trade Agreement : 자유무역협정)라고 한다.

WTO체제가 출범하면서 GATT체제는 사라졌지만 협정(agreement)으로서 GATT와 그 기본원칙은 거의 그대로 살아 있다. GATT의 조항중 가장 중요하고 기본적인 원칙은 1조(최혜국대우 원칙), 2조(양허), 3조(내국민대우 원칙)이다. ①최혜국대우(most favored nation treatment : MFN)는 한 회원국이 다른 회원국에게 제공한 혜택은 다른 모든 회원국에게도 차별없이 제공되어야 한다는 것이다. ②양허(concession)는 회원국들이 상품이나 서비스 개방에 대해 꼭 지키겠다고 약속하는 것이다. 대표적인 것은 관세양허인데 30%로 관세를 양허하게 되면 관세의 상한선이 30%라는 뜻이다. ③내국민대우(national treatment)는 외국상품과 국산품을 차별해서는 안된다는 것이다. 그러나 FTA체결국들은 회원국간 무관세나 낮은 관세를 적용하는 반면에 비회원국에게는 WTO에서 유지하는 관세와 WTO에서 허용하는 수출입제한 조치를 그대로 유지한다. 이는 분명히 GATT의 최혜국대우 원칙에 위배되는 것이지만 그 예외조항(제24조)에 의하여 인정되고 있다. 그 이유는 경제통합이 일부 지역에서나마 자유무역주의를 지향하는 측면이 있음을 나타낸다고 하겠다(오근엽, 2011).

■ 표 4-7 한국의 FTA 진행상황(2018.6월 현재)

구 분	FTA
기 발 효(15건)	한-칠레 ('04.4), 한-싱가포르 ('05.12), 한-EFTA('05.12), 한-ASEAN('07.6), 한-인도(CEPA, '10.1), 한-EU('11.7), 한-페루('11.8), 한-미국('12.6), 한-터키('12.8), 한-호주('14.12), 한-캐나다('15.1),한-중국('15.12), 한-뉴질랜드('15.12), 한-베트남('15.12), 한-콜럼비아('16.7)
서명/협상 타결(1건)	중미 6개국(파나마, 코스타리카, 과테말라, 온두라스, 엘살바도르, 니카라구아)
협상 중(4건)	한국 · 중국 · 일본, RCEP(16개국), 에콰도르, 이스라엘
협상 재개 여건 조성(2건)	멕시코, GCC(6개국)

*자료 : 관세청 FTA포털(http://www.customs.go.kr/portalindex.html) 〉 FTA 일반현황 〉 우리나라의 FTA 체결현황

우리나라는 오랫동안 WTO를 중심으로 하는 다자무역체제의 우월성을 지지하여 왔으나, 기본적으로 수출의존적 경제구조인 우리나라는 그 통상이익을 극대화할 수 있는 국가와의 지역협정을 추구하는 정책을 병행 추진하였다. 이에 따라 2004.4월에 발효된 한-칠레 FTA를 시발점으로 한-EU, 한-미국 등 15건의 FTA가 발효중에 있고 한-중미6개국 FTA가 서명되었다. 최근에는 TPP(환태평양경제동반자협정)에의 참여를 검토중에 있다. TPP는 10년에 걸친 타협 끝에 2015.10월 미국 · 캐나다 · 일본 · 멕시코 · 호주 · 뉴질랜드 등 12개국이 참여하여 타결되었다. TPP가 출범하면 세계경제의 40퍼센트를 차지하는 최대 규모의 자유무역지대가 아시아 · 태평양 지역에 만들어질 것으로 예측되었으나, 2017.1월 미국이 TPP에서 탈퇴하면서 나머지 11개국이 2018.3월 CPTPP(Comprehensive and Progressive Agreement for Trans-Pacific Partnership)로 출범하였다.

3. 수입 축산물의 국경조치

3.1 관세

각 국은 일반적으로 자국내의 산업을 보호하기 위하여 자국내로 수입되는 물품에 대하여 관세를 부과한다. WTO체제하에서는 국가간에 특정 품목의 관세를 일정 수준 이상 부과하지 않겠다는 약속을 하게 되는데 이를 관세양허라고 한다. 실제로는 각국이 이 양허세율 이내에서 품목별로 정할 수 있다.

관세의 종류는 크게 기본관세, 잠정관세, 탄력관세로 구분해 볼 수 있다.

■ **기본관세** : 우리나라 국회에서 법률의 형식으로 제정한 세율을 말하며 '관세법' 제50조 별표 관세율표에 품목별 세율이 기재되어 있다. 기본관세는 통상적으로 수입물품에 적용되는 세율로 WTO 회원국 및 최혜국대우 지위를 취득한 모든 국가에게 차등 없이 공

통적으로 부과한다.

- **잠정관세** : 관세율표에 기본세율과 함께 표기되어 있으며 특정화물에 대해 수입업자에게 일정한 기간에 한하여 적용되는 기본관세보다 낮은 세율이다.
- **탄력관세** : 기본세율은 정해져 있으나 일정한 한도 내에서 관세율의 변경권을 행정부에 위임하여 관세율을 탄력적으로 변경함으로써 급격하게 변동하는 국내외적 경제여건 변화에 신축성 있게 대응하기 위한 제도이다. 탄력관세에는 덤핑방지관세, 상계관세, 보복관세, 긴급관세, 특별긴급관세, 조정관세, 할당관세, 계절관세, 국제협력관세, 일반특혜관세 등이 있다. 이 중 ①긴급관세(safe guard: SG)는 특정물품의 수입증가로 인하여 동종물품 또는 직접적인 경쟁관계에 있는 물품을 생산하는 국내산업이 심각한 피해를 받거나 받을 우려가 있을 경우 관세부과를 통해 수입을 제한하는 것이다. ②농림축산물에 대한 특별긴급관세(sepecial safe guard: SSG)는 UR 결과 국내외 가격차에 상당한 율로 양허한 농림축산물의 수입물량이 급증하거나 수입가격이 하락하는 때에 양허한 세율을 초과하여 부과하는 관세이다. SG와 SSG는 발동요건과 취할 수 있는 조치가 다르다. ③국제협력관세는 우리나라의 통상과 대외무역 증진을 위하여 특정국가 또는 국제기구와 조약 또는 행정협정 등으로 정한 세율로서 WTO양허관세, FTA협정관세 등이 있다. ④일반특혜관세는 개도국의 경제성장을 지원하기 위해 개도국에서 생산된 제품을 수입할 때 적용되는 무관세 또는 낮은 세율이다.

■ **표 4-8** 주요 축산물의 관세율(2018년 상반기 현재)

(단위 : %)

	기본세율	WTO 양허세율	FTA 협정세율		
			미국	EU	뉴질랜드
■ 쇠고기					
• 냉장	30.0	40.0	21.3	22.5	29.3
• 냉동	30.0	40.0	21.3	22.5	29.3
■ 돼지고기 삼겹살					
• 냉장	22.5	22.5	6.7	8.1	22.5
• 냉동	25.0	25.0	무관세	9.0	25.0
■ 닭다리					
• 냉장	18.0	18.0	5.4	6.5	18.0
• 냉동	20.0	20.0	6.0	7.2	20.0
■ 유제품					
• 버터	40.0	89.0	26.7	32.3	53.4
• 치즈(체다)	36.0	36.0	19.2	20.2	15.4

*자료 : 관세청, 관세법령정보포털(https://unipass.customs.go.kr/clip/index.do) 〉 세계HS 〉 관세율표

관세적용의 우선순위는 관세법 및 '자유무역협정의 이행을 위한 관세법의 특례에 관한 법률'에 따라 탄력관세, 잠정관세, 기본관세의 순이며, 또한 탄력관세의 우선순위(1순위~4순위)도 정하여져 있다. 즉 기본적으로 1순위(덤핑, 상계, 보복, 긴급, SSG ; 세율의 높낮이에 관계없이 무조건 최우선 적용), 2순위(국제협력관세 ; FTA협정세율은 나머지 순위의 세율보다 낮은 경우 2순위 최우선 적용. WTO양허세율 등은 3순위 이하 세율보다 낮은 경우 2순위 차우선 적용. 단, 농림축산물에 대한 WTO양허관세는 세율의 높낮이에 관계없이 5, 6순위 보다는 우선 적용), 3순위(조정, 할당, 계절관세 ; 할당관세는 4순위 세율보다 낮은 경우 3순위 적용), 4순위(일반특혜관세), 5순위(잠정관세), 6순위(기본관세) 등으로 되어 있다.

농축산물의 경우 우리나라는 UR 농산물 무역협상시 제출한 이행계획서(1995년~2004년까지)에 따라 농축산물의 관세를 10년간 감축하여 왔으며 2005년 이후는 WTO/ DDA협상이 타결 되지 않아 2004년도(UR 마지막이행연도) 기준 WTO양허관세를 동일하게 적용하고 있고, 우리나라와 FTA를 체결한 국가의 물품에 대하여는 FTA관세를 우선 적용하는데 이는 고정되어 있는 것이 아니고 협정에 의하여 낮아지거나 철폐된다. 주요 축산물의 2018년 상반기 관세율을 보면 ①쇠고기는 기본세율이 냉장, 냉동 모두 30.0%(WTO양허세율이 모두 40.0%이므로 FTA비협정국에 대해서는 이를 우선 적용)인데 FTA협정에 따라 미국산은 21.3%, 뉴질랜드산 29.3%로 수입되고 있다. ②돼지고기 냉장삼겹살의 경우 기본세율이 22.5%(WTO양허세율 동일)인데 미국산은 6.7%, EU산은 8.1%, 뉴질랜드산 22.5%로 수입되고 있고, 칠레산 돼지고기는 2014.4월부터 전품목이 관세폐지 되었다. ③냉동닭다리의 경우 기본세율이 20.0%(WTO양허세율 동일)인데 미국산은 6.0%, EU산은 7.2%로 수입되고 있다. ④유제품의 경우 버터는 기본관세 40%(WTO양허세율이 89%이므로 이를 우선 적용)인데 미국산 26.7%, EU산 32.3%, 뉴질랜드산 53.4%로 수입되고 있다. 체다치즈는 무관세 물량을 제외하면 기본세율 36%(WTO양허세율 동일)인데 미국산 19.2%, EU산 20.2%, 뉴질랜드산 15.4%로 수입되고 있다. FTA 협정에 의하여 미국산 쇠고기는 2026.1월, EU산 돼지고기 삼겹살은 2021.7월에 관세가 철폐된다.

3.2 WTO/SPS 협정

질병통제와 식품위생은 모든 국가의 주요 관심사이다. 세계화로 인한 국가간 교류의 확대와 수입식품의 증가는 질병과 식품안전에 대한 우려와 그 중요성을 더욱 증대시키고 있다. 외래종 동식물 및 식품 검역을 소홀히 할 경우 외래 병해충 및 각종 질병이 국내로 유입되어 이에 취약한 국내 생태계에 치명적인 타격을 줄 수 있으며, 국민건강에 악영향을 초래하여 경제적 · 사회적 피해를 야기할 수도 있다, 예를 들면 조류인플루엔자(AI), 소해면상뇌증

(BSE : 일명 광우병), 지중해과실파리 등 여러가지 동물 질병 및 식물 병해충과 수입된 돼지고기에서 인체에 치명적인 다이옥신 검출 등이 세계적인 문제가 되고 있다. 국민의 생명을 보호하고 안전을 책임질 의무는 각 주권 국가에 있으며, 국가는 이러한 위험과 관련하여 위생검역조치(SPS 조치라고도 함)를 취할 권리가 있다. 각 국의 이러한 고유한 권리를 검역주권이라고 하기도 하나 이는 WTO나 OIE 등의 국제규정에 있는 용어는 아니다.

WTO체제 이전의 GATT체제에도 GATT 20조 B항의 '인간 및 동식물의 생명 또는 위생을 보호하기 위해 필요한 조치'를 할 수 있는 SPS 조치(Sanitary and Phytosanitary Measures)가 있었으나 SPS협정과 같은 별도의 규율체제가 존재하지는 않았다. GATT 체제하에서도 SPS 조치는 회원국이 회원국 내의 국민의 생명과 건강의 보호를 달성하기 위한 것이므로 최혜국 대우 등 GATT의 다른 규정을 위반하지 않는 한 이를 위한 수입규제 조치가 인정되었다. 그러나 동식물이나 식품을 수출하는 극히 일부의 수출국을 제외한 대부분의 수입국들은 수입 농축산물에 문제가 발생하면 일반적으로 수입을 제한하는 것이 최선의 조치일 수 밖에 없었다. 이에 대해 동식물이나 식품 수출국들은 이러한 조치들이 타당한 기준에 근거하지 않고 임의적으로 운영될 경우에는 관세에 의하지 않고 부당하게 무역을 제한하는 비관세장벽(Non-tariff Barrier: NTB)으로 남용될 소지가 있다고 주장하여 왔다. 그리하여 1995년 WTO 출범과 함께 WTO/SPS협정이 발효되었다. WTO/SPS협정은 '위생 및 식물위생 조치에 관한 협정(Agreement on the application of sanitary and phytosanitary measures)'을 줄인 말이다.

WTO/SPS협정은 회원국의 SPS 조치를 필요한 정도에서만 적용하고, 과학적 원리에 근거하고 충분한 과학적 근거없이 유지되지 않도록 해야 한다고 규정되어 있다. 또한 SPS 조치는 위험평가에 기초하여야 하고, 회원국 간에 자의적이거나 부당하게 차별하지 않고, 국제무역에 대한 위장된 제한을 구성하는 방식으로 적용되지 않도록 해야 하며, 적정보호수준을 달성하는 데 필요 이상의 무역제한조치를 취해서는 안 된다고 규정하고 있다. 이러한 목적을 달성하기 위한 SPS조치는 국제기준을 따라야 하며, 국제기준으로 식품은 Codex(국제식품규격위원회), 동물위생 및 동물성전염병은 OIE(국제수역사무국), 식물위생의 경우에는 IPPC(국제식물보호협약)의 기준을 활용할 것을 제시하고 있다. SPS협정은 이 기구들의 기준보다 엄격한 기준을 적용할 수 있음을 규정하고 있으나, 이 경우에는 충분한 과학적 근거(sufficient scientific evidence)가 확보되어야 한다는 점을 명시하고 있다. 그러나 지금도 SPS 협정은 이해가 상반된 국가들간의 타협의 산물로, 일부 규정은 모호하게 규정되어 있어 협정의 해석과 적용에 대한 의견이 분분하고 분쟁도 많다.

4. 한국의 쇠고기 시장과 통상마찰

우리나라 축산물 시장은 앞으로 설명하게 되는 GATT/BOP 졸업(1989.10월)과 UR협상 타결(1993.12월)에 따라 농산물과 함께 수입 자유화 되어왔다. 1995년에는 냉장 돼지고기, 냉장 닭고기와 분유류 및 치즈가 수입 자유화 되었고, 1996년에는 버터, 연유가 포함되어 낙농제품은 모두 개방 되었다. 또한 1997년에는 냉동 돼지고기와 냉동 닭고기 등이 자유화 되었고, 2001년에는 쇠고기와 생우가 수입 자유화 되었다.

이 중에도 쇠고기는 우리나라 농업통상에서 가장 관심이 많았던 품목이다. 그동안 우리나라는 2001년 쇠고기 수입 자유화 이전에는 국내 한우 생산농가를 위한 국내정책과 쇠고기 수출국들의 관심과의 마찰로 GATT 및 WTO에 제소를 당하였다. 그런가 하면 2001년 쇠고기 수입 자유화 이후에도 우리나라가 쇠고기를 수입해 왔던 미국, 캐나다의 BSE 발생으로 이들 국가들로부터의 쇠고기 수입금지 이후 수입재개를 위한 수입위생조건 협상 과정이 국민적 관심사가 되기도 하였다. 우리나라의 쇠고기와 관련된 통상마찰을 년대별로 간단히 정리하면 [표 4-9]와 같다.

■ **표 4-9** 한국 쇠고기 관련 주요 통상마찰 경위

	국내 정책	분쟁
1980년대	■ 국내 소 값 하락으로 인해 쇠고기의 수입 금지 및 수량제한 조치를 취하고 국영무역기관에 독점적 지위를 부여하여 쇠고기의 수입과 재판매를 통제	■ 1980년대 중반 한국의 쇠고기 수입중단 조치에 대하여 미국과 호주, 뉴질랜드가 1988년 GATT에 제소
1990년대	■ 국내 소 값 하락으로 소 수매 등 가격지지의 형태로 쇠고기 생산자를 보조하고 쇠고기 구분판매제도를 도입하는 등 이전과 비교하여 간접적이고 완화된 형태의 정책을 시행	■ 쇠고기에 대한 보조금과 쇠고기 구분판매제도 등에 대하여 1999년 미국과 호주가 WTO에 제소
2000년대	■ 국민의 건강과 안전을 보호하기 위하여 수출국과 쇠고기 수입위생조건을 마련하여 수입	■ 캐나다에 이어 미국에서 BSE 발생으로 양국산 쇠고기 수입을 금지하여 왔으나 양자 협상을 통해 2008년 미국산 쇠고기 수입재개를 허용. ■ 반면 캐나다는 자국산은 여전히 수입을 금지하고 있다는 불만으로 2009년 WTO에 제소 하였으나, 2011년 양자협상 타결로 수입 재개

*자료 : 조영진(2011), 세 건의 GATT/WTO 한국 쇠고기 분쟁에 대한 연구, 한국국제경제법학회

4.1 1988년 GATT 제소

우리나라가 GATT에 가입한 때는 1967년이다. 1970년대 들어 경제가 성장함에 따라 쇠고기 수요가 늘어나, 소 도축이 크게 늘어남에 따라 1978년에는 소 사육마리수가 감소하기

시작 하였다. 이에 따라 1976년에 수급조절용으로 694톤을 단 한차례 수입한 적이 있던 쇠고기를 1981~1983년에 계속 수입하였으며, 이 기간 사이 국내 소 값이 지속적으로 상승세를 타자 생우도 도입하였다. 그러나 1983~1984년에는 소값이 폭락하여 이른바 소값 파동이 일어나자 정부에서는 이를 수습하기 위하여 1984.10월부터 쇠고기의 수입을 전면 중단시켰다. 그러자 미국을 비롯한 수출국들은 쇠고기 수입재개를 계속적으로 요구 하였고, 결국 1988.3월 미국은 한국을 GATT에 제소하였으며 호주도 이에 가세 하였다. 이들의 주장은 GATT 18조 B항(Article XVIII : B)에 근거해 한국이 취한 쇠고기 수입제한은 한국의 국제수지가 흑자로 전환되었으므로 더 이상 정당성이 없다는 것이다. GATT 18조 B항은 개도국에 대해 국제수지상의 이유로 수입제한 하는 것을 인정하고 있다.

GATT 제소 기간 중에도 한국 정부는 1988.8월에 '88올림픽'을 앞두고 대외 통상 마찰 완화와 부족한 국내 쇠고기 수요를 충당하기 위해서 쇠고기 수입을 재개키로 하였다. 쇠고기 수입을 재개 하면서 정부는 재단법인 형태의 축산물유통사업단(LPMO)을 설립하여 쇠고기 수입을 전담케 하는 동시에 수입 이익금은 축산발전기금에 납입하도록 하였다. 그러나 이러한 조치에도 불구하고 미국 등 수출국들은 GATT 제소를 취하하지 않았고 1989.4월에 발표된 GATT 패널 보고서는 국제수지가 호전된 1984~1985년 간 한국의 쇠고기 수입제한은 GATT 18조 B항(일명 BOP조항)에 근거한 정당성이 없으므로 쇠고기를 포함한 수입제한 품목을 1997년 7월 1일까지 수입을 자유화 하거나 GATT 규정에 일치시키라고 권고하였다. 또한 패널은 쇠고기 뿐 아니라 GATT 18조 B항에 근거하여 수입을 제한하고 있는 품목의 수입 자유화계획을 이사회에 보고하라고 권고 하였다. 1989.10월에는 GATT 제소와 함께 동시에 진행된 GATT/BOP 위원회에서 우리나라는 GATT 18조 B항을 졸업하게 된다. 결국 1989.11월에 패널 보고서는 GATT이사회에서 정식 채택 되었다. 결과적으로 한국은 쇠고기 때문에 GATT에 제소 되었지만 동시에 GATT 18조 B항을 졸업하게 됨으로써 쇠고기 뿐만 아니라 수입을 제한하고 있었던 많은 농축산물을 1997년까지의 수입자유화 예시계획에 포함시켜 개방하게 된다.

한편 쇠고기 수입자유화계획을 당사국과 협의하라는 패널 권고에 따라 한국은 미국 등 수출국과 쇠고기 협상을 진행하였으며 이는 1990.6월에 타결되었다. 그 내용은 1990~1992년 간 매년의 쇠고기 수입쿼터량을 정하였으며, 수입쿼터량의 7% 이내에서 SBS(Simultaneous Buy and Sell Tender System)제도를 도입하되 SBS 제도로 수입되는 물량에 대하여 국내외 가격차에 해당되는 금액을 수입부과금(Mark-Up)으로 부과하기로 하였다. SBS제도는 축산물유통사업단을 거간으로 하여 축협, 관광용품센터 등 정부에서 지정한 실수요 단체가 입찰방식에 의하여 외국 수출업자와 쇠고기 구매계약을 체결토록 하는 업자간 자율거래 제도이다. 다만, 쇠고기 수입자유화 일정을 확정하라고 하는 수출국의 요구에는 시점을 명시하지 않고 GATT규정에 일치시킨다고만 하였다.

1993.12월에는 UR협상 타결로 BOP 대상품목도 UR협상 결과에 일치시키기로 함으로써 우리나라의 쇠고기 수입자유화 일정도 이 때 완전히 확정되었다. 즉, 일단 완전 수입개방 시기를 GATT/BOP 품목 졸업시한인 1997년 7월보다 늦추어 2001년에 완전 개방하되, 관세를 41.2%로 낮추고 2004년에는 40.0%로 낮추기로 하였다. 또한 수입쿼터량과 이 중 SBS로 수입할 수 있는 물량을 2000년까지 매년 늘리기로 하는 한편, 수입부과금은 감축하기로 하였다. 한편 UR타결로 GATT체제는 1995년부터 WTO체제로 개편되었다.

■ 표 4-10 쇠고기 수입자유화 일정

	1994	1995	1996	1997	1998	1999	2000	2001
수입쿼터	106천톤	123	147	167	187	206	225	–
(SBS비율)	(20%)	(30)	(40)	(50)	(60)	(70)	(70)	(–)
관세	20%	43.6	43.2	42.8	42.4	42.0	41.6	41.2
부과금 상한	95%	70	60	40	20	10	0	–

*자료 : 농림수산부, 1994년도 농업동향에 관한 연차 보고서

4.2 1999년 WTO 제소

우리나라는 1990년 이후에도 쇠고기 소비가 계속해서 증가하였으며, 1997년까지는 당초 쇠고기 수출국들과 설정한 쿼터량을 초과하여 수입하였다. 그 결과 우리나라는 주요 쇠고기 수출국들의 중요한 시장으로 인식되었으며, 특히 미국산 쇠고기의 수입비중이 1993년의 44%에서 1998년에는 60%로 증가하였다. 그러나 1997년말 경제위기가 발생하면서 환율상승으로 사료가격이 급등하고 사료곡물의 수입이 어려워지자 소 사이클의 꼭지점 국면에 있었던 국내 한육우 사육농가들은 소를 더 이상 사육할 수 없는 형편에 이르렀을 뿐 아니라 소값이 하락하기 시작하여 많은 물량의 소를 도축하기에 이르렀다. 이에 정부에서는 소 값 안정을 위해 1997~1998년 동안 소 수매를 실시 하였다. 또한 환율상승으로 수입쇠고기의 수입가격도 크게 높아지고, 경제위기에 따른 쇠고기 소비위축으로 인해 1998년에는 쇠고기 수입이 급감하여 쿼터를 충족시키지 못하게 되자 미국, 호주 등 수출국들은 우리나라에 대하여 쿼터량 수입을 요구하는 동시에 수입쇠고기 구분판매제도 폐지 등을 요구하였다. 당시 우리나라는 저가의 수입육이 한우고기로 둔갑되어 판매 되는 것을 막기 위해 1989년부터 수입쇠고기는 수입쇠고기 전문판매점에서만 팔도록 하고 있었다.

미국, 호주, 뉴질랜드 등 쇠고기 수출국들의 요구에 대해 한국은 수차례에 걸쳐 이들 국가와 양자간 협상을 개최하였으나 서로의 견해차이로 합의점을 찾지 못하고 결렬되자, 미국은

1999.2월 한국의 쇠고기수입 수량제한 및 수입쇠고기 구분판매제도, 수입부과금, 축산업에 대한 국내보조 등의 조치가 GATT 규정에 위배된다고 WTO에 제소하였고 이어 호주도 제소하여 1999.8월 패널이 구성되었다. 축산업에 대한 국내보조라는 것은 WTO 규정에 따르면 당시 소 수매가격이 국제가격을 상회하는만큼 그 차액을 보조라고 보며, 다만 소 연간 총생산액의 10%에 해당하는 금액은 보조가 허용되었는데 제소국들은 보조금액이 허용금액을 넘었다고 주장 하였다. 여기서 문제의 본질은 수입쿼터를 충족시키지 못한데 있었으나 제소국들은 수입쇠고기 구분판매제도 등 다른 분야에서도 문제를 제기한 것으로 보인다.

2000.7월에 WTO 패널은 한국의 수입쇠고기 구분판매제도와 1997~1998년 소 수매에 의한 축산물 보조금 계산방식이 WTO 협정에 위반된다고 판정하였다. 이에 한국은 WTO 패널의 판정내용에 대해 이의를 제기하며 상소하였다. WTO 상소기구는 한국의 수입쇠고기 구분판매제도는 GATT 제3조 4항의 내국민대우 원칙에 위반되나, 소 수매와 관련된 보조금 위반여부에 대해서는 한국이 보조금 감축약속을 위반하였다고 판단할 충분한 근거가 없다고 판정함으로써 한국의 일부 승소를 결정하였다. WTO 분쟁해결기구(DSB)에서 패널 및 상소기구의 판정내용을 채택하면 피제소국은 WTO협정을 위반한 정부의 조치를 일정한 기간내에 WTO 협정에 일치시켜야 한다. 만약 WTO협정 위반 조치를 계속 유지하거나 이를 제대로 이행하지 않은 경우 제소국은 WTO 협정에 의거해 보복조치를 시행할 수 있다. 이에 따라 한국은 WTO 분쟁해결기구에 쇠고기 수입자유화가 이루어진 2001년 1월을 넘긴 2001년 9월에 통보할 수 있었다.

당시 한국 정부는 소값 급락으로 수많은 생산농가들이 도산하는 상황에서 수출국의 요구를 즉각 수용하는 것보다는 차라리 WTO 분쟁해결절차를 통하여 해결하는 것이 유리하다고 판단하였다. 만약 우리가 수출국들의 요구를 받아들여 즉각 쿼타량을 전량 수입하거나 수입쇠고기 구분판매제도를 폐지하였다면 우리는 더 큰 피해를 입었을 것이다. 양자문제를 WTO 분쟁해결절차를 통해 다자화함으로써 약 2년 이상의 시간을 벌어 쇠고기 수입자유화 일정인 2001년 1월을 넘겨 판정내용 이행을 통보함으로써 결과적으로 여파를 최소화 할 수 있었다. 오늘날 교역이 나날이 늘고 통상문제가 복잡하게 전개되는 상황에서 이해관계로 다툼이 생겨 분쟁해결 절차로 가는 것은 선진국, 개도국을 막론하고 흔한 일이 되고 있다. WTO 분쟁해결을 너무 자주 이용해서도 안되지만, 패널에 제소되는 것을 두려워하기 보다는 우리의 국익을 보호하고 실리를 얻기 위하여 적극적으로 활용하는 것도 필요하다.

4.3 2008년 한 · 미 쇠고기 협상

2003년에 미국에서 BSE가 발생하자 우리나라는 그동안 수입하여 오던 미국산 쇠고기 수입을 전면 금지하였고 일본, 대만 등도 같은 조치를 취하였다. 그러나 미국의 끈질긴 요청으로 결국 일본은 20개월 미만 소에서 생산한 뼈를 포함한 쇠고기를, 대만에는 30개월 미만 소의 살코기만을 수입하도록 하여 수입을 허용하였다. 우리나라도 미국의 지속적인 요청으로 2006.1월에 30개월 미만 소에서 생산된 살코기만으로 한정하여 쇠고기 수입을 재개하고, 1998년 이후 출생한 소에서 BSE가 발생할 경우 수입을 중단하고, 한국으로 수출 자격이 있는 미국 쇠고기 작업장을 우리 정부가 승인하기로 합의 하였다. 그러나 이후 수입재개과정에서 분쟁의 소지가 자주 발생하게 된다. 2006년 미국산 쇠고기의 수입이 재개된지 1차 수입의 통관과정에서 조그만 뼛조각이 발견되어 수입물량을 전부 반송하거나 폐기 조치하였다. 그 후 2차와 3차 수입검역과정에서 뼈조각이 검출되어 전량 반송되자 미국과 심각한 통상마찰을 빚었다. 2007.9월에는 수입금지 부위로 규정된 등뼈가 발견되어 미국산 쇠고기의 수입이 다시 중단되었다.

당시 OIE는 BSE 위험국의 지위를 1단계 위험무시국(negligible risk), 2단계 위험통제국(controlled risk), 3단계 위험미결정국(undetermined risk)으로 분류하고 있었다. 미국은 2007년 5월 OIE로부터 위험통제국 지위를 인정받은 것을 근거로 우리의 위생검역조건을 OIE 기준에 맞게 개정해 줄 것을 요구하였다. OIE 지침에 따르면 OIE에서 위험통제국으로 인정한 국가와는 특정위험물질(Specified Risk Materials, 이하 SRM이라 함)을 제외한 모든 부위의 교역이 가능하도록 되어 있다. SRM은 소, 양, 염소 등 가축의 부위 중 프리온 질병을 전염시킬 가능성이 높은 부분을 말하며, 그 포함하는 부위는 OIE 기준을 바탕으로 하되 국가별로 조금씩 다르다. 그러던 중 한미정상회의를 앞두고 2008.4월에 개최된 미국산 쇠고기 수입위생조건 개정을 위한 한 · 미 양자협상에서 미국산 쇠고기 수입의 재개가 합의되었다.

당초 합의내용은 한미 양측은 1단계로 30개월 미만의 소에서 생산된 미국산 쇠고기의 수입을 허용하고, 2단계로 미국이 OIE에서 권고한 강화된 사료금지조치를 취할 경우 OIE 기준에 따라 30개월 이상의 소에서 생산된 쇠고기도 수입을 허용하기로 하였다. 강화된 사료금지조치란 30개월 이상 소의 뇌와 척수, 식용으로 적합하지 않은 소의 뇌와 척수 등은 모든 동물들의 사료로 사용하지 못하도록 OIE에서 권고한 조치를 말한다. 다만, OIE 기준에 따라 30개월 미만의 경우에는 SRM으로 분류되어 있는 2개 부위(편도, 회장원위부), 30개월 이상에서는 7개부위(뇌, 눈, 머리뼈, 척수, 척주, 편도, 회장원위부)는 수입을 허용하지 않기로 하였다. 단, 척주에서 꼬리뼈, 경추 · 흉추 · 요추의 횡돌기와 극돌기, 천추의 정중천골능선과 날개는 제외하여 수입을 허용키로 하였다.

그러나 협상 직후 수입을 제한하는 SRM의 범위가 EU나 미국에 비해 지나치게 축소 되어 있는 등 엄격한 절차를 생략한 채 졸속 타협했다는 국민적 여론이 커졌고, 갑자기 미국산 쇠고기의 안전성에 대한 국민적 불안과 논란이 증폭되었다. 이에 정부는 OIE의 과학적 기준에 따라 성실하게 협상 하였다고 국민들의 양해를 구하였으나 결국 미국측과 2008.6월에 한미 쇠고기 추가협의를 갖게 된다. 추가합의 내용을 요약하면 다음과 같다. ①한국소비자들의 미국산 쇠고기에 대한 신뢰가 회복될 때까지 미국 농무성이 운영하는 30개월 미만 연령검증 품질체계평가 프로그램(일명 한국 QSA)에 참여하는 작업장에서 생산된 쇠고기 및 쇠고기 제품에 한해 수입을 허용 ②30개월 미만 소의 뇌, 눈, 머리뼈 또는 척수는 SRM은 아니나, (수입업자가 주문하지 않는한) 검역검사과정에서 발견될 경우 반송 ③의심 작업장을 특정하여 한국측의 조사가 가능하고, 조사 결과 중대한 위험 발견시 미국에 해당 작업장의 수출작업 중단을 요청하고, 미국은 요청을 받는 즉시 조치를 취함 등이다.

2008.6.26일 '미국산 쇠고기 수입위생조건(고시)'이 관보에 게재 · 공포되면서 미국산 쇠고기 수입이 재개 되었다. 현행 미국산 쇠고기 수입위생조건에는 검역조건상 소의 월령제한은 없다. 다시 말하면, 한국 소비자의 신뢰가 회복될 때까지는 민간의 자율규제방식으로 30개월 이상 소에서 생산된 쇠고기를 수출하지 않고 있는 것이다. 따라서 언제가 한국 소비자의 신뢰가 회복되는 시점이냐에 대해서 양국간의 분쟁의 소지가 남아 있다. 이 때의 양자 협상에서 발생한 큰 논란으로 미국산 쇠고기에 대한 소비자의 신뢰가 회복되어 30개월 이상 쇠고기를 반입하려는 경우와 BSE가 발생하여 수입이 금지된 국가로부터 쇠고기 수입을 재개하려는 경우 국회의 심의를 받도록 가축전염병예방법에 새로 규정되었다. 또한 우리나라가 쇠고기를 수입하고 있는 나라에서 BSE가 추가로 발생하여 그 위험으로부터 국민의 건강과 안전을 보호하기 위하여 긴급한 조치가 필요한 경우 일시적 수입중단 조치 등을 할 수 있다는 조항도 가축전염병예방법에 규정되었다. 국내법에 국민의 건강과 안전을 위한 SPS조치를 취할 수 있도록 명확히 규정은 되었지만, 수출국과의 분쟁 발생시 WTO/SPS 협정에 우선하는 것은 아닌 것으로 이해 된다.

4.4 2011년 한 · 캐나다 쇠고기 협상

캐나다에서 2003.5월 BSE가 발생하자 우리나라는 캐나다산 쇠고기 수입을 전면 중단 하였으며, 이후 캐나다에서는 BSE 발생이 2011.2월까지 18차례 이어졌다. 그러나 캐나다는 2007년 OIE로부터 광우병위험통제국 지위를 획득한 뒤 한국에 캐나다산 쇠고기의 수입 재개를 줄기차게 요구해 왔는데 결국 캐나다는 같은 광우병위험통제국인 미국과 차별한다는 등의 이유를 들어 2009.4월에 WTO에 한국을 제소하였다. WTO에서 한국이 패소하면 한국은 세계 각국으로부터 쇠고기 시장을 전면 개방하라는 압력을 받을 수 있었기 때문에 한국정부는 캐나다와 양자협상을 진행하였다. 만약 양자협상이 타결되면 캐나다는 WTO에 한국을 제소한 것을 취하하게 된다.

2011.6월 한 · 캐나다 양자협상에서 캐나다와의 쇠고기 수입위생조건 협상이 타결되었다. 협상 타결 내용은 다음과 같다. ①가축전염병예방법에 따라 30개월령 미만 쇠고기(뼈 포함)만 수입키로 한다. 수입을 허용하지 않는 부위로는 SRM인 편도, 회장원위부 뿐만 아니라 기계적 회수육/기계적 분리육, 선진 회수육, 분쇄육을 포함시켰다. 기계적 회수육/기계적 분리육은 도축한 소에서 각종 육류 부위를 발라낸 뒤 기계를 이용하여 뼈를 부숴서 채에 압착하여 생산한 고기를 말한다. 선진 회수육은 뼈를 부수거나 갈지 않고 뼈로부터 고기를 긁어 모으거나 압력을 주어서 생산한 고기이다. 분쇄육은 고기를 단순하게 갈아서 만든 제품으로 선진 회수육이 포함되기도 하여 햄버거용 패티 등으로 이용한다. 또한 쇠고기 가공품, 십이지장에서 직장까지 내장 전체, SRM은 아니지만 30개월 미만 소의 뇌 · 눈 · 머리뼈 · 척수 · 척주(단, 꼬리뼈, 흉추 · 요추의 횡돌기, 천추의 날개 제외)가 수입을 허용하지 않는 부위에 포함되었다. ②우리나라로 쇠고기를 수출하는 육류작업장은 캐나다에서 선정하여 통보한 작업장 중 우리정부가 현지점검 등을 통해 직접 승인한다. ③캐나다 내에서 BSE가 추가 발생할 경우 우선 검역중단 하고, 위해가 있다고 확인되면 수입을 중단하게 되며 위해가 없을 경우 검역중단 조치를 해제 한다는 것 등이다.

■ **표 4-11** 미국과 캐나다산 쇠고기의 수입위생조건 비교

	미국산 쇠고기	캐나다산 쇠고기
수입허용 월령	■ 30개월 미만(뼈 포함)이나, 한국 소비자의 신뢰회복 때는 30개월 이상 확대	■ 30개월 미만(뼈 포함)
수입금지 부위	■ 특정위험물질 및 기계적 분리육과 기계적 회수육 ■ 30개월 미만 쇠고기의 뇌, 눈, 척수, 머리뼈	■ 미국산 수입금지 부위는 모두 금지 ■ 수입금지 부위 추가 • 선진회수육, 소장부터 대장까지 전체, 분쇄육, 쇠고기 가공육제품 • 30개월 미만 쇠고기의 척주
광우병 추가발생시 조처	■ GATT제20조 및 세계무역기구(WTO)의 절차에 따라 수입중단 등 필요한 조처를 취할 권리를 가짐	■ 검역 중단조처를 취함. 국민건강에 위해가 없다고 판단되면 검역중단 해제, 위해가 있다고 판단되면 수입중단 하는 것으로 구체화
수출 작업장 승인	■ 고시 발효뒤 90일 동안만 한국이 승인권한을 가짐	■ 한국정부가 승인 권한 가짐

*자료 : 농림수산식품부

한 · 캐나다 간 합의 내용은 2008년 합의된 미국산 쇠고기 수입위생조건에 비해 [표 4-11]과 같이 한층 강화되어 있다. 2008년 미국산 수입쇠고기 위생조건의 개정후 가축전염병예방법이 개정되어 캐나다산 쇠고기를 수입 재개하기 위해서 국회의 심의절차를 거쳐야 하였다.

국회는 '현시점에서 캐나다산 쇠고기 수입이 적절하지 않다'는 심의결과 보고서를 채택하였으나, 정부는 캐나다산 쇠고기 수입위생조건을 고시 하여 수입이 재개 되었다. 가축전염병예방법에 의한 국회심의는 반드시 거쳐야 하는 절차이기는 하나 심의결과가 법적 구속력을 갖지는 않는다는 것이 통설이다. 캐나다산 쇠고기 수입 재개로 국내 쇠고기 수입국가는 미국, 호주, 멕시코, 뉴질랜드, 칠레를 포함해 6개국으로 늘어났다(2012년 우루과이 추가 7개국).

특정위험물질(SRM)은 무조건 안 된다?

SRM의 범위는 OIE가 정한 기준을 토대로 나라별로 정하고 있는데, 광우병의 발생여부와 그 나라의 음식문화에 따라 다소 차이가 있다. OIE의 기준에 따르면, 구강에 있는 편도와 회장원위부(작은 창자가 큰창자로 넘어가는 마지막 부위 2m 정도)는 모든 연령의 소에서 SRM으로 규정한다. 이 부위는 변형프리온에 오염된 사료를 먹인 동물에서 변형프리온이 먼저 나타나기 때문이다. 30개월령 이상 소에서는 뇌, 눈, 척수와 같은 중추신경 부위와 이를 둘러싸고 있는 머리뼈와 등뼈가 SRM에 포함된다. 머리뼈와 등뼈 자체에서는 변형프리온이 만들어지지 않지만, 머리뼈에 뇌를 비롯해 눈과 3차신경절 등이 들어있고 등뼈 덩어리 안에는 척수와 등배신경절이 들어있기 때문에 SRM으로 분류하는 것이다.

BSE가 광범위하게 확산됐던 영국을 비롯 EU국가에서는 SRM의 범위를 다소 넓게 잡고 있다. 모든 연령의 소에서 편도와 십이지장으로부터 직장에 이르기까지, 즉 위를 제외한 모든 창자와 여기 붙어있는 장간막까지를 SRM으로 규정한다. 그리고 아래턱을 제외하고 눈과 뇌를 포함하는 머리뼈와 척수는 12개월을 초과하는 나이의 소에서 SRM으로 정하고, 30개월이 초과되는 소에서는 등배신경절을 포함한 등뼈가 포함하는 등뼈가 SRM으로 분류된다. 하지만 등뼈 가운데 꼬리뼈와 경추, 흉추, 요추의 횡돌기와 극돌기 그리고 천추의 정중천골능선과 날개는 SRM에서 제외된다.

(자료원: 미디어워치, 2012.8.7, 기사편집)

*참고 : 척주는 척추라고도 하며, 경추, 흉추, 요추, 천추, 미추 등으로 나누어진다. 경추 · 흉추 · 요추에서 위로 솟은 부위가 극돌기이고 양 옆으로 뻗어 나온 부위가 횡돌기이며, 천추에서 위로 불룩 솟은 부위가 정중천골능선이고 양옆으로 나온 부위가 날개이다.

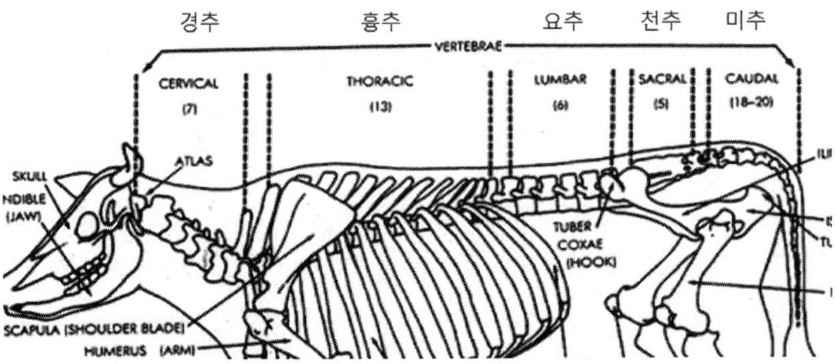

■ 참고문헌 ■

- 강민지(2016), WTO/SPS 분쟁사례 연구, 대외경제정책연구원
- 농림축산식품부 보도자료, "국민 1인당 육류 소비량 OECD 평균보다 적어", 2016년 4월 15일
- 박지현(2000), 한국의 쇠고기 수입 관련 WTO 패널 판정 및 시사점, 대외경제정책연구원
- 배종하 외(2006), 현장에서 본 농업통상 이야기, 지니릴레이션
- 오근엽(2011), 국제무역론, 학현사
- 유병린(2013), 농업과 통상, 북랩
- 이정환 외(2008), 쇠고기 수입개방 확대에 따른 경제적 파급효과 분석, GS&J/기획재정부
- 조영진(2011), 세 건의 GATT/WTO 한국 쇠고기 분쟁에 대한 연구, 한국국제경제법학회
- 한국농촌경제연구원(2015), 호주와 뉴질랜드의 낙농산업 동향, 세계농업
- 農畜産業振興機構(2016), 年報 '畜産' 海外編

제 5 장 생산 · 가격 변동과 가축순환주기

가축순환주기(livestock cycles)는 아마도 육우 및 양돈산업에서 가장 중요한 문제일 것이다. 모든 양축농민들은 가축가격이 계속적으로 변화한다는 것을 알고 있다. 그러한 변화는 자주 일어날 수도 있고 갑자기 올 수도 있다. 그러나 경제학적인 분석에 의하면 가격의 변동은 어느 정도의 규칙성을 가지고 변화하는 경향이 있다고 알려져 있다. 일반적으로 장기간에 걸친 가축가격의 행태 분석(흔히 시계열자료 분석이라고 함)은 비교적 잘 정의된 가격변동의 형태를 보여주고 있다. 그 것은 추세변동, 순환변동, 계절변동, 불규칙변동인데 이러한 변동은 재고두수, 시장 공급량, 가격 등에서 관찰된다. 일정한 시점에 시장에서 창출된 가격과 생산 데이터는 이 네가지 변동의 효과가 결합되어 있다. 보통 가격과 생산 분석의 주안점은 불규칙변동은 무시하고 세가지 변동을 다른 변동으로부터 각각 분리해 내는 것인데, 통계적 방법론은 이 것을 가능케 하여 준다. 이 장에서는 시계열상의 4가지 변동을 설명하고 순환변동의 전형적 사례인 소위 '한우 사이클'을 다루었다.

제 1 절 생산 · 가격 변동의 형태

1. 추세변동

추세변동(trend variation or secular variation) 또는 장기변동은 시계열 자료(어떤 현상의 모습을 담고 있는 자료를 시간의 흐름에 따라 수집한 것)의 변수가 장기간에 걸쳐 어떤 추세를 보이는 것으로 여러번의 순환 기간에 걸쳐 존속하는 장기추세이다. 추세변동은 짧은 기간 동안 급격히 변하는 것이 아니라 장기적인 경향을 나타내므로 직선이나 부드러운 곡선의 연장선으로 표시한다. [그림 5-1]이 어느 나라의 몇십년 간에 걸친 육우의 사육두수의 변화를 보여 주는 것이라고 하면 각년도에 걸쳐 전년도에 비해 증감이 있으나 장기적으로 결국 우상향하는 추세를 보여준다. 즉 추세변동은 증가하는 경향을 보이고 있다. 추세변동을 결정하는데 있어서 순환, 계절변동 등은 무시되는데, 추세변동은 몇 개의 순환변동을 포함하기도 한다.

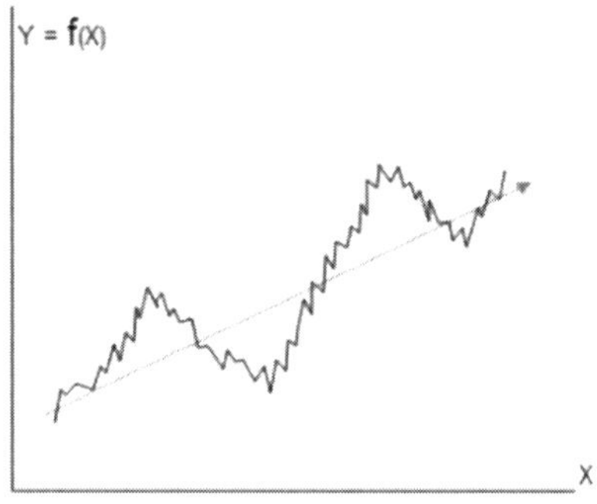

[그림 5-1] 추세변동의 예

2. 순환변동

순환변동(cyclical variation)은 장기 추세선을 따라 주기적으로 오르고 내리는 반복 현상을 보이는 것을 말한다. 순환변동은 자기 스스로 반복하는 패턴을 따르려는 경향이 있다. 대표적으로 순환변동을 보여주는 경기순환을 하나의 예로서 설명하자. 경기는 파도와 같이 확장→후퇴→수축→회복→··· 과정을 반복하면서 끊임없이 변동한다. 경제활동이 활발하여 경기가 상승하면 마침내 정점(peak)에 이르게 되고 이후 경제활동이 둔화되어 경기가 하강하다가 저점(trough)에 이르게 되면 다시 상승으로 반전한다. 이를 경기의 순환이라고 하며, 경기의 저점에서 다음 저점까지의 기간을 주기(cycle)라고 한다.

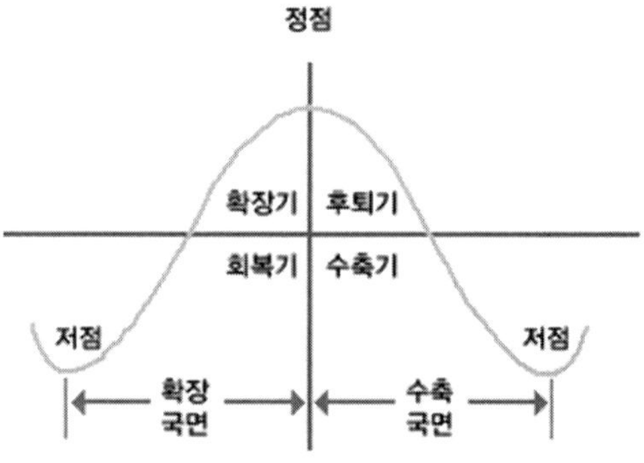

[그림 5-2] 순환변동의 예

*자료 : 한국은행, 경제교육(http://m.bokeducation.or.kr/youth)

순환변동의 일종인 가축순환주기(livestock cycle)는 가축을 사육하는 중에는 실제로 보이지 않는 규칙성의 정도를 의미하는데, 1년 이상으로 확장되어 몇 년에 걸쳐 반복하는 경향이 있다. 축산업에 있어서 순환변동의 모습은 가축사육마리수, 도축마리수, 가격에서 관찰될 수 있다. 가축사육마리수의 사이클과 대응하는 것이 가격의 사이클인데, 이 두 사이클은 반대의 성격을 가지고 있지만 시기적으로 일치하는 것은 아니다. 학자들은 가축순환주기의 원인과 행태를 설명하기 위해 생물학적 요소, 경제학 이론, 통계적 방법 등을 사용하여 왔다. 정확히 동일한 두 개의 가축 사이클은 없지만 사이클 간에는 현저한 유사성이 존재한다. 가축순환주기를 안정화 해야 한다는 명백한 필요에도 불구하고 무엇이 가축순환주기를 초래하는 가에 대해서 학자들은 합의된 견해에 도달하지 못했다. 그 주요한 견해의 차이점은 가축사이클을 초래하는 동력이 산업외부의 힘에서 나오느냐(외생변수), 산업내에서 자기창출하여 나오느냐(내생변수), 복합적인 요인(내 · 외생 변수의 동시작용)에서 나오느냐 하는 것이다.

2.1 외부적 요인(Exogenous Causes)

미국에서는 오랫동안 가축순환주기의 원인이 옥수수 공급의 변동이라고 보았다. 옥수수가 돼지의 주된 사료이기 때문에 옥수수 작황이 좋은 해에는 사육농가들이 더 많은 돼지를 키울 수 있었지만, 예상치 못한 옥수수 생산량의 부족은 돼지 사료의 감소로 이어졌다. 이러한 인식에 근거하여 1930년대에 미국 농무부는 옥수수와 기타 사료작물의 생산 및 가격 안정 프로그램을 시행하였다. 정부의 옥수수 재고량 조정에 의한 시장공급 통제라는 단순한 관점에서 보면 돼지 순환주기는 사라졌어야 했다. 그러나 실제로는 그러지 못했다. 그 이유는 사료가격이 생산자들의 수익성에 영향을 주는 요소들 중 하나에 불과하기 때문이다. 예를 들어 사료 등 투입재의 비용이 변함이 없다 하더라도 수요와 공급의 단기적인 불균형으로 가격 변동이 크게 나타날 수 있는 것이다. 이 밖에도 사이클을 창출하는 다른 외형적 요소로서 전쟁, 사회적 · 정치적 · 경제적 문제, 타가축 사이클의 상황, 맛과 기호의 변화, 인플레이션 혹은 디플레이션에 의한 가격 변화 등을 들고 있다. 또한 가뭄과 조사료 확보, 수입(import) 등도 거론된다.

2.2 내부적 요인(Endogenous Causes)

이 입장은 가축순환주기의 책임을 생산자들 자신에게 두고 있다. 즉 시장상황에 반응하는 생산자들의 인식과 관련된 내부적인 요인을 가축순환주기의 요인으로 본다. 생산자들에게는 중요한 두가지 특징이 있는데 첫째는 수익성의 변화에 따라 생산량을 조정한다는 점이고, 둘째는 자신의 농장이나 목장의 변화가 총생산량이나 가격에 미치는 영향이 고려되지 않을만큼 개개인들이 총공급량에 기여하는 바가 매우 적다는 점이다. 이 입장의 학자들은 농가들의 가격에 대한 기대가 그 열쇠라고 주장한다. 예를 들면 현재 가격수준이 좋다면 뒤이어 나타나는 기간중에는 가축마리수의 증가율은 균형성장율을 넘어서게 된다. 또한 이 기간중에는 암소의 숫자를 늘리고 생체중의 증가를 위해 가축사육 기간을 평시보다 늘리게 된다. 이렇게 증가된 생산은 증가된 수요를 마침내 넘어서게 되어 마침내 먼저 산지 및 도매가격이 내려가게 되고 다음에는 육성우 가격이 내려가게 된다. 이렇게 가격이 낮아지게 되면 소 산업은 동시적인 비관주의에 사로 잡힌다. 생산자들은 번식에 대한 관심이 떨어져 적은 수의 미경산우만 번식을 위해 유지하고 나머지 암소는 도축하여 식육 생산에 이용한다. 이 것은 쇠고기 총생산을 더욱 늘리고 산지 및 도매가격을 더욱 낮게 만든다. 그러나 이후 가격은 낮은 수준에서 안정되지만 성우 생산자들은 평소보다 높은 체중 수준에서 팔아야 한다. 이 소들은 오랫동안 집중적으로 유지되어 왔기 때문에 더욱 체중이 나가기 때문이다. 그리고 이 것은 다시 생산을 더욱 늘어나게 한다는 식으로 소 사이클을 설명하여 왔다. 그러나, 오히려 개개인의 생산자들은 커다란 시스템내에서 활동하는 영향이 작은 존재로 생각되고 있다. 개개인의 결정이 반드시 전체에 영향을 미치지는 않는다. 그러나 각 개인이 동일한 기준과 정보를 이용하여 동일한 결정을 하게 되면 실질상의 집단결정이 되어 전체 생산량에 막대한 영향을 미치게 된다. 즉, 대부분의 가축생산자가 현재 가격에 크게 의존하여 결정을 할 경우 개개인이 주는 영향은 적다고 하더라도 집단전체가 주는 영향은 막대하다.

만약 이 때 생산량 결정이 바로 수정 가능하고, 과도한 생산량 감축을 통해 균형을 맞추거나 충분하지 못한 생산량을 보충하도록 속도를 조절할 수 있다면 가축순환주기는 발생하지 않을 것이다. 그러나 그렇치 않은 것이 현실이다. 이는 소의 생물학적인 요인과 관련이 있다. 예를 들어 비육우의 경우, 쇠고기의 소비자 수요 증대로 생산량을 늘리려면 이미 1년 이상 전에 그만큼 송아지가 출생하여야 하고, 그러기 위해서는 이미 2년여 전에 그에 상응하는 가임암소 두수가 필요하다. 반대로 쇠고기 공급 과잉 등으로 비육우 사육마리수를 줄여야 됨에도 불구하고 몇 년 전에 이미 입식과 비육을 시작한 가축 사육마리수를 급격하게 줄일 수 없고 앞으로도 가축생산자는 어느 정도의 고정자산 투자가 이루어져 급속하게 사육마리수를 줄이려 하지 않는 속성이 있다.

2.3 복합적 요인(Combined Causes)

가축순환주기의 자기 창출 개념은 경제생태학적인 관점에서 가축순환주기를 설명하기 위한 다양한 시도를 촉진시켰다. 그러나 가장 적절한 설명은 일단 하나의 외부적인 요인으로 촉발된 상태에서 내부적인 결정들이 순화주기를 만들어 낸다는 두 요인의 조합이다. 시장시스템이 균형을 벗어나게 되면(외부적인 요인), 생물학적인 요인들과 결합된 생산자의 인식(내부적인 요인)으로 균형으로 돌아가는 속도가 더뎌진다. 외부적인 사건이 기폭제로 작용하여 가축순환주기를 초래할 가능성이 있다고 보는 것이다. 이 사실을 설명하기 위해 거미집 모델(cobweb model)이 적용 되었다. 이 모델은 원래 미국의 옥수수 및 돼지 가격의 주기적인 변동을 분석하는 데 사용된 이론으로 1934년 미국의 계량학자 레온티에프 등에 의해 거의 완전한 형태로 정식화되었다. 하나의 상품, 특히 농축산물은 일시적으로 가격이 변동하면 수요량은 즉각 반응하는 반면 공급량은 일정한 시간이 지나면서 지체되어 움직인다. 실제 시장에서는 이와 같은 시간차를 거쳐 균형가격에 도달하게 된다. 이것이 수요공급 곡선상에서는 거미집과 같은 형태를 그리며 균형가격에 수렴되기 때문에 거미집모델로 불리게 되었다.

기본적으로 거미집모델은 생산자가 가축 출하시의 가격이 사육을 시작하는 시점의 가격과 동일하다고 예상하고 사육을 결정한다는 가정에서 출발한다. 공급의 탄력성이 수요의 탄력성보다 작은 경우, [그림 5-3]에서 제1기의 생산량은 Q_1이다. 이 때 시장에서의 가격은 P_1으로 형성된다. 생산자들은 이 가격이 턱없이 낮다고 생각하여 생산량을 줄이게 되어 제2기의 생산량은 Q_2로 결정된다. 그러면 소비자들은 P_2의 가격에 구입하게 되고 생산자들은 생산을 늘리게 된다. 그 결과 제3기의 생산량은 Q_3가 되고, 가격은 P_3로 내려오게 된다. 이처럼 가격과 수요 · 공급은 Q_1, P_1, Q_2, P_2, Q_3, P_3,Q_4…로 대응하면서 점차 균형점 R로 수렴한다. 만약 수요와 공급의 탄력성이 동일하다면 가격은 무기한적으로 변동하게 되고(순환적 변동), 공급의 탄력성이 수요의 탄력성보다 큰 경우에는 가격은 격렬하게 변동이 생긴다(발산적 변동). 그러나 이 이론이 정확하게 순환을 모두 설명하는 것은 아닌데 그 이유는 생산자가 현재의 가격만 보고 생산계획을 세우는 것은 아니며 대체재의 유무에 따라서도 달라지기 때문이다.

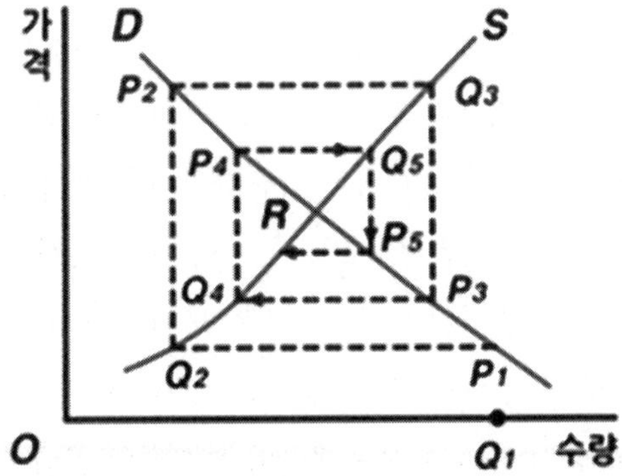

[그림 5-3] 거미줄 모델

3. 계절변동

계절변동(seasonal variation)은 계절적 요인이 작용하여 년중에 4계절을 주기로 일정한 형태를 따르는 경향이 있는 것으로 정점과 저점이 매년 같은 시기에 발생하는 경향이 있다. 계절변동이 순환변동과 다른 점은 순환주기가 짧다는 점이다. 즉, 계절변동은 보통 계절에 따라 영향을 받으므로 1년을 주기로 나타난다. 계절적 추세는 통계학을 이용한 12개월 이동평균으로 자료로부터 장기적, 주기적인 추세를 제거하여 계절지수를 도출하여 파악할 수 있다.

[그림 5-4]는 2008~2013년간 월별 쇠고기 도매시장 경락가격 자료를 이용하여 12개월 이동평균 방법으로 도출해 낸 계절적 추세를 보여주고 있다. 쇠고기 도매시장 경락가격은 1월에는 구정의 영향으로 수요가 많아 연중 가장 높은 경향을 보이고 있다. 그러나 구정 이후부터 7월까지 수요의 감소로 지속적인 하락 추세를 보이다가 8월부터 추석 수요의 탄력이 붙어 가격이 상승하기 시작하여 9월에 높은 가격을 보이다가 10월부터 약간씩 하락하다가 구정을 1개월 정도 앞 둔 12월부터 다시 상승하기 시작한다. 특이한 것은 하반기에는 가격의 편차가 전반기보다 심하지 않다는 것과 구정 때의 가격이 추석 때 보다 높다는 것이다.

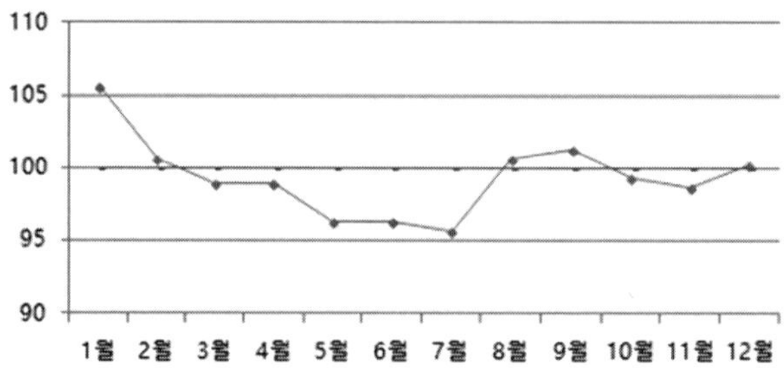

[그림 5-4] 쇠고기 도매가격 계절변동

[그림 5-5]는 2008~2013년간 월별 돼지고기 도매시장 경락가격 자료를 이용하여 12개월 이동평균 방법으로 도출해 낸 계절적 추세를 보여주고 있다. 돼지고기 가격은 도축두수가 크게 증가하는 10월에 연중 최저치를 형성하며 이듬해 2월 구정시기까지 연평균 가격보다 낮은 추세를 보이다가 봄이 되면서 가격이 상승하기 시작하여 도축두수가 크게 감소하는 6~9월중에 높은 가격을 나타 내는데 8월에 년중 가장 높은 가격을 나타내고 있다. 이후 다시 도축두수가 많아지면서 가격이 낮아지는 추세를 보이고 있다. 이와 같은 돼지가격의 계절변동은 수요에 의한 것이라기 보다 공급 측면에 영향이 있다고 보고 있다. 즉, 여름에는 수태율 저하와 유산, 사산 등의 증가로 자돈생산이 부족하여 공급량(=도축도수)이 적어지기 때문이고 날씨가 선선해 지면 그 반대의 현상이 나타나기 때문이다.

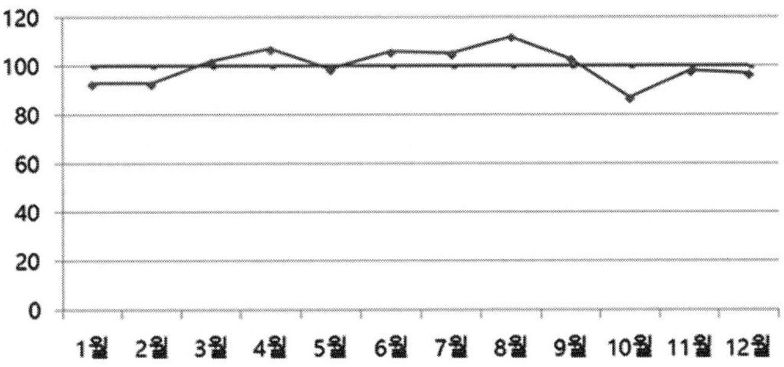

[그림 5-5] 돼지고기 도매가격 계절변동

생산농가는 계절변동 전망에 대한 지식을 이용하여 가격이 낮은 달에 출하를 피하기 위해 번식, 사육, 경영 프로그램을 조정 할 수 있고, 가장 큰 순수익이 기대되는 시기에 출하를 계획하고, 시장에서 일상적이지 않은 가격의 등락을 인식하여 수익을 더 올릴 수 있다. 그러나 생산농가는 두가지 제한을 인식하지 않으면 안된다. 첫째는 계절변동을 기초로 조정한데 따른 잠재적인 수익이 이렇게 하는데 수반되는 불이익과 추가비용을 상회 하여야 한다. 둘째는 계절변동은 정상적인 해에만 해당되고 가끔 정상적인 패턴에서 벗어난다는 것을 잊지 말아야 한다.

4. 불규칙변동

불규칙변동(irregular variation)은 어떤 규칙성이 없이 예측 불가능하게 우연적으로 발생하는 변동으로 단기변동 또는 임의변동(random variation)이라고도 한다. 불규칙변동은 천재지변이나 급격한 환경 변화로 발생되는 것이 아니라 우연적으로 발생하는 변동이다. 우연적으로 발생하기 때문에 불규칙변동을 측량하는 것은 어려운 과제이다. 시계열분석이 주로 예측하는 것이 목적이라면 불규칙변동이 많이 존재하는 시계열자료에서는 신뢰성 있는 예측을 할 수 없다. 그러나 보통 시계열 분석에 있어서 불규칙변동은 제거되거나 무시된다.

제2절 가축순환주기

1. 한우 순환주기

한우 순환주기는 순환변동의 대표적인 예로서 사육마리수 주기와 가격 주기가 있다. 한우 사육마리수 주기(cattle inventory cycle)는 사육마리수가 어느 시기의 저점(trough)에서 등락을 거쳐 다음 저점까지의 기간을 말한다. 한우 사육마리수는 과거 및 현재의 한우가격, 송아지 가격, 배합사료 가격, 소의 생리적 기간(발정, 임신기간, 육성기간, 비육기간) 등의 요소에 의해 주기성을 띤다. 또한 경기변동 등 경제 · 사회적인 요소에도 영향을 받는다. 각 주기는 사육마리수가 증가하는 상승단계와 사육마리수가 감소하는 하강단계로 이루어져 있다. [표 5-1]에서 보면 1980년대 이후 2015년까지 한우 사육마리수 주기는 3개 주기로 1주기(1981～1989)는 8년, 2주기(1989～2001)는 12년, 3주기(2001～2015)는 14년으로 8～14년에 걸친 주기 기간을 보여주고 있으며, 최근에 올수록 주기 기간이 더 길어지는 양상을 보이고 있다. 한우 사육마리수 주기의 특징을 살펴보면 그 주기 기간 중 하강단계의 두수감소는 1,000천～1,500천마리의 범위를 보이고 있으며, 상승단계 마리수 증가는 1,200천～1,650천마리로 상승단계 중의 마리수 증가가 하강단계의 마리수 감소를 상회하고 있다. 이는 결국 한우 사육마리수의 추세변동이 우상향하는 이유가 되고 있다.

한우 가격 주기(cattle price cycles)는 [그림 5-6]에서 보듯이 사육마리수 주기의 2주기까지는 약 2년의 시차를 두고 선행하는 모습을 나타내고 있으나, 3주기에는 사육마리수 주기의 반대 형태(사육마리수가 감소하는 단계에서는 가격 상승, 그 반대의 경우에는 가격 하락)로 나타나는 전형적인 모습을 보이고 있다.

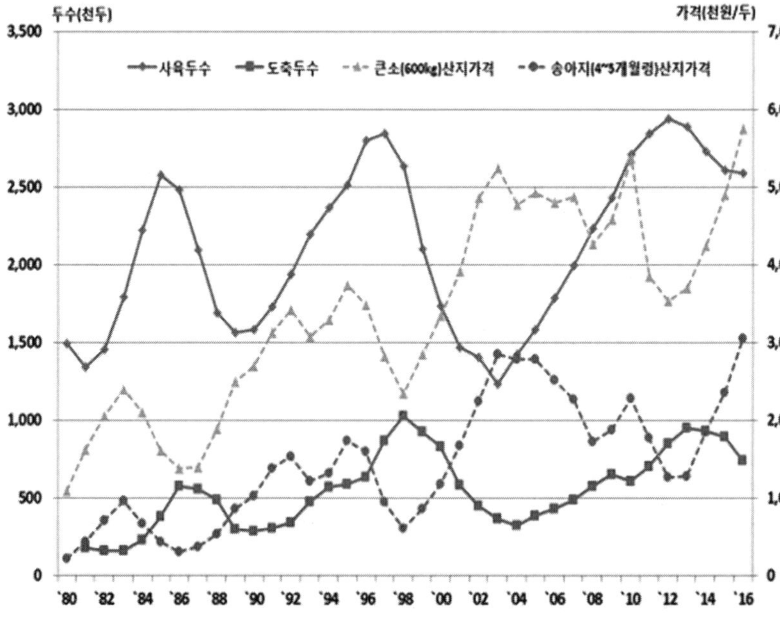

[그림 5-6] 한우 사육마리수, 도축마리수, 가격 사이클

주) 사육마리수는 2002년까지 한 · 육우, 도축마리수는 1999년까지 한 · 육우임. 그 후는 한우임.
*자료 : 김 명환 외(2017), “2016년 한우고기 소비 · 유통 모니터링”, GS&J/한우자조금관리위원회

■ 표 5-1 한육우 사육마리수 사이클 및 산지가격

사이클	국면	연도	사육마리수(천마리)	증감마리수 및 비율(천마리, %)		산지가격(천만원)
1주기	확장	1981	1,312	–		1,742
		1982	1,526	+214	+16.3	2,123
		1983	1,940	+414	+7.5	2,281
		1984	2,318	+378	+19.5	2,146
		1985	2,553	+235	+10.1	1,658
	수축	1986	2,370	−183	−7.2	1,492
		1987	1,923	−447	−18.9	1,522
		1988	1,559	−364	−18.9	2,107
		1989	1,536	−23	−1.5	2,601
2주기	확장	1990	1,622	+86	+5.6	2,887
		1991	1,773	+151	+9.3	3,288
		1992	2,019	+246	+13.9	3,604
		1993	2,260	+241	+11.9	3,231
		1994	2,393	+133	+5.9	3,501
		1995	2,594	+201	+8.4	3,808
		1996	2,844	+250	+9.6	3,418
	수축	1997	2,735	−109	−3.8	2,911
		1998	2,383	−352	−12.9	2,408
		1999	1,952	−431	−18.1	2,986
		2000	1,590	−362	−18.5	3,302
		2001	1,406	−184	−11.6	3,894
3주기	확장	2002	1,410	+4	+0.3	4,712
		2003	1,480	+70	+5	4,688
		2004	1,666	+186	+12.6	4,256
		2005	1,819	+153	+9.2	4,651
		2006	2,020	+201	+11.1	4,251
		2007	2,200	+180	+8.9	4,751
		2008	2,430	+230	+10.5	3,895
		2009	2,634	+204	+8.4	4,385
		2010	2,921	+287	+10.9	5,337
		2011	2,949	+28	+1	3,193
		2012	3,058	+109	+3.7	3,438
	수축	2013	2,918	−140	−4.6	3,888
		2014	2,759	−158	−5.4	4,173
		2015	2,676	−83	−3	4,930

주) 산지가격은 한우 숫소(600kg) 가격임
*자료 : 농협축산정보센터(http://livestock.nonghyup.com), 축산물 수급 및 가격자료, 각년도

2. 소 순환주기 지표

사육마리수 주기는 수입량이 일정하다고 전제 하면, 공급과잉 또는 부족으로 연결되어 가격등락을 초래하게 된다. 가축순환주기의 원인을 이해하는데 있어 중요한 것은 여기에 책임이 있는 사람을 찾아내는 것이 아니고 이에 따른 손실을 최소화하고 수익을 최대화 할 수 있도록 대안을 마련하면서 가축순환주기의 초기 징후를 알아채고 대응하는 것이다. 사육마리수 주기를 면밀히 관찰하면 수급 및 가격 예측이 어느 정도 가능하여, 미리 대비책을 마련할 수도 있다. 가축 생산과 이윤에 있어서 불확실성과 불안정성을 효과적으로 다루기 위하여 미국의 경우 1980년대에 지표(Indicators) 혹은 경고신호(warning signals)를 개발하였다. 이 지표는 오래전에 미국 소 산업 특성에 맞추어 개발 되었지만 우리도 과거의 실증적 분석자료에 기초한 의미있는 지표를 설정하여 검증 · 보완해 나간다면 한우 사이클을 예측하고 대처하는데 도움이 될 것으로 생각되어 소개한다.

소 순환주기에 대한 지표는 [표 5-2]와 같다. 일반적으로 인지되는 7개의 지표들이 소의 순환 주기에서 전환점을 암시하고 비교적 확실한 가격동향을 예측하는데 도움을 준다. 어느 하나의 지표가 완전하지 않더라도 나머지 여러개의 지표들로 생산자들은 사육마리수와 가격 사이클의 방향에 대해 비교적 정확한 기대를 형성할 수 있다. 역사적으로 이 지표들은 미국내의 육우가격 하락을 효과적으로 시사해 주었다. 예를 들어, 1972년에는 7개 지표중 5개 지표가 위험구간에 있었고, 다음해까지 6개 지표가 위험구간에 있게 되었다. 가격은 1973년부터 1974년까지 급격하게 떨어졌고, 1974년부터 1975년에 걸쳐 또 다시 하락 하였다. 이

■ **표 5-2** 소 순환주기 지표 또는 경고신호

지표 또는 경고신호	의 미
1. 소 순환주기 년도	보통 5~7년을 확장기로 봄
2. 총 소 사육마리수의 연간 증가율(%)	증가률이 2~3년간 연속 2%를 넘으면 쇠고기 과잉공급과 가격문제 발생 위험
3. 총 암소마리수의 연간 증가율(%)	증가율이 몇 년간 2% 이상이면 과잉생산과 즉각적인 가격 하락 위험
4. 연간 소 도축 마리수/연초 재고 마리수(%)	이 비율이 37% 이하로 떨어지면 소 두수가 급격히 증가, 낮은 가격이 임박
5. 연간 소 도축 두수/전년도 송아지 생산 두수(%)	이 비율이 88% 이하이면 축군의 성장이 과도, 88% 이상이면 하락기가 진행중
6. 연간 암소 도축마리수/연초 암소 재고마리수(%)	이 비율이 14% 이하이면 확장, 13% 이하이면 과도 확장을 의미, 가격문제 발생 신호 임박
7. 암소 도축마리수/거세우 도축마리수(%)	이 비율이 90% 이하이면 암소의 출하 지체로 축군 확장 위험

*자료 : John H. McCoy et al(1988), Livestock and Meat Marketing, Avi book

지표들은 언제 가격이 떨어질지 또 이와는 반대로 언제 가격이 오르게 될지를 효과적으로 예측 하였다. 그러나 상당히 특이했던 1990년대 초반의 순환주기 동안 이러한 고전적인 방식의 지표들은 순환주기 내 변곡점을 예측 하는데 별다른 성과를 거두지 못했다.

■ 참고문헌 ■

- 김명환 외(2017), 2016년 한우고기 소비 · 유통 모니터링, GS&J/한우자조금관리위원회
- J. H. McCoy and M. E. Sarhan(1988), Livestock and Meat Marketing, An avi Book
- W. Lesser(1991), Marketing Livestock and Meat in the U.S., Food Products Press

제 6 장 한국의 축산물 수급 현황

한 나라의 축산물 소비는 제4장에서 설명 하였듯이 인구, 소득 등의 사회 · 경제적 요인에 의하여 영향을 받는다. 그러나 이에 따른 공급은 그 나라의 축산여건, 즉 생산자의 생산능력이나 가축의 생물학적인 요인으로 인해 즉각 대응하지 못한다. 따라서 가격 조정기간이나 수출입이 있게 된다. 우리나라는 대체로 1970년대 중반까지는 쇠고기를 중심으로 축산물을 자급하여 왔다. 그러나 1976년에 처음으로 694톤의 쇠고기가 수입된 후 쇠고기 수입은 계속 증가되었다. 돼지고기와 닭고기, 낙농제품은 1990년대 중후반에 모두 수입자유화 되었고, 쇠고기는 2001년부터 수입자유화 되었다. 그리하여 축산물 국내 수요에 대해 쇠고기는 절반 이상을 수입에 의존하고 있으며, 돼지고기는 약 30%, 닭고기는 약 15% 정도를 우리나라 사람들이 선호하는 삼겹살, 닭다리 등을 중심으로 수입에 의존하고 있다. 유제품 중에는 특히 치즈의 수입 의존도(약 80%)가 높다(유가공품 수급은 제19장 참조). 이 장에서는 2000년 이후 우리나라의 주요 축산물에 대한 국내 소비량 및 국내 생산량과 수입량, 수출량 등을 종합한 수급상황을 설명하였다.

제 1 절 수급 현황

쇠고기의 경우 2000년 이전에는 국내 수요는 주로 국내 생산량에 의존하였으나 외환위기(1998)와 쇠고기 수입 자유화(2001)로 인해 국내 쇠고기 생산량은 위축 되어 1998년 264천톤이었던 국내 쇠고기 생산량은 2000년 214천톤, 2005년 152천톤으로 계속 감소 하였다. 2000년대 들어 경기가 회복됨에 따라 쇠고기 수요는 증가 하였으나 국내산 공급이 쇠고기 수요를 미치지 못하고 수입이 자유화 됨에 따라 쇠고기 수입량은 2000년 223천톤, 2005년 143천톤이었다. 한편 2004년 북미지역에서 발생한 BSE로 미국산 쇠고기 수입이 중단 되어 국내산에 대한 수요가 증가 함으로써 국내 생산량은 천천히 회복세를 보여 2010년 186천톤,

■ **표 6-1** 한국의 축산물 수급현황

(단위 : 천톤, 정육기준)

구분	연도	공급			수요			
		수입	국내 생산	소계(A)	수입	국내산	수출	소계(B)
쇠고기	2000	222.7	214.1	436.8	190.0	212.3	–	402.3
	2005	142.6	152.4	295.0	164.4	152.4	–	316.8
	2010	245.1	186.2	431.3	245.1	186.2	–	431.2
	2013	257.1	259.8	516.9	259.1	259.8	–	518.9
	2015	298.8	254.9	553.7	298.8	254.9	–	553.7
	2016	363.0	231.0	594.0	362.0	219.0	–	581.0
돼지고기	2000	95.8	714.4	810.2	105.8	674.0	16.1	796.0
	2005	173.6	701.5	875.1	161.9	676.6	14.7	853.2
	2010	179.5	787.5	967.0	188.5	752.1	0.5	941.1
	2013	184.9	853.8	1038.7	196.4	852.8	1.8	1051.0
	2015	357.9	848.6	1206.5	333.3	833.2	2.1	1168.6
	2016	318.5	891.0	1338.1	341.7	898.6	2.1	1240.3
닭고기	2000	67.5	261.5	329.0	67.5	259.7	1.7	329.0
	2005	58.5	300.7	359.2	58.5	298.2	2.4	359.2
	2010	105.8	435.5	541.3	105.8	416.5	11.4	538.3
	2013	126.6	473.4	600.0	126.6	453.2	26.1	605.9
	2015	118.6	585.3	703.9	118.6	557.0	26.4	702.1
	2016	128.3	599.4	735.4	128.3	576.5	24.7	729.5
계란	2000	–	478.8	478.8	–	478.8	–	478.8
	2005	3.5	514.9	518.4	3.5	514.9	0.0	518.3
	2010	2.1	577.5	579.6	2.1	577.1	0.4	579.6
	2013	2.4	604.4	606.8	2.4	603.8	0.5	606.7
	2015	2.0	657.6	659.6	2.0	657.6	0.0	659.6
	2016	2.3	700.7	703.0	2.3	700.5	0.2	703.0
우유	2000	639.6	2252.8	2892.4	639.6	2158.7	8.2	2806.5
	2005	898.2	2228.8	3195.0	898.2	2130.1	50.2	3078.5
	2010	1134.8	2072.7	3262.0	1134.8	2036.5	78.0	3249.4
	2013	1586.4	2093.0	3771.2	1586.4	1995.7	96.3	3678.6
	2015	1788.2	2168.2	4188.9	1788.2	2045.9	102.1	3936.1
	2016	1832.5	2069.6	4154.8	1832.5	2081.0	109.4	4022.9

주1) 각년도 공급량(A)과 수요량(B)의 차이는 다음해의 이월량이 됨
주2) 육류는 정육기준, 쇠고기 정육률은 2007년까지 41%, 2008년부터 37.7% 적용
*자료 : 농림축산식품부

2015년 255천톤, 2016년 231천톤을 생산 하였다. 2016년 기준 쇠고기 수입량은 363천톤으로 수입 쇠고기의 국가별 점유율은 호주 49.6%(177천톤), 미국 42.8%(153천톤), 뉴질랜드 5.7%(20천톤) 순이다. 부위별로는 갈비 37%, 등심 14%, 앞다리 12%, 목심 10%, 양지 10% 등이다.

돼지고기 국내 생산량은 질병 발생 상황에 따라 증감을 보이고 있다. 2000년 714천톤, 2005년 702천톤, 2010년 788천톤이었던 국내 생산량은 2011년 구제역 발생, 2014년 돼지소모성 질병(PED) 발생으로 감소한 해를 제외하고 2015년 849천톤, 2016년에는 891천톤으로 증가 하였다. 한편, 돼지고기 수입물량은 쇠고기에 비해 2004년도까지는 적었으나 미국 BSE 발생 이후 대체수요 증가로 2005년 174천톤이 수입된 이후부터 계속 증가하여 왔다. 2016년 기준 돼지고기 수입량은 319천톤으로 국가별 수입 비중은 미국 33.3%(106천톤), 독일 18.6%(59천톤), 스페인 13.1%(42천톤), 칠레 7.0%(22천톤) 순이다. 부위별로는 삼겹살 46.7%, 앞다리 38.4%, 목심 11.1%, 등심 1.7% 등이다. 돼지고기는 쇠고기와 달리 열처리 가공식품의 수출물량이 있는데 2001년 38천톤으로 최고치를 보였으며 이후 감소하였다.

닭고기는 2000년을 기점으로 연차적으로 수요량이 증가량을 보이기 시작 하였다. 이에 따라 국내 생산량도 증가세를 보이며 2000년 262천톤, 2010년 436천톤, 2016년 599천톤으로 계속 증가 하였다. 한편, 닭고기 수입량은 2000년 68천톤에서 2010년 106천톤, 2016년 128천톤까지 수입이 증가되었다. 2016년 기준 주요 수입국가별 닭고기 시장 점유율은 브라질 86.7%(89천톤), 미국 9.4%(9천톤), 덴마크 3.2%(3천톤) 순이다. 부위별로는 다리육이 78.0%로 압도적인 비중을 차지하고 있고, 전체육 14.9%, 날개육 2.3%, 가슴육 1.4% 등이다.

우유는 전체 소비는 계속 증가하는 경향을 보이고 있으나 국내산 생산량은 2000년 2,253천톤에서 계속 줄어들어 2010년 2,073천톤을 생산 하였으나 이후 증가하여 2015년 2,168천톤, 2016년 2,070천톤을 생산 하였다. 한편, 우유 및 유제품 수입은 2000년대 들어 수입이 계속 증가하여 2000년 640천톤, 2010년 1,135천톤, 2016년 1,832천톤으로 증가하였다. 우유 수출량은 2000년 8천톤에서 2010년 78천톤, 2016년 109천톤으로 증가하였다.

식품자급률은 국내식품소비가 국내생산으로 어느 정도 충당되는지를 보여주는 지표로서 중량베이스, 칼로리베이스, 생산액베이스 등 몇가지 산출방법이 있다. 우리나라의 축산은 해외의 사료자원에 크게 의존하고 있어 사료의 자급률(배합사료의 경우 20~25% 수준)도 문제로 되어 있다. 사료의 자급률은 축산물생산에 들어가는 사료 중 국내산으로 어느 정도 충당하는지를 보여주는 지표로서 표준사료성분표에 의한 가소화영양소총함량(TDN : 열량함량)의 지표로 환산하여 산출한다.

한국농촌경제연구원에서 공표한 2016 식품수급표(잠정치)에 의해 축산물의 수급관계를 보면 [표 6-2]와 같다. 쇠고기는 자급률이 38.8%, 돼지고기는 71.8%, 닭고기는 85.1%이다. 바꿔 말하면 쇠고기는 60% 이상, 돼지고기는 약 30%, 닭고기는 약 15%를 수입에 의존하고 있는데, 특히 최근 쇠고기 자급률의 저하가 눈에 뜬다. 이와 같이 우리나라의 축산은 사료상황과 곡물의 국제가격에 좌우되는 경향이 크고 더욱이 환율에 영향을 받아 불안정한 요소를 내포하고 있으며, 여기에 더하여 외국의 값싼 축산물과의 경쟁에 직면해 있다. 또한 요즈음의 세계의 인구증가에 의한 곡물부족과 이상기온에 의한 곡물작황부진 등도 지적되고 있어 이러한 곡물가격(사료가격)의 불안정성으로부터 벗어나기 위해서는 국내에서 재배업과 축산업의 연대에 의한 사료작물의 증산(예 : 쌀 대체작물로 논에서 조사료 재배) 등이 활발하게 추진 되어야 한다.

■ 표 6-2 축산물 수급표(2016)

(단위 : 천톤, %)

	쇠고기	돼지고기	닭고기	계란	우유
국내소비량(A)	594.0	1,240.2	704.7	702.7	3,792.7
국내생산량(B)	231.0	891.0	599.4	700.7	2,069.6
수입량	363.0	318.5	128.3	2.3	1,832.5
수출량	–	2.1	24.7	0.2	109.4
자급률(B/A)	38.8	71.8	85.1	99.7	54.6

주1) 자급률(B/A)은 중량베이스
주2) 국내 소비량= 식용+가공용+감모량
*자료 : 한국농촌경제연구원, 2016 식품수급표

제 2 절 1인당 연간 소비량

우리나라의 연간 1인당 육류 소비량은 2016년 기준 49.5㎏으로 육류 종류로는 돼지고기를 24.1㎏로 가장 많이 먹고 닭고기 13.8kg, 쇠고기 11.6㎏ 순이다. 한국의 연간 1인당 육류 소비량은 OECD 평균과 비교할 때 한국인은 상대적으로 돼지고기를 많이 먹고 닭고기와 쇠고기는 덜 먹었다.

반면 소비량 증가율에 있어서는 육류별로 다소 차이가 있다. 1990년 19.9㎏에 머물던 1인당 육류 소비량이 2000년 31.9kg, 2010년 38.8kg, 2016년 49.5㎏등으로 꾸준히 증가하면서 이 기간(1990~2016)중 닭고기가 약 3.5배(4.0kg→13.8kg), 쇠고기는 약 3배(4.1kg→11.6 kg), 돼지고기는 약 2배(11.8kg→24.1㎏) 순으로 증가율이 높았다. 쇠고기는 1990년 4.1kg

에서 2000년에는 8.5kg로 급격히 증가 하였으며, 2003년 미국의 BSE 발생의 영향으로 주춤하였으나 2007년부터 회복추세를 보이면서 2010년 8.8kg, 2016년에는 11.6kg의 소비량을 보였다. 그러나 쇠고기, 돼지고기의 증가 속도보다 프랜차이즈 등의 증가로 닭고기 소비 증가가 두드러지고 있다.

1인당 연간 우유 소비량은 1990년 43.8kg에서 2000년 59.2kg, 2016년 76.4kg으로 증가하였다. 연간 우유 소비량 중 시유(백색+가공)가 42.8%, 발효유(액상+호상)가 13.1%, 치즈(자연+가공)가 3.7%로 우리 국민의 시유 소비는 줄어들고 있는 반면, 1인당 치즈 소비량은 2000년 0.94kg에서 2016년 2.8kg(자연치즈 2.1kg, 가공치즈 0.7kg)으로 약 3배가 늘어나는 등 유가공품의 소비 증가로 전체 우유 소비량은 늘고 있다. 그러나 수입치즈가 국내 공급량의 80% 가까이 차지하고 있어 원유 국내 생산량의 재고증가 원인이 되고 있다. 이처럼 한국인의 육류와 우유 소비가 많아진 이유는 경제 성장에 따른 소득 수준의 향상, 식습관의 서구화 등이 주요 원인이다.

■ 표 6-3 한국의 육류 및 우유 1인당 연간 소비량

(단위 : 총량/천톤, 1인당/kg, 정육기준)

구분	육류(A+B+C)		쇠고기(A)		돼지고기(B)		닭고기(C)		우유(원유)	
	총량	1인당	총량	1인당	총량	1인당	총량	1인당	총량	1인당
1990	853	19.9	177	4.1	505	11.8	172	4.0	1,879	43.8
2000	1,510	31.9	402	8.5	780	16.5	327	6.9	2,798	59.2
2005	1,512	32.1	317	6.7	838	17.8	357	7.6	3,028	62.7
2010	1,894	38.8	431	8.8	941	19.2	522	10.7	3,171	64.9
2015	2,396	47.1	554	10.9	1,166	22.8	676	13.4	3834	75.7
2016	2,503	49.5	581	11.6	1,219	24.1	703	13.8	3,914	76.4

*자료 : 농협중앙회, 2017 축산물 가격 및 수급자료

■ 참고문헌 ■

- 낙농진흥회(2016), 2015 낙농통계연감
- 농협중앙회, 축산물 가격 및 수급자료, 각년도
- 한국농촌경제연구원(2018), 2016 식품수급표

제 7 장 축산업 가치사슬

우리가 필요하면 마트에서 쇠고기, 돼지고기 등을 구입 하지만 이 고기들이 어디엔가 항상 준비 되어 있다가 우리가 원하면 바로 우리 손에 들어오는 것은 아니다. 그 일련의 과정은 우선 양축농가가 새끼가축을 구입하여 축사시설에서 사료를 주어 사육하는 것으로 시작된다. 사육하는 중에도 질병 등의 환경에 노출되면 이를 해결하고, 가축을 출하하기 위해서 트럭 등으로 운송을 하여야 하고 도축장에서 도축되어 도매시장에서 경매과정을 거치거나 다른 경로를 거쳐 소매업체나 외식업체 등에 공급된다. 이렇게 되어야 우리는 소매업체에서 원하는 고기를 구입할 수 있게 된다. 이러한 과정을 거치는 동안 가치가 새롭게 창출 되는데 이를 부가가치라고 하며, 이 일련의 순환과정을 기본틀로 하여 우리가 더 큰 이익을 얻기 위해 어느 과정 또는 단계에서 어떤 전략을 취해야 하는지를 탐색하는 모형이 마이클 포터가 제시한 가치사슬(value chain) 모형이다. 이후 이와 유사한 공급사슬(supply chain) 개념도 등장 하였다. 이 개념들은 하나의 상품, 하나의 기업, 하나의 산업 등으로 확장하여 볼 수 있는데 공통된 특징은 상류에서 하류까지 전단계를 분석대상으로 하는 것이어서 필수적으로 전단계의 흐름을 정리하여야 한다는 것이다. 따라서 전체적인 윤곽과 흐름을 파악하는데 아주 유용하다. 이 장에서는 축산물 유통을 설명하기 위하여 가치사슬 개념을 차용하여 축산업가치사슬 모형도를 도출하였고 이를 기본틀로 하여 이 책을 기술하였다.

제 1 절 가치사슬과 공급사슬

가치사슬(value chain)은 기업이 고객에게 가치를 제공함에 있어서 가치창출에 직간접적으로 관련된 일련의 활동을 의미한다. 좀 더 쉽게 설명하자면 가치사슬은 기업이 목표를 달성하기 위해 자원획득에서 납품에 이르기까지 생산공정의 여러단계에서 수행되는 일련의 활동들로 구성된다. 이러한 일련의 활동들은 조달물류, 제조, 판매물류, 마케팅 및 판매, 서비스 등과 같은 본원적 활동(primary activities)과 인적자원관리, 회계, 기술개발, 구매와 같은 지원 활동(support activities)으로 나누어 진다. 이러한 활동중에서 기업의 제품이나 서비스에 가치를 부가하고 이익창출에 큰 기여를 하는 활동은 유지하고 그렇지 못한 활동은 전략적 아웃소싱 등을 통해서 외주를 주어 궁극적으로 기업의 경쟁우위를 확보하자는 것이 가치사슬 분석이다. 가치사슬분석은 각 가치활동들을 상호 독립적 활동들로 분리하여 분석해서는 안되고, 상호 의존적 활동으로 그 연계를 통한 시너지 효과를 고려하여 분석하여야 한다. 또한 포터는 개별 기업의 가치사슬 시스템은 외부 기업들과의 연결을 통해 확장된 가치사슬(extended value chain)로 구성, 관리될 수 있다고 보았는데 이 개념은 이후 공급사슬(supply chain) 개념으로 발전하게 된다. 최근 선도적인 기업들은 경쟁우위의 확보를 위해 자사의 가치사슬을 자재 공급업체에서 소매에 이르는 모든 거래 파트너들(원료공급업자, 제조업자, 창고 · 보관업자, 소매상 등)들과 연결하여 원료와 부품뿐만 아니라 정보, 자금의 흐름 등을 통합적으로 관리 운영하려는 공급사슬관리(Supply Chain Management : SCM)를 핵심 전략으로 도입하고 있다(제18장 참조).

이처럼 가치사슬과 공급사슬의 분석이나 관리를 실행하기 위해서는 하나의 산업이나 기업에 관련된 전후방 전체의 활동과 그 흐름을 추출해 내야 하고 이것을 그래픽으로 그려보면 두가지 사슬모습이 거의 유사하게 나타난다. 따라서, 가치사슬 또는 공급사슬 관점에서 보면 한 산업의 구조와 그 산업활동의 각 단계간의 관계를 파악하기에 편리하다. 이 책에서는 가치사슬의 용어를 사용하여 축산물 유통의 전반적인 흐름을 다루었다.

제 2 절 축산업 가치사슬 모형

축산법에서는 축산업을 종축업 · 부화업 · 정액등처리업 및 가축사육업을 말한다고 규정되어 있다. 그러나 일반적으로 축산업은 가축을 사육하여 증식 시키면서 축산물을 생산 · 가공하고 이를 판매하는 경영활동을 말한다. 이 책에서는 축산업의 가치사슬을 가축사육업 즉 생산단계를 중심으로 그 관련산업인 상류(upstream)의 투입단계와 하류(downstream)의 도축 · 가공/도매단계, 소매단계로 이어지는 일련의 단계로 파악 하였다. 투입단계는 소위 축산업의 후방관련산업 부문이고, 도축 · 가공/도매단계 및 소매단계는 전방관련산업 부문이다.

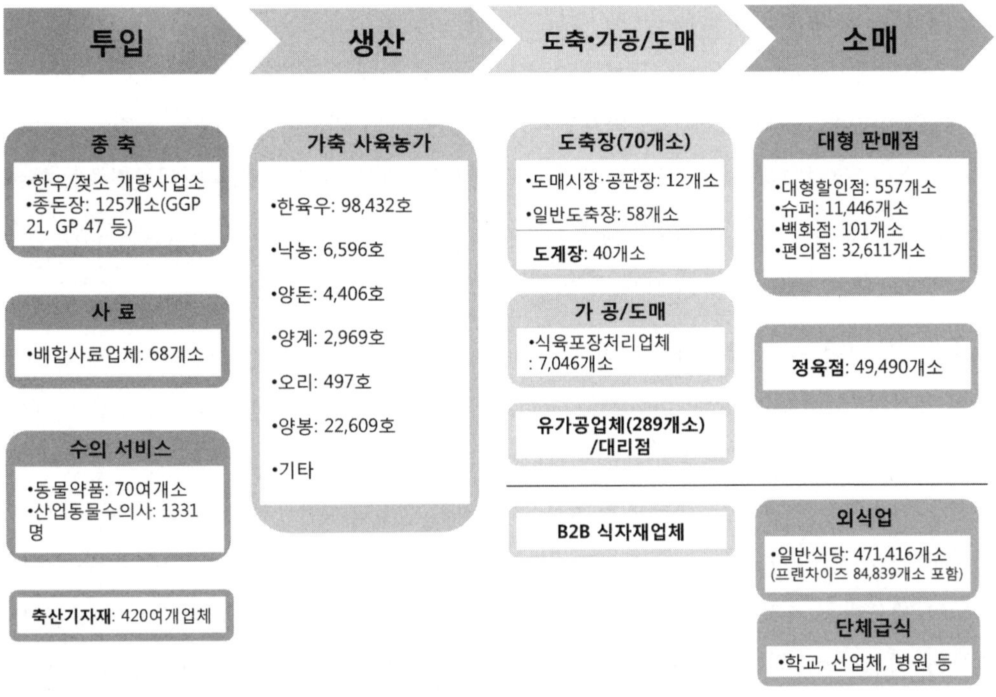

[그림 7-1] 축산업의 가치사슬(Value Chain)

■ **투입단계(Input Stage)** : 축산물 생산을 위해서는 여러 가지 부문의 투입활동이 필요하다. 즉, 사육을 위한 새끼가축을 공급하는 종축업, 가축에게 영양을 공급하는 사료업, 가축이 생장중에 병이 나는 경우 치료에 필요한 수의서비스업, 가축이 성장하는데 필요한 장소 및 시설 · 장비를 제공하는 축산기자재 산업이 있다.

■ **생산단계(Production Stage)** : 축종별로 생산농가가 위치하고 있는데 이들은 공산품의 제조업체와 마찬가지로 번식가축을 생산하고 새끼가축을 상호 거래에 의해 확보하여 육성 · 성장시켜 대부분 생축형태로 출하한다. 생산농가들은 축산업 가치사슬상에서 기간적인 역할을 담당 하는데 이들은 각각의 경영시스템과 생산시스템(제9장 참조)을 가지고 있다.

■ **도축 · 가공/도매단계(Slaughtering & Wholesaling Stage)** : 출하된 가축이 상품화 되기 위해서는 필수적으로 도축장을 거쳐야 한다. 도축장 중에는 경매를 할 수 있는 도매시장 및 농협이 운영하는 공판장이 있으며, 이 곳에서 중도매인들이 의뢰구입 하거나 또는 직접 구입하여 분산하는 1차도매업 역할을 하고 있다. 동시에 식육포장처리업 등이 1차 또는 2차(중간) 도매역할을 하고 있으며, B2B 식자재업체는 외식업, 단체급식업 등 소매단계 푸드서비스산업에 축산물을 공급한다. 낙농의 경우 유가공업체 및 그 대리점이 위

치한다. 이 외에도 수많은 중간도매상이 있다.

- **소매단계(Retailing Stage)** : 축산물이 최종산물의 형태로서 소비자와 접촉하는 곳이 소매단계이다. 소매단계에는 소비자들이 가정내 소비를 위하여 축산물을 구입하는 슈퍼(중소슈퍼+기업형슈퍼 : SSM), 대형마트(할인점, 백화점, 편의점 등), 일반정육점 등이 있다. 한편 소비자들이 가정밖에서 축산물을 소비하는 장소로 외식업체(일반식당, 프랜차이즈 등), 단체급식업체(학교, 산업체, 병원 등)가 있다.

가치사슬 모형도는 제2장에서 설명한 소위 상적유통의 흐름을 중심으로 작성되지만 축산업의 공간적, 시간적 효용을 창출하는 물적유통, 즉 물류와 축산업의 가치사슬 모든 단계에서 발생하는 유통정보도 편의상 축산업 가치사슬의 모형에 포함시킬 수 있다. 축산업의 가치사슬과 관련하여 관심을 가져야 할 것이 축산업의 전후방관련산업 분석이다. 농협중앙회 축산경제리서치센터가 한국농촌경제연구원의 2010년 추정치를 활용하여 2016년 축산업연관산업 생산액을 추정한 결과에 의하면 축산전방관련산업 26조980억원(육류 및 가공품 18조4,060억원, 낙농품 7조6,920억원), 축산후방관련산업 23조3,340억원(사료 10조2,510억원, 동물약품 6,770억원, 축산기자재 1조210억원, 농림수산품 11조3,850억원) 등 총 49조4,320억원으로 나타났다. 따라서 축산업(19조2,297억원)과 축산연관산업의 총 생산액은 최소 68조6,617억원 이상으로 추정된다. 그러나 총생산액에서 중간투입재비용을 제외하고 창출되는 부가가치액을 따지면 이보다 훨씬 줄어든다. 예를 들어 가축사육업의 경우 부가가치액은 생산액의 20~40% 수준으로 재배업(60% 수준)에 비하여 상대적으로 낮은 수준인데 이는 사료 등 중간투입재의 비율이 높기 때문이다.

■ 참고문헌 ■

- 권오경(2011), 공급사슬관리, 박영사
- 마이클 포터(Michael E. Porter)(2008), 경쟁우위(Competitive Advantage : Great Sustaining Superior Performance), 조동성 역, 21세기북스
- 우병준 외(2016), 국민경제를 고려한 미래의 축산정책 개선방안 연구, 한국농촌경제연구원
- E. Turban et al.,(2003), Introduction to E-Commerce, Pearson Education, Inc

제 3 부

축산물 거래

제 8 장 투입단계

인류가 축산물을 얻기 위해서 가축을 사육하던 중에 온순할 뿐만 아니라 먹이를 적게 주어도 많은 고기와 난을 만들어내는 동물, 먹어본즉 맛있다고 느끼는 동물의 존재에 주목하게 되었다. 인류는 이러한 특징을 보이는 우수한 개체(종축)를 선발하여 증식시켜 대량으로 사육하여 왔는데, 이 것을 가축개량이라고 한다. 그 후 사람들은 개량된 가축을 대량으로 사육하기 위해서 급여하는 사료를 동물의 능력을 100% 끄집어내어 이용성이 높게 되도록 가공하기 시작 하였고, 동시에 그 생산물인 식품의 안전성을 보증하기 위하여 이를 시스템적으로 규제하기 시작 하였다. 이러한 시스템에 의해 고품질의 식품생산이 안정적으로 가능케 되어 비로소 근대적인 축산의 기초가 되었다. 가축을 사육하기 위해서는 제일 필요한 것이 영양을 공급해 주는 사료이고 사육기간 중 발생하는 각종 질병에 대처하기 위해 필요한 수의 서비스(동물약품, 수의사 치료 등), 축사 및 급이 · 위생관리 등을 위한 축산기자재가 필요하다. 이 장에서는 축산물유통의 투입단계로 종축과 사료산업, 동물약품 산업과 산업수의사, 축산기자재 산업을 다루었다.

제 1 절 종축

소비자와 생산농가 등이 원하는 가축과 축산물을 생산하기 위하여 이에 적합한 우수한 가축을 선발하고 이를 체계적으로 보급 · 교배하여 가축의 유전적 소질을 지속적으로 개선해 나가는 것이 가축개량이고, 이 때 선발된 우수한 가축을 종축(breeding stock) 또는 씨가축이라고 한다. 다시 말하면 종축은 품종개량 및 증식을 목적으로 사양되고 있는 번식용 가축이다. 종축의 조건으로는 뛰어난 능력(산육, 산란, 산유 등), 그 능력을 충분히 발휘할 수 있는 뛰어난 체형 또는 체격(=외모), 그리고 이러한 능력과 체형을 자손에게 확실하게 전해줄 수 있는 혈통 등이 요구된다. 종축의 생산 체계는 축종에 따라 다소 차이가 있으나 원원종(GGP) → 원종축(GP) → 종축(PS)→ 실용축의 4단계인데 앞의 3단계까지를 종축이라고 하고 실용축은 우리의 식탁에 오르는 축산물이다.

각국은 종축을 고유 유전자원 확보와 상업적 목적을 이유로 개발 · 확보하기 위해 치열하게 경쟁하고 있으나 가금류를 비롯한 중소가축은 농산물 종자와 마찬가지로 세계적인 육종기업들이 이를 선점해 나가고 있다. 세계적인 육종기업은 헨드릭스제네틱스(네덜란드), EW그룹(독일), 제너스PIC(영국), 타이슨푸드(미국) 등이다. 우리나라의 고유 품종인 재래종과 외국에서 도입된 외래종이 우리나라 생태계에 적응하여 토착화된 특성이 있는 집단을 대상으로 2018.2월 현재 한우를 비롯해서 재래돼지, 재래닭 등 15축종 99계통이 FAO(Food and Agriculture Organization : 세계식량농업기구)의 가축유전자원정보시스템(DAD-IS)에 등재되어 있다.

그러나 우리나라의 축산업은 종축으로서 소를 제외하고는 돼지, 닭, 오리 등은 원원종 또는 원종을 대부분 수입하여 종축과 실용축을 확대 생산하여 이용하는 상황이다. 우리나라의 종축 개량체계는 한우와 젖소 개량은 국가 주도로 정부(농림축산식품부와 농촌진흥청 국립축산과학원)가 총괄하고 농협, 한국종축개량협회 등에 의하여 분담 수행된다. 돼지 개량체계는 민간주도로 이루어지고 있으며, 정부는 종돈검정비 등 예산지원을 하고 있다. 이와 함께 최근 정부에서는 돼지, 닭 등도 한국형 종축기반을 마련하기 위하여 골든씨드 프로젝트를 추진하고 있다.

1. 한우

세계적으로 고기소(beef cattle)의 품종에는 쇼트혼, 헤어포드, 앵거스(이상 영국 원산), 샤로레, 리무진(이상 프랑스 원산), 브라만(인도 원산), 화우(일본 원산) 등이 있다. 통상 한우(Korean native cattle)라고 불리우는 소의 품종에는 황우, 칡소, 흑우 등이 있다. 한우개량은 국가주도로 등록, 외모심사, 검정에 의해 이루어진다.

- **등록** : 등록은 개량에 있어 가장 기초가 되는 자료수집 장치로서 한우 개체마다 사람의 족보처럼 혈통등록을 하는 것이다. 즉 개체가 가지고 있는 혈통관계와 경제형질(체중, 체형, 도체성적, 번식성적, 외모심사점수 등의 성적)을 기록 · 보존하는 자료를 말한다. 한우의 등록과 관리, 외모심사는 한국종축개량협회에서 실시하고 있으며, 등록의 단계는 기초등록, 혈통등록, 고등등록으로 나누어진다. 기초등록은 어미아비를 모르는 개체를 기록하는 것으로, 생후 6개월 이상의 한우로 외모심사를 통과하여야 한다. 혈통등록

은 어미와 아비가 기초등록우 이상이면서, 외모심사를 통과한 송아지 개체를 등록한다. 고등등록은 어미와 아비가 혈통등록우로서 생후 24~48개월 이내에서 외모심사와 개체 유전능력 평가 결과 우수한 개체를 등록하는 것을 말한다.

- **외모심사** : 소의 체형상 특징은 육량, 장수성, 번식능력 등의 생산형질과 직간접으로 연관되어 있다는 것을 고려한 것으로 한우외모심사기준에 의하여 체형과 자질이 우수한 개체를 선발하는 것이다. 한우 외모심사는 등록심사와 씨수소 선발시 이용하기도 하고, 특히 암소의 능력을 파악하여 우수한 개체를 선발하기 위하여 주로 이용한다(선형심사라고도 함).
- **검정** : 일정한 조건에서 사육하여 해당 개체의 유전적 자질을 확인하는 수단인데 씨수소 검정과 한우암소검정으로 나누어진다. ①씨수소 검정은 유전적으로 자질이 우수한 보증씨수소(종모우라고도 함)를 선발하는 것이다. 보증씨수소 선발사업은 1982년부터 시작하였는데, 농협 한우개량사업소에서 당대와 후대 검정을 하고, 국립축산과학원에서 유전능력을 평가해 최종적으로 선발한다. 당대검정은 보증씨수소의 정액을 우수한 암소를 보유하고 있는 육종농가의 암소와 계획교배에 의해 낳은 수소를 대상으로 유전능

종축 심사의 3방면

(1) 외모심사(judging appearance or conformation)

가축의 생산능력은 그 생리작용의 발현이고, 생리작용은 몸의 구조와 깊은 관계를 갖는다. 즉 가축의 각종 능력은 그 외모상의 특징과 관련이 있다는 것을 고려하여 체형과 자질이 우수한 개체를 선발하는 방법이다. 여러 가축에 공통되는 외모심사의 요점은 용도별(고기, 젖, 난 등) 기능을 나타내는 특수체형, 품종 및 성별에 의한 특징, 자질(개량의 정도), 건강과 지구성을 관찰하는 것이다. 이러한 평가의 기준으로서 가축의 품종별 체형심사표준이 정하여져 있어 그 점수를 가지고 평가한다.

(2) 능력검정(performance or merit testing)

가축의 생산능력을 조사 · 수량화하는 것을 말한다. 그 방법은 가축의 종류나 검정하는 형질에 따라 다르다. 소 · 돼지는 산육, 산란닭은 산란, 젖소는 비유 등의 형질에 관해서 생산성만을 조사하는 절대능력검정이 보통이지만 가축은 경제동물이기 때문에 사료의 이용성을 고려한 상대능력검정도 행하여 진다. 이것은 단위 생산성에 필요로 하는 사료의 량 또는 단위사료당 생산량으로 평가된다.

(3) 혈통심사(pedigree screening)

가축의 혈통은 종축의 경우에 특히 문제가 된다. 외모상, 능력상 결점이 없어도 선대의 능력이 검증되지 않은 혈통이 분명하지 않은 개체에서 좋은 자손을 기대할 수 없다. 따라서 혈통심사는 보통 공공기관에서 행하는 혈통등록에 의해 선조에서 그 개체까지의 번식기록을 조사해 체형상, 능력상 특징에 관해서 유전형질의 유무를 조사하여 좋고 나쁨을 결정한다. 혈통등록 기관에서는 혈통증명서(pedigree)를 발행한다.

(자료원 : 日本大百科全書(ニッポニカ), 家畜審査)

력을 평가하여 후보 보증씨수소(66두)를 선발한다. 후대검정은 후보 보증씨수소와 다시 육종농가의 암소와 계획 교배하여 낳은 수소, 즉 자손을 검증하여 후보 보증씨수소 중에서 보증씨수소(30두)를 선발하는 과정이다. ②한우암소검정사업은 농가의 암소를 대상으로 번식, 발육 능력과 함께 외모심사에서 파악이 어려운 도체생산능력(등지방두께, 근내지방도, 등심 단면적 등)을 한우생체단층촬영을 통하여 당대에 파악하여 우수 씨암소를 선발 · 이용토록 하는 것이다.

농협 한우개량사업소는 보증씨수소를 연평균 60~80여두 보유하고 있는데 이 보증씨수소의 정액(냉동 상태)을 한우 번식농가에 보급하고 한우 번식농가는 이 정액으로 사육하고 있

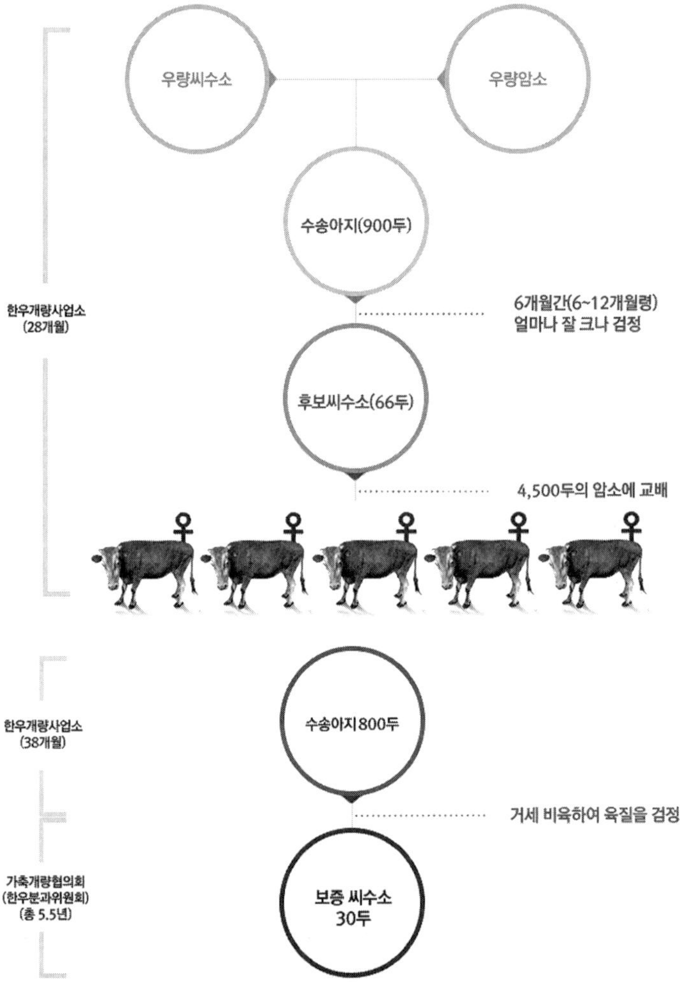

[그림 8-1] 한우 검정 체계도

*자료 : 농협경제지주 한우개량사업소 〉 한우개량사업소 사업안내(www.linc.co.kr/Business/Ability_Info.asp)

는 암소와 인공수정을 하여 송아지를 낳아 암송아지는 번식용으로 하고 숫송아지는 가축시장에 출하하는 것이 보통이다. 한우 개량사업이 한우의 유전능력 개량에 큰 역할을 하여온 것은 사실이지만, 전국의 한우 암소가 소수의 우량한 숫소의 정액을 받아 수정을 시작하면서 지역별 차별성이 떨어지고 유전적 질병의 원인이 될 수도 있다는 논의도 조심스럽게 제기되고 있다.

2. 젖소

세계적으로 젖소(dairy cattle)의 품종으로 홀스타인(네덜란드 원산), 저어지(영국 원산), 건지(영국령 원산), 브라운스위스(스위스 원산) 등이 있다. 홀스타인 종은 젖소 품중 중 가장 몸집이 크고 산유능력 향상을 목적으로 개량되어 와서 현재 연간 산유량은 평균 8,000kg 이상으로 우유 생산량이 가장 많은 품종이다. 저어지 종이나 브라운스위스 종은 홀스타인 종에 비해 산유량은 적으나 저어지 종은 유지방율(약 5%)이 높고 지방색이 선명하게 노란색을 띠어 버터 생산에 적합하고, 브라운스위스 종은 우유에 단백질 함량이 높아 치즈 생산에 적합하다.

우리나라에는 젖소로 고유하게 개량된 품종은 없으며 수입한 품종이 계통적으로 번식되고 있는데 대부분 홀스타인 종이다. 우리나라의 홀스타인 젖소 종축체계는 한우와 거의 유사하다. 젖소 보증씨수소 선발은 한우와 마찬가지로 국가개량사업의 하나로 농협 젖소개량사업소에서 후대검정을 한 결과와 국립축산과학원에서 수행하는 국가단위 젖소 유전능력 평가결과를 바탕으로 선발한다. 다만, 한우와 차이가 있다면 한국형 젖소 보증씨수소에 대한 막연한 불신으로 인해 보증씨 수소의 정액 보급률이 50% 수준에 그치고 있고, 절반은 수입 종축에 의존하고 있다는 것이다. 젖소 사육농가는 자기 농장에서 관리해 온 암소에 젖소 보증씨수소의 정액을 인공수정하여 젖소 송아지를 생산하여 암컷은 우유 생산용으로 육성하고 숫컷은 고기용으로 사육한다.

1991년도 21.8%에 불과했던 젖소 혈통등록비율(혈통등록 마리수/기초+혈통+고등등록 마리수)이 2001년 28.4%, 2011년 73.5%, 2016년 84.0%로 각각 높아졌다. 젖소 외모심사사업은 개체별 체형의 장단점을 파악함으로써 개량된 후대축 생산을 위한 기초자료로 이용한다. 유우군 능력검정사업은 목장 내 암소의 산유량 · 유지율 · 유단백율 등 생산능력과 번식능력을 조사하여 그 유전능력을 평가함으로써 개량을 촉진코자 하는 것인데, 29개 낙농협동조합 · 축협 등 검정조합에 의하여 시행되고 있다.

3. 돼지

세계적으로 돼지(swine) 품종은 요크셔, 버크셔, 햄프셔(이상 영국 원산), 랜드레이스(덴마크 원산), 듀록, 체스터 화이트, 스포티드(이상 미국 원산) 등이 있다. 우리나라의 고유품종으로서는 약 2000년 전부터 소형종으로 사육되어 온 재래 흑돼지가 있기는 하지만 강원도, 제주도 등 일부지역에서만 사육되고 있다.

식용 돼지고기는 세계적으로 대부분 교잡종이다. 돼지의 교잡방법은 여러 가지가 있으나 가장 대표적인 방법으로 3원교잡(three-way cross)방법이 있는데, 3원교잡은 잡종강세 효과(품종 또는 계통 간의 교배에 의해 그 능력이 부모의 평균 능력을 상회하는 현상)를 활용한 생산 방식이다. 예를 들면 번식용으로 우수한 랜드레이스(L)와 대요크셔(W)를 교배하여 태어난 2원교잡종(LW: F1)을 어미돼지로 하여 고기량이 많고 육질이 우수한 듀록(D) 수돼지와 교배하여 태어난 것이 3원 교잡종(LW+D: F2) 돼지인데, 이는 산육성과 육질이 우수하다. 우리가 먹는 돼지고기가 대부분 이 3원교잡종이다. 일부 흑돼지를 생산하는 농장에서는 듀록종과 햄프셔종 간의 F1(DH)을 생산해 이것을 수돼지로 이용하는 4원교잡종(LW+DH)을 비육돈으로 이용하는 경우도 있다.

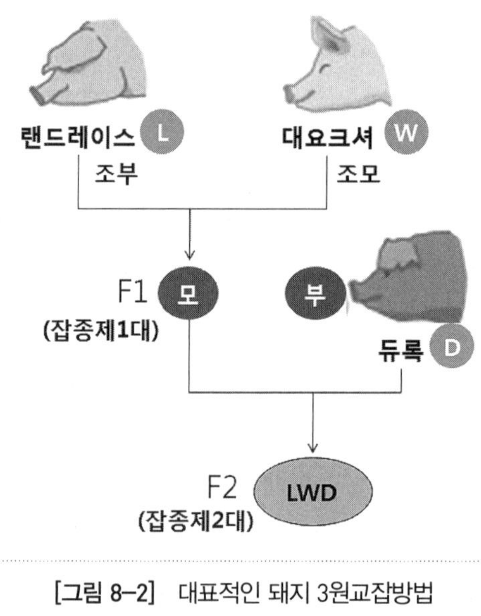

[그림 8-2] 대표적인 돼지 3원교잡방법

*자료 : 日本食肉消費總合センタ-(2015),『食肉のすべてがわかるQ&A-教えて!日本の畜産』

돼지의 종돈 생산체계는 씨암돼지는 GGP(순종돈 생산농장), GP(F1 생산농장), PS(F2 생산농장)의 피라미드식 사육형태로 되어 있다. 한국종축개량협회에 의하면, 국내 종돈장(씨돼지농장이라고도 함)은 2017년말 현재 125개소(국공립 연구기관 8개소 포함)로 GGP 21개소, GP 47개소이며 나머지 57개 종돈장은 병행 종돈장(GGP+GP 등)이다. 그러나 일반적으로 종돈장이라고 하면 GGP를 말하며, GGP는 순종돈을 개량하여 GP에 공급하고(GP후보돈이라 함), GP는 이를 이용하여 F1을 생산하여 PS농장에 공급한다. PS농장은 모돈(FI)을 보유하면서 돼지인공수정(AI)센터에서 정액을 공급받아 비육돈(F2)을 생산하여 비육후 출하하는데, PS농장은 비육전문 농가를 제외한 우리나라 양돈농가 대부분이 해당된다.

세계적인 종돈기업은 제너스PIC(영국), 헨드릭스제네틱스(네덜란드), 뉴섬제네틱스(미국) 등이다. 이들은 모계의 경우 한 품종에 5,000마리 이상의 모돈을 보유하여 개량하고 있으나 우리나라 GGP는 한 농장당 400마리 미만의 모돈을 가지고 있어 개량기능이 취약하고 증식 차원에 머물러 있다. 따라서 국내 GGP는 매년 혈통 갱신용 순종돈의 약 20%(2,000~3,000마리 수준)를 미국, 캐나다, 프랑스, 덴마크 등으로부터 수입하고 있다. 그러나 수입 종돈이 섞이면 우수하면서도 균일한 종돈개량의 속도와 효과가 반감될 수밖에 없다. 기본적으로 규모가 작은 우리나라 종돈장들이 개별적으로 개량하는 한계를 극복하기 위하여 정부 주도로 돼지개량 네트워크사업을 실시하고 있는데 이는 여러 종돈장이 참여하여 같은 씨돼지를 사용하여 유전적 연결과 그 평가를 통해 씨돼지를 수입하지 않고 우리나라 자체적으로 돼지 육종과 품종 개발을 지속적으로 추진하는 것이 목적이다.

돼지등록은 그동안 한국종축개량협회가 전담하여 왔는데, 2017.7월부터 대한한돈협회가 정부로부터 등록기관으로 승인을 받았다. 돼지등록은 혈통등록과 종돈등록으로 구분된다. 혈통등록은 동일한 품종으로 등록된 돼지 사이에서 생산되어 외모심사에 합격한 돼지를 대상으로 하며, 수입된 종돈은 등록기관이 인정하는 외국의 돼지 등록기관에 등록되어 있으면 가능하다. 종돈 등록은 혈통등록이 된 돼지가 생후 8개월령 이상에 품종별로 규정된 심사표준에 의해 통과한 돼지 또는 정부가 지정한 돼지검정기관(국립축산과학원, 한국종축개량협회, 한돈협회 등)에 의해 검정 및 외모 심사에 합격한 돼지를 대상으로 한다.

한편, 씨수퇘지를 보유하여 GP농장에서 생산된 F1모돈에 정액을 공급하는 곳이 돼지인공수정(artificial insemination, AI)센터로서 2017년 기준 50개소가 있다. AI센터의 씨수퇘지는 GGP에서 생산되어 검정을 거쳐 선발된 종돈이 주종이고 일부는 해외에서 직접 수입한 순종이다. 대형 GGP농장들은 AI센터를 병행 운영하기도 하는데 AI센터당 평균 씨수퇘지 보유규모는 70마리 규모로 축종은 듀록이 대종이고 요크셔, 합성돈(국내에서 개량된 씨수퇘지 : 축진듀록 등) 등이 있다.

4. 닭

세계적으로 난 생산을 목적으로 하는 산란계 품종에는 백색 레그혼(이탈리아 원산), 미노르카(스페인 원산)가 있고, 고기를 목적으로 하는 육용종에는 화이트 코니쉬(영국 원산), 브라마(인도 원산), 코우친(중국 원산) 등이 있으며, 겸용종에는 프리머스 록, 로드아일랜드 레드, 뉴햄프셔(이상 미국 원산)가 있다. 우리나라에서 닭의 개량은 한국전쟁 후 미국으로부터 단관 백색 레그혼 종과 겸용종인 뉴햄프셔 종 등 순계가 국내에 처음 도입되어 시작 되었으나, 1960년대에 실용계(CC)와 종계(PS)가 도입되자 국내 닭 육종사업의 기반이 약화되었다. 1970년대에는 육계 양계가 산란 양계로부터 분리되어 독립적으로 경영되기 시작하였다. 현재 우리나라에는 산란계와 육계의 순계는 없고 원종계에서부터 시작되고 있는데, 원종계는 전량 외국에서 수입을 하고 있다.

닭의 종축계통은 순계(PL)/원원종계(GGPS)-원종계(GPS)-종계(PS)-실용계(CC) 순이다. 세계적으로 보통 실용계 생산을 위하여 4개의 순계라인을 사용하는 4원교배(four-way cross)가 일반적이다. 육계의 품종 중 부계라인은 성장율, 산육량, 사료요구율 등이 고려 되는데 화이트 코니쉬가 대표적이고, 모계라인은 산란율이 중요하게 고려 되는데 화이트 프리머스록 등이 대표적이다.

- **순계(Pure Line: PL)** : 육종기업은 세계 각지에서 수집한 육종용기초계통군으로부터 형태, 생리, 능력 등에서 우수한 특징을 가진 암 · 수의 계통조성군을 만들어 보유하고 있

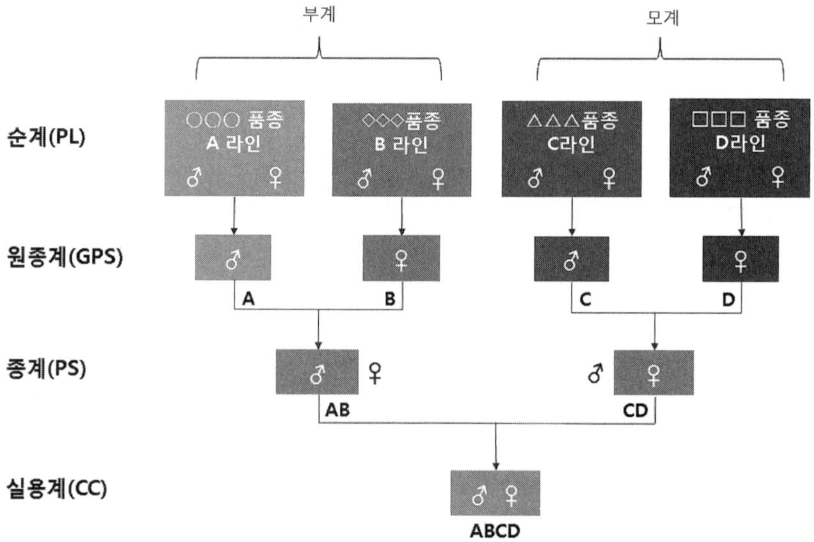

[그림 8-3] 육계 생산의 계층구조

는데 이 것을 순계라인(PL, 보통 1개 육종기업당 10여개 라인 보유)이라고 한다. 순계라인은 그 목적에 따라 암컷라인(dam)과 숫컷라인(sire)으로 구성된다. 또한 [그림 8-3]에는 나타나 있지 않으나 상업용으로 3~4개의 각 순계라인별 내의 암수를 교배하여 생산한 것이 원원종계(GGPS)이다. 즉, 원원종계는 외부에 판매하기 위한 많은 숫자의 원종계(GPS)를 생산하기 위하여 상업용 순계라인을 증식한 것이라고 보면 된다.

- **원종계(Grand Parents Stock: GPS)** : 육종기업은 보통 3~4개의 순계라인의 원원종계(GGPS)로부터 생산된 병아리(예: 코브사의 경우 코브 500, 코브 700, 코브 Sasso, 코브 MVMale 등)를 외부에 판매하게 되는데 이 것이 원종계이다. 원종계는 육종회사의 자산으로 계통조성에 관한 정보는 비밀로 하여 보통 4라인(A, B, C, D)을 하나의 조합으로 하여 한쪽 성(암컷 혹은 숫컷)만 판매한다.
- **종계(Parents Stock: PS)** : 원종계 간 교잡을 통해 종계(PS)를 생산하는데 이는 계통간의 교잡이 처음 이루어지는 단계다. 예를 들면 원종계의 부계에 속한 숫탉(A)과 암탉(B)의 교배를 통해서 종계수탉(AB: 숫컷)을 생산하고, 모계에 속한 수탉(C)과 암탉(D)의 교배를 통해서 종계암탉(CD: 암컷)을 생산한다.
- **실용계(Commercial Chicken: CC)** : 종계수탉(AB)과 종계암탉(CD) 사이에서 생산된 닭(AB+CD)으로서 품종개량이나 번식이 목적이 아니고 우리의 식탁에 오르는 닭고기나 식용란을 생산하기 위하여 사육되는 닭을 말한다.

세계적으로 육종기업에 의한 원종계(GPS)의 공급은 코브-벤트레스(미국 타이슨푸드), 아비아젠(독일 EW그룹), 하바드(프랑스 그리모그룹)의 3개 회사가 90% 이상을 점유하고 있다. 육종기업이 순계라인에서 개량을 시작하여 원원종계, 원종계, 종계, 실용계가 생산되기까지 약 4~5년이 소요 되는 것으로 알려져 있다. 육종기업의 순계라인의 개량에는 고도의 바이오테크놀로지의 응용과 설비의 고도화와 전문인력, 거액의 개발비용이 필요하기 때문에 진입장벽이 매우 높아 세계적인 과점화 현상이 진행되고 있다. 육종기업에 의한 원종계의 공급은 사육기술의 제공과 일체화가 되어 있는데, 그것은 닭의 성장 특성에서 도출되는 최적의 생육환경이 다르기 때문이다.

우리나라에서 원종계는 보통 1년에 두차례 정도 수입되고 있는데, 한번에 육용 원종계 약 20만수, 산란 원종계 약 1만수 정도가 수입되고 있다. 육용 원종계를 수입하는 국내기업은 하림(코브), 삼화원종(로스/아비아젠), 사조원종(아바에이커, 인디언리버/아비아젠) 등으로 하림을 제외하면 거의 아비아젠에서 수입하고 있다. 산란계 생산의 계층구조도 육계와 거의 동일하며 산란 원종계도 약 70%를 미국에서 수입하고 있는데, 산란 원종계는 대부분 백색 레그혼(하얀 달걀 생산), 로드아일랜드 레드(갈색 달걀 생산) 등의 품종을 고도로 개량한 닭이다. 산란 원종계를 수입하는 국내기업은 한국양계 TS(하이라인 브라운)가 절대적이고 조인(로만 브라운), 성진부화장(이사 브라운) 등이다.

코브, 아비아젠 등의 육종회사는 원종계 수출시 이 중에 보통 4계통을 감별해서 1계통 암 · 수중 한쪽 성만을 보내주어 국내에서는 4계통의 조합으로 부계와 모계의 종계를 만들어 이를 이용하여 실용계를 생산하게 된다. 따라서 원종계의 국내 번식은 이루어 질 수 없어 매년 수입해 오고 있다. 국립축산과학원에서는 외국으로부터의 종자 예속 탈피라는 큰 틀에서 2018.2월 재래닭 4계통과 지역적응 품종인 코니쉬 2계통 등 4품종 8계통을 FAO 가축유전자원정보시스템(DAD-IS)에 등재 하였다.

우리나라에는 특이하게 백세미(white semi)라고 하는 흰색의 잡종닭이 있다. 백세미는 산란실용계(CC) 암탉과 육용종계(PS) 수탉의 교배 또는 인공수정에 의하여 태어난 닭으로 대량 생산이 가능하며 값도 싸서 주로 삼계탕으로 이용될 뿐만 아니라 수출되고 있다. 백세미는 전체 육계 도계마리 수의 15% 수준으로 백세미를 생산하는 산란 암탉이 종계가 아닌 실

육계산업 흐름도(Flow)

계열화업체는 원종계(GPS)를 직접 수입하여 (i) 직영 원종계 농장(육성, 산란)에서 26주간 키워진 이후 입식을 시작하며 4주간 산란농장에서 종란을 생산한다. (ii)원종계에서 얻은 종란을 자체 부화장에서 종계병아리(PS)로 부화한 후 직영 또는 농가 위탁사육형태로 육성농장에서 약 26주정도 성장시킨 후 산란농장으로 옮겨 수정을 통해 약 4주간 종란(육계병아리, CC)을 생산한다. 종계 1마리당 약 120개의 종란(육계 병아리)을 생산한다. (iii)육계 병아리(CC)는 계열업체와 위탁 사육계약이 체결되어 있는 사육농가에 분양되어 사육이 이뤄지고 있고, 35일 정도 사육하여 1.5kg정도(또는 42일 사육, 2.7kg) 되면 출하되며 도축 · 가공단계를 거쳐 판매되어 우리의 식탁에 오르게 된다. 결국 원종계부터 육계까지 총 514일(약 17개월)이 소요되며, 현재 원종계 생산량을 기반으로 1년 5개월 이후의 육계 공급량을 예상할 수 있다.

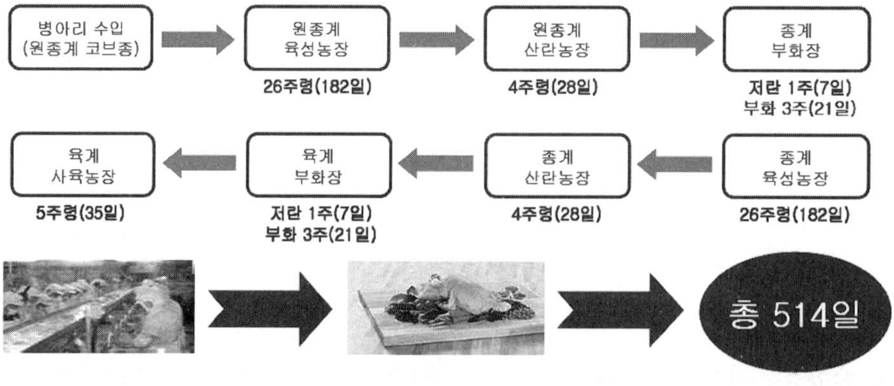

[그림 8-4] 육계산업 흐름도(Flow)

*자료: 하림, IBK투자증권(2013), "하림(136480)"

용계인만큼 방역당국의 질병관리 대상에서 제외되어 종계에 준하는 방역조치가 필요하다고 지적 되고 있다.

종계의 경우 생애 주기가 짧아 등록사업은 하지 않고 대한양계협회에서 수입된 원종계의 사실여부 등을 확인하기 위해 서류심사와 외모를 확인하는 종계 일반검정을 하고 있는데 그 실효성에 대하여 논란이 있다. 전적으로 원종계 수입에 의존하고 있는 상황에서 닭 육종 및 개량체계 전반에 대한 심각한 고민이 필요하다.

5. 오리

오리는 닭과 마찬가지로 순종(PL)/원원종(GGPS) → 원종(GPS) → 종오리(PS) → 육용오리(CD)로 이어진다. 세계적으로 오리 품종은 난용종으로 인디안 러너, 카키 켐벨이 있고, 육용종은 가장 오랜된 품종 중 하나인 르왕(프랑스 원산)이 있으며 에일스버리(영국 원산)와 머스코비(남미 원산) 종이 있다. 난육겸용종으로는 페킨종(중국 원산), 오핑톤종 등이 있다. 페킨종은 중국이 원산으로 미국과 영국에서 개량되어 현재 세계 각국에서 널리 사육되고 있는 난육겸용종의 대표적 품종이다.

국내 오리산업도 원종오리 단계부터 시작된다. 국내 수요가 가장 많은 수입 원종오리(GPS)는 영국 체리 밸리사와 프랑스 그리므드사가 페킨종을 육종 · 개량한 원종오리이다. 원종오리나 종오리를 수입할 때 그 사실여부 등을 확인하기 위해 한국오리협회에서 수입 통관시 서류심사와 외모를 확인하는 종오리 일반검정을 하고 있다.

그러나, 원종오리(GPS)는 원산지에서의 AI 발생 상황에 따라 수입이 제한될 수 있기 때문에 한국오리협회 회원사들이 출자하여 설립한 원종오리장에서 2010년부터 수입 원종오리에서 생산된 종오리(PS)를 출하하기 시작하여, 종오리 사육물량의 60% 내외가 혈통증명이 되는 종오리로 교체되었다. 한편, 국립축산과학원에서는 청둥오리의 혈통을 고정하고, 품종을 보존하여 토종오리의 정의와 생산체계를 확립해 나가고 있다.

6. 꿀벌

양봉산업은 단지 꿀을 채밀하는 산업에 그치는 것이 아니라, 농업에 중요한 생태를 담당한다. 일반적으로 벌꿀을 얻기 위해 사육되는 것은 유럽 원산의 양봉꿀벌이 주종이며 재래종 및 야생도 있다. 유럽종으로는 카니올란(유고슬라비아 원산), 코카시안(코카서스 원산), 이탈리안종(이탈리아 원산)이 있고 동양종은 인도가 원산으로 한국, 중국, 일본 등지에 주로 분포되고 있다.

현재의 양봉은 독일인 선교사에 의해 이탈리안종 양봉꿀벌이 들어와 시작된 것으로 알려져 있다. 그러나 2009년 전국적으로 토종벌을 95% 이상 죽인 낭충봉아부패병 이후로 지금은 토종벌은 거의 드물고 양봉 꿀벌이 대세로 되어 있다. 농촌진흥청에서 양봉산업의 경쟁력 강화를 위해 꿀벌의 품질을 개선하기 위한 노력으로 2013년에 장원벌이라는 새로운 품종을 개발하였는데 이를 정부장려품종으로 지정하여 2015년부터 전국 시범 농가에 보급하고 있다.

제 2 절 사료산업

사료는 가축을 기르고, 달걀 · 고기 · 우유 및 털과 같은 축산물을 생산하는 데 필요한 영양분을 가지고 있는 물질을 말한다. 사료는 일반적으로 조사료와 농후사료로 나누어진다. 농후사료는 다시 배합사료와 단미사료 그리고 보조사료로 구분된다. 우리나라 사료 사용량의 구성비는 농후사료 80%, 조사료 20%로 되어 있으며 농후사료는 배합사료 90%, 농가자급사료 10%정도로 되어 있다.

조사료는 초식가축(소, 양 등)의 기본사료로서 특히 반추가축에게는 반추위의 기능을 유지하기 위하여 즉, 소화기능을 안정시키는데 생리적으로 필수적인 사료이나 보통 돼지, 닭에게는 급여하지 않는다. 조사료에는 목초(오차드그라스, 이탈리안 라이그라스, 수단 그라스, 티머시, 알팔파 등), 풋베기 사료작물(청애옥수수, 청애보리 등), 고간류(볏짚, 보릿짚 등)가 있다. 조사료를 이용하는 방법은 풀밭 방목, 생초로 베어다 먹이기도 하며, 건초나 사일리지를 만들어 저장 하였다가 먹이기도 한다. 볏짚은 랩으로 포장한 곤포 형태의 건초로 저장한다. 사일리지(silage)는 고수분의 사료작물을 유산발효 시켜 저장성을 높여 사일로라는 용기안에 저장한 것이다.

단미사료는 단일 품목의 사료를 말하는데 배합사료의 원료로 사용되거나 있는 그대로 하나의 사료로서 유통되기도 한다. 단미사료 종류는 다음과 같다.

- **곡류 사료** : 옥수수를 위주로 한 수수 · 밀 · 보리 · 쌀 · 기타곡류(호밀, 귀리, 조, 메밀) 등
- **강피 사료** : 곡류부산물인 밀기울 · 쌀겨 · 보릿겨 등
- **식물성단백질 사료** : 대두박 · 면실박 · 채종박 · 아마박 등
- **동물성단백질 사료** : 어분 · 우모분 · 혈분 · 육골분 등

■ **식품가공부산물 사료** : 전분박 · 주정박 · 두부박 등
■ **광물질 사료** : 인산염류 및 칼슘염류 · 식염류 · 미량광물질(구리, 아연, 철 등) 등

보조사료는 사료의 품질저하 또는 변질을 방지하고(항곰팡이제 등 보존제), 사료의 영양성분을 보충하거나(비타민제, 아미노산제 등), 사료의 효능을 높이기 위하여(생균제, 효소제 등) 주로 배합사료에 첨가되는 사료이다. 보조사료와 사료첨가제는 기본적으로 배합사료 등에 첨가한다고 하여 사료첨가제라는 용어로 혼용되어 불리워지고 있다. 그러나 보조사료와 사료첨가제는 공통된 유효성분도 있으나 사료첨가제는 동물용의약품으로 수의사처방에 따라 사료에 첨가하여 사용하는 것을 말한다.

배합사료는 국립축산과학원의 가축사양표준(가축의 영양섭취기준)을 기준으로 여러 종류의 단미사료와 보조사료를 배합하여 조제한 사료이다. 가축이 필요로 하는 영양섭취기준은 가축의 종류, 성별, 발육단계 및 생산목적에 따라 다른데 가축사양표준은 이에 따른 적정한 1일 영양섭취기준을 과학적인 실험을 통해 결정해 놓은 기준이다. 한국사료협회에 의하면 2006~2010년의 5년간 생산된 배합사료 구성비는 곡류 53.2%, 강피 10.5%, 식물성단백질 25.4%, 동물성단백질 0.8%, 보조사료 등 10.1%이다. 배합사료 원료 중 옥수수가 가장 중요한 단미사료이다.

세계적으로 옥수수, 밀, 대두박 등 사료곡물 무역은 ADM(아처 다니엘 미들랜드), 붕게,

■ **표 8-1** 배합사료 10대 기업(2017)

	기업	생산량(톤)	비율(%)
1	농협 계열	5,814,646	30.7
2	하림 계열	3,505,202	18.5
3	이지 계열	1,617,261	8.6
4	카길퓨리나	1,434,116	7.6
5	CJ제일제당	776,439	4.1
6	대한사료	552,818	2.9
7	대한제당	526,769	2.8
8	우성사료	468,537	2.5
9	참 프 레	423,554	2.2
10	고려산업	346,931	1.8
합 계		**15,466,273**	**81.8**

○농협계열(30.7%) : 중앙회(16.9%), 회원조합(13.8%)
○하림계열(18.5%) : 제일(7.2%), 팜스코(5.5%), 선진(3.4%), 하림(2.5%)
○이지계열(8.6%) : 서울(4.0%), 팜스토리(2.5%), 이지팜스(1.7%), 이지바이오(0.3%)
*자료 : 한국사료협회

카길, 드레퓌스 등 소위 ABCD라 불리는 곡물메이저가 주도하고 있는데, 국내 배합사료산업은 선물시장에 참여하여 리스크 헤지(제15장 참조)를 목적으로 하는 장기계약형 보다는 농협무역과 한국사료협회를 창구로 곡물메이저의 국내 대리점을 상대로 국제입찰을 하여 계약하는 현물시장 구매를 주로 이용하고 있다. 수입된 사료곡물은 인천을 비롯한 주요 5개항에 있는 사이로에 식용으로 수입된 곡물과 구별되어 최대 90일간 보관된다.

국내 배합사료산업은 생산업체 약 68개소(배합사료공장 107개소)로 생산량 1,891만1천톤, 매출액 약 8조7,369억원 규모(한국사료협회, 2017년 기준)로 축산업 가치사슬상의 투입단계 산업중 규모 파악이 어려운 종축을 감안하더라도 가장 큰 시장규모를 형성하고 있다. 이중 양돈용이 33.7%로 가장 높으며, 양계용 28.7%, 고기소용 24.1%, 낙농용 6.3% 순이다. 배합사료 생산업체별 비중은 농협계열 30.7%(중앙회 16.9%, 16개 회원조합 13.8%), 하림계열 18.5%. 이지계열 8.6%, 카길퓨리나 7.6%순으로 이들 4대 계열사가 생산량의 65.4%를 점유하고 있다. 한편, 기업별 · 축종별 사료생산 비율을 보면 농협은 소 사료시장의 60%, 하림 계열은 닭 사료시장에서 25%(육계사료 47%), 카길은 돼지 사료시장에서 13%의 점유율을 보이고 있다.

배합사료의 유통 · 판매단계는 크게 농협계통 사료와 한국사료협회 회원사의 사료로 나누어진다. 농협계통사료는 중앙회의 물량은 사료를 생산하지 않는 회원농축협을 통하여 농가

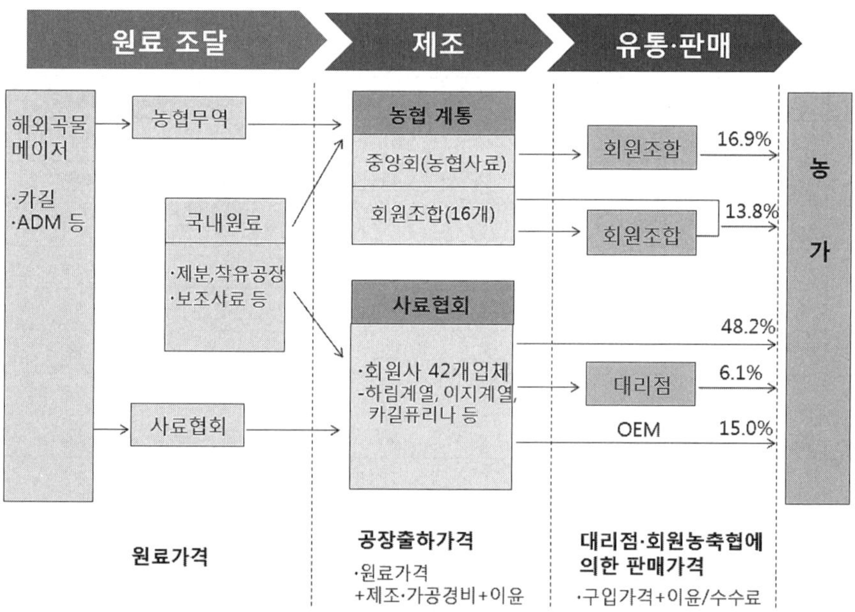

[그림 8-5] 배합사료산업 가치사슬

주) 유통비율은 제조사별 생산량 및 농림축산식품부 자료 이용 추정

에게 판매하고 사료를 생산하는 회원농축협은 조합원 농가에게 직접 판매하거나 사료를 생산하지 않는 회원농축협에게 판매한다. 한국사료협회 회원사의 사료유통은 양축농가와의 직접거래방식과 대리점, OEM 등의 간접거래방식으로 구분된다. OEM 거래방식은 선진농가들이 자기생산에 적합한 배합비율을 만들어 사료공장에 사료 생산을 공동주문 하고, 원료비와 배합비용만을 제공하는 방식이다. 배합사료는 업체별로 공장도 가격을 책정하고 현금 및 외상거래, 공급물량, 농가의 담보제공 수준 등에 따라 가격을 달리하여 농가에 공급하고 있다.

제 3 절 수의서비스

1. 동물약품

동물약품의 본래 용어는 동물용의약품(veterinary medicinal product or animal drug)이다. 동물약품은 가축의 성장촉진과 건강유지, 질환치료 등을 위해 쓰이는 약품으로 항생물질, 합성항균제, 호르몬제 등이 있다. 동물약품업계의 형성은 1960년대로 처음에는 주로 외국의 완제품을 수입하여 판매하는 수입판매회사 형태로 시작하였으며, 이후 원료를 외국에서 수입하여 제품을 생산하는 제조업체가 생겨나게 되었다. 국내 동물약품업계에서 초창기부터 국내 기술로 시작한 제조분야는 동물백신제조분야로 동물약품의 내수시장에서 백신이 약 30%를 구성하고 있다.

동물약품제조업체는 70여개소로 동물약품산업의 시장규모는 내수 7,351억원, 수출 3,064억원 등 총 1조415억원 규모이다(한국동물약품협회, 2017년 기준). 수입완제 동물약품은 내수시장에서 약 40%를 점유하고 있다. 축종별 동물약품 판매규모는 돼지, 소, 닭의 순이고 3축종이 전체시장의 약 60%를 차지하고 있으며, 동물약품 5대업체의 점유율(CR5)은 25% 수준이다(2013년 기준). 국내 동물약품 시장에서 국내 제조업체들이 차지하는 비중은 적은 편이고, 다국적 제조업체들이 시장 내 상위권 매출 제품군을 대부분 차지하고 있다. 동물약품의 유통은 대부분 제조업체가 전국 약 400개의 동물약품 전문판매점 및 가축병원을 통하여 축산농가에 직접 공급하는데 제조업체가 사료공장에 사료첨가제로서 공급하는 형태(약 10%)도 있다. 국내 동물약품업체 역시 잠재수요가 큰 동남아시아, 중동지역으로 적극 진출하고 있다.

2. 산업동물 수의사

임상수의사(veterinarian)에는 개, 고양이 같은 반려동물을 치료하는 반려동물 수의사와 소, 돼지, 닭 등 산업동물을 진료하는 산업동물 수의사가 있다. 산업동물 수의사는 가축의 진료뿐만 아니라 가축방역, 동물용의약품 처방, 농장 컨설팅 등 다양한 역할을 하고 있다. 하지만 산업동물이 주로 시골에 밀집해 있는데다 반려동물에 비해서 수입도 적고 업무가 3D분야라고 인식되면서 산업동물 수의사가 되기 위한 지원자가 줄고 있다. 산업동물 수의사는 1,331명으로 전체 임상수의사(5,506명)의 24% 수준에 불과하며 해마다 감소하고 있는 추세이다(대한수의사회, 2014.6월 기준). 전국 10개 대학에서 매년 500여명의 수의사가 배출되고 있지만 산업동물 전공을 희망하는 사람은 1~2%에 불과한 반면 반려동물 수의사는 꾸준히 늘어나고 있다. 산업동물 수의사의 신규 인력 진입이 부족하다보니 산업동물 수의사의 고령화 추세도 갈수록 빨라지고 있다.

2013.8월부터 수의사처방제를 실시하고 있는데 이는 동물 및 인체에 위해를 줄 수 있어 사용을 제한하거나 취급에 신중을 기하여야 하는 처방대상 동물용의약품을 구입 · 사용할 경우 반드시 수의사의 직접진료 후에 수의사에게 직접 조제 받거나 처방전을 발급받아 구매토록 하는 제도이다. 정부에서는 동물약품 판매액 중 15% 가량되는 처방대상 동물약품 범위(97종)를 2017.11월부터 20% 수준(133종)으로 확대 하였다.

제 4 절 축산기자재 산업

축산기자재 산업은 축산물과 그 부산물의 생산에 필요한 시설의 환경제어와 자동화에 사용되는 기계, 설비 및 그 부속자재를 생산하는 산업이다. 축산기자재는 축사시설 및 환경조절용, 생산물 처리용, 사양관리용, 사료제조 및 급여용, 가축분뇨 처리용 등으로 구분된다. 축사는 가축의 종류별로 사육목적에 따른 구조를 갖고 있는데 일반적으로 환경성, 작업성, 경제성, 안전성 등의 요건을 충족시킬 필요가 있다. 축사시설로는 자동축사(유창식, 무창식), 슬러리식 등이 있고 환경조절용으로는 보온등, 열풍기, 냉방기, 열교환기 등이 있다. 무창식 축사는 내부의 환경요인(온도, 습도, 조명시간 등)을 인공적으로 제어하여 가축이 성장하기 적합한 상태로 유지할 수 있지만 건축비와 운용비용이 많이 소요되는 단점이 있다.

축산기자재업체는 약 420여개로 축산기자재산업의 매출액은 약 8,592억원(국내 기자재가 약 90%)이다(한국축산환경시설기계협회, 2012년 자료). 축산기자재 산업은 다품목 소량생산체제의 산업으로 대부분 주문생산에 의존하여 규모의 경제가 어렵고, 축종별 크기가 상이하여 축종 간 상호호환도 어려워 대기업의 참여는 미흡하다. 축산기자재 산업의 발전을 위해서는 기자재의 생산비용을 줄이기 위하여 축산기자재 산업 내에서 제품 표준화를 통한 부품 공용화 및 호환성 확보를 계속 논의해 가야 한다. 현재 국내 축산기자재의 공급률은 점차 포화상태로 가고 있는 상태로 보다 편리하고 내구성이 좋은 기자재의 생산 및 그 생산원가를 낮추기 위한 기본적인 노력과 함께 스마트팜 등의 보급에 따라 농가의 관심이 증대 되고 있는 ICT(Information and Communications Technologies : 정보통신기술)제품의 개발과 적극적인 해외진출 노력이 필요하다.

■ 참고문헌 ■

- 김계웅 외(2013), 동물자원학개론, 선진문화사
- 농림축산식품부, 가축검정기준[농림축산식품부고시 제 2014-128호], 2017년 가축개량 지원 사업 시행지침
- 농수축산신문, "수치로 풀어본 대한민국 축산의 현주소", 2017년 4월 11일
- 농촌진흥청 국립축산과학원(2014), 가축개량 총괄업무 편람
- 농협경제지주 한우개량사업소 홈페이지(www.limc.co.kr)
- 대한수의사회 홈페이지(www.kvma.or.kr)
- 서강석 외(2012), 종돈 개량네트워크 체계 활성화 및 수출 경쟁력 확보방안 연구, 순천대학/대한한돈협회
- 이상철 외(2018), 가축개량 체계 선진화 방안, 한국축산경제연구원/농림축산식품부
- 한국단미사료협회 홈페이지(www.kfeedia.org)
- 한국동물약품협회 홈페이지(www.kahpa.or.kr)
- 한국사료협회 홈페이지(www.kofeed.org)

제 9 장 생산 · 출하단계

축산업 가치사슬상에는 가축을 사육 · 생산하는 농가들이 있다. 가축 생산농가들은 자기 혼자 독립적으로 운영하기도 하고 협동조합을 통한 경영이나 축산기업들과 계약경영을 하기도 하며 이러한 여러 가지 경영형태를 동시에 가질 수도 있다. 또한 가축 생산농가는 축종에 따라 번식, 비육 또는 일관경영(번식과 비육을 겸함) 등의 생산형태를 가질 수 있다. 생산농가들의 가축 사육목적은 출하하여 수익을 얻는 것으로서 일정기간 사육하면 가축의 출하시기와 출하시장을 선택하게 된다. 생산 · 출하단계는 산지유통단계라고도 하며 살아있는 가축, 즉 생축의 거래가 이루어지는 단계이다. 이 장에서는 생산농가가 사육의 목적을 달성한 후 출하하는 출하시장의 종류와 특징을 다루었으며 생산현지에서 가장 중요한 관심사인 농가 출하단계에서의 가격이 결정되는 메커니즘을 축종별로 다루었다. 이 단계에서 결정되는 가격은 소위 농가수취가격이라 하며 이는 생산농가의 소득수준과 관계될 뿐만 아니라 축산물 유통비용을 산정하는 기준이 된다.

제 1 절 생산

가축 생산농가는 축산물을 생산하는 원료라 할 수 있는 가축을 사육 · 생산한다. 가축 생산농가의 경영유형은 경영시스템과 생산시스템의 두 가지 관점에서 볼 수 있는데, 경영시스템은 경영의 자율성과 관련되어 있고, 생산시스템은 주로 농가의 출하처와 관련이 있다. 또한 이 두 시스템은 완전히 독립적인 것이 아니고 서로 연관관계를 가지고 있기도 하다.

가축 생산농가의 경영시스템은 독립경영, 협동경영, 계약경영으로 구분 할 수 있다. 그러나 실제 가축 생산농가는 자신의 필요에 의하여 경영 시스템을 복합적으로 선택하기도 한다.

- **독립경영** : 독립경영자는 모든 생산자재를 스스로 확보하고 가축 생산과 판매에 관한 모든 의사결정을 스스로 한다. 가축 생산과 판매를 통해 창출되는 모든 생산비용과 이윤은 생산자에 의해 실현되고 귀속된다. 독립 경영자는 위험의 감소보다 경영의 자율성을 더욱 중요시 한다.
- **협동경영** : 협동경영은 생산비를 줄이고 생산성을 향상 시킨다는 목표로 독립경영 농가들이 협동조합을 설립하거나 가입하는 것이다. 협동조합은 종돈, 사료 등 생산자재의 직영이나 공동구매 등을 통하여 조합원들의 생산비용을 줄여주는 한편, 조합원의 생산물을 조합의 계통출하를 통하여 공동 판매한다. 또한 조합원들은 협동조합을 통하여 도축 및 가공기업에 스스로 투자하기도 한다(제12장 참조).
- **계약경영** : 독립적 경영에 수반되는 생산자재 확보, 가격 변동, 판매처 확보 등에 있어 불확실성이나 위험의 회피를 원하는 농가는 계열주체나 가공 · 유통업체와 계약을 맺고 경영을 하게 된다. 계약은 그 내용에 따라 유통계약과 생산계약으로 나누어진다(제13장 참조).

한편, 가축 생산농가의 생산시스템은 번식, 비육, 일관사육 등으로 구분 되는데 생산시스템은 생산되는 가축의 종류, 사육방식, 그리고 출하시장 등을 결정하는데 중요하다. 한우를 예를 들어 설명해 보자. 한우가 태어나 도축되기 까지는 보통 출산 및 젖 떼기, 성장, 비육의 세 단계를 거쳐야 한다. 농가가 어느 단계에 집중하여 경영을 할 것이가에 따라 생산시스템이 결정 되지만 한우의 생산시스템에서 세 단계는 완전히 분리되거나 분명하지 않은 경우가 많다.

1. 한육우

한육우 사육마리수는 1990년에 1,622천마리에서 계속 증가하였으나 1990년대 후반 사육마리수 과잉과 외환위기, 시장개방 등으로 산지 소 값이 하락하면서 2000년에는 1,590천마리까지 감소하였다. 그러나 2000년대 이후 쇠고기 소비 증가로 한육우 사육마리수는 크게 증가하여 2005년 1,819천마리, 2010년 2,922천마리로 증가 하였으며, 2017년에는 3,020천마리이다. 한육우 사육농가는 1990년만 해도 620천호였으나, 2010년 172천호, 2017년에는 99천호로 대폭 감소하였다.

최근 한우농가는 소규모 농가들의 사육 포기가 늘어 전체적으로 감소하는 추세에 있으나 규모 있는 농가들은 꾸준히 사육마리수를 늘리고 있는 경향을 보이고 있다. 50마리 미만을 사육하는 중소농가는 1990년에 전체 사육농가의 99.8%로 대부분을 차지 하였으나 2017년에는 82.7%로 감소하였고, 사육비중은 94.5%에서 35.9%로 대폭 감소 하였다. 반면 100마리 이상 사육농가는 1990년에는 거의 없었으나 2017년에는 전체 사육농가의 6.8%로 늘어났고, 사육비중은 2.3%에서 40.2%로 대폭 증가 하였다.

■ **표 9-1** 한육우 사육규모별 마리수 및 호수

(단위 : 천마리, 가구, %)

구분	마리수				호수			
	계	50마리 미만	50~100 마리	100마리 이상	계	50마리 미만	50~100 마리	100마리 이상
1990	1,622	1,533 (94.5)	51 (3.2)	37 (2.3)	620,266	61,931 (99.8)	805 (0.1)	151 (0.0)
2000	1,590	1,192 (75.0)	194 (12.2)	204 (12.8)	289,714	285,653 (98.6)	2,928 (1.0)	1,133 (0.4)
2005	1,819	1,228 (67.6)	286 (15.7)	305 (16.7)	192,124	186,024 (96.8)	4,445 (2.3)	1,655 (0.9)
2010	2,922	1,524 (52.1)	597 (20.4)	800 (27.4)	172,069	158,907 (92.3)	8,772 (5.1)	4,390 (2.6)
2015	2,676	985 (36.8)	586 (21.9)	1105 (41.3)	94,360	80,162 (85.0)	8,361 (8.8)	5,837 (6.2)
2017	3,020	1,085 (35.9)	723 (23.9)	1,212 (40.2)	98,570	81,531 (82.7)	10,386 (10.5)	6,653 (6.8)

주) 2017년부터 축산물품질평가원의 소 이력제 자료를 활용하여 통계청과 공통 작성한 자료임
*자료 : 통계청, 가축동향조사 각년도

한우 농가의 생산시스템은 번식, 비육, 일관사육으로 구분 할 수 있다.

- **번식농가** : 암소군을 유지하면서 송아지를 생산하여 판매하는 형태이다. 번식농가는 태어난 암송아지를 번식우로 사용하고, 숫송아지는 5~6개월령까지 사육하여 비육농가, 가축거래상인 또는 가축시장에서 판매한다. 번식용 암소는 보통 5산(7세) 후 도축된다.
- **비육농가** : 송아지는 생산하지 않고 숫송아지를 번식농가에서 직접 구입하거나 가축거래상인 또는 가축시장에서 구입하여 육용으로 비육하여 판매하는 경영형태이다. 비육농가는 보통 구입한 숫송아지를 12개월령까지 조사료를 급여하여 골격을 성장시켜 250~300kg 정도의 육성우로 성장시킨 후(육성기), 13개월령~18개월령동안 비육하여 살을 찌우고(비육전기), 19~24개월령동안 마블링 등이 잘 형성되도록 하여(비육후기) 출하한다.
- **일관사육농가** : 암소군을 유지하면서 송아지를 생산한 후 5~6개월령시에 젖을 떼어(숫송아지는 2~3개월령시에 거세), 암송아지는 번식용으로 하고(일부 비육), 숫송아지(거

세우)는 비육용으로 사육하여 출하하는 경영형태이다.

한우 생산시스템은 경영시스템과 마찬가지로 복합형태도 많이 있다. 한우산업은 전통적으로 소규모 번식농가에서 생산한 송아지를 순수비육농가가 구입해 비육 · 출하하는 구조를 유지해 왔다. 2000년에는 사육마리수 10마리 미만의 소규모 농가가 2세 이상인 번식용 암소의 57%를 사육하고 있었고, 사육규모 100마리 이상의 대규모 농가는 2세 이상 암소의 단 7%만을 사육하여 번식과 비육의 분업구조가 확립되어 있었으나, 2015년에는 2세 이상 암소의 32%를 100 마리 이상 규모가 사육하고, 10마리 미만 규모 농가는 10%를 사육하는데 머물러 번식소농이 급격히 쇠퇴하고 일관사육 농가가 대폭 증가하였다. 일관사육 농가의 절반 이상은 10마리 미만의 소규모 번식농가가 송아지가격 하락으로 번식만으로는 경영을 유지하기 어려워 자구책으로 수소비육을 시작한 농가로 추정하고 있다. 한우 번식기반 유지를 위하여 산지(가축시장) 송아지 평균거래가격이 안정기준가격보다 떨어질 경우 그 차액을 보전하여 주는 송아지생산안정제를 시행하고 있다.

소 비육에 들어가는 경영비용은 일본이 8,305천원으로 가장 높고, 한국 5,345천원, 미국 1,709천원, 중국 1,137천원으로 분석됐다. 가축을 판매한 조수입에서 경영비를 제하면 소득이 되고, 생산비(경영비+자가노동비+자본용역비+토지용역비)를 제하면 순수익이 된다. 소 1마리당 조수입은 일본 화우가 8,465천원으로 가장 높게 나타났으며, 우리나라 한우는 5,936천원, 미국 육우는 1,790천원, 중국 육우는 1,646천원이었다. 마리당 소득은 한국이 591천원으로 가장 높은 것으로 분석됐으며, 중국이 509천원으로 두 번째로 나타났고, 일본은 160천원, 미국은 81천원으로 분석됐다. 생체 100kg을 기준으로 한국의 마리당 소득을 100으로 봤을 때 중국의 소득지수는 155, 일본은 25, 미국은 16으로 비교됐다(국립축산과학원 ; 한국 · 미국 2013년, 일본 · 중국 2012년 자료).

2. 낙농

젖소 사육마리수는 1990년의 504천마리에서 2000년 544천마리로 안정을 유지하여 왔다. 그러나 2002년의 전례 없는 원유수급불균형 및 그에 따른 3만마리의 도태사업으로 사육마리수 감소세가 지속되어 2005년 479천마리, 2010년에는 429천마리로 감소 하였다. 그러나 2011년 8월의 원유기준가격인상에 따라 증가 추세로 돌아 섰으나 2015년에는 411천마리로 다시 감소 추세가 되어 2017년에는 409천마리로 감소 하였다. 낙농 농가수는 1990년 33.3천호에서 2017년 6.5천호로 1/5로 감소하여 전업 규모화된 기업형에 가까운 형태로 변화하였다. 특히 2005년을 전후해서 호당 사육마리수가 전업규모 수준인 50마리를 넘어섰으며 2017년에는 62.0마리까지 늘어났다. 50마리 이상을 사육하는 농가는 1990년 2.1%에서 2017년 57.3%로 증가하였고, 사육비중도 11.4%에서 86.9%로 증가하였다.

■ 표 9-2 젖소 사육규모별 마리수 및 호수

(단위 : 천마리, 가구, %)

구분	마리수				호수			
	계	50마리 미만	50~100 마리	100마리 이상	계	50마리 미만	50~100 마리	100마리 이상
1990	503.9	446.5 (88.6)	34.9 (6.9)	22.6 (4.5)	33,277	32,618 (98.0)	545 (1.7)	114 (0.4)
2000	543.7	269.6 (49.5)	219.6 (40.4)	54.5 (10.0)	13,348	9,615 (72.0)	3,349 (25.1)	384 (2.9)
2005	478.9	135.8 (28.4)	258.1 (53.9)	85.0 (17.8)	8,923	4,473 (50.1)	3,815 (42.8)	635 (7.1)
2010	429.5	74.1 (17.3)	223.1 (51.9)	132.3 (30.8)	6,347	2,191 (34.5)	3,162 (49.8)	994 (15.7)
2015	411.0	47.0 (11.4)	194.0 (47.2)	170.0 (41.4)	5,498	1,553 (28.3)	2,718 (49.4)	1,227 (22.3)
2017	408.8	53.4 (13.1)	176.1 (43.1)	179.3 (43.8)	6,503	2,776 (42.7)	2,452 (37.7)	1,275 (19.6)

주) 2017년부터 축산물품질평가원의 소 이력제 자료를 활용하여 통계청과 공통 작성한 자료임
*자료 : 통계청, 가축동향조사 각년도

낙농가의 생산시스템은 종축, 착유, 육성우로 구분 할 수 있다.

- **종축농가** : 우수한 체형, 혈통 등 자질을 지닌 기초우를 육성하여 우량계통을 조성하여 판매하기 위한 형태이다.
- **착유농가** : 원유를 생산하기 위한 일반적인 형태이다. 그러나 실제로는 육성우 및 종축 생산시스템까지 포함되어 송아지의 분만부터 원유생산에 이르기까지 포괄적인 경영을 하는 일관사육 형태가 대부분이다. 젖소는 생후 14개월령 350kg정도에 인공수정으로 첫 종부를 실시하여 임신후 22~24개월령에 분만한 후 착유를 시작한다.
- **육성우농가** : 송아지를 분만하여 착유하기전 까지 육성하거나 또는 유우 숫송아지를 비육하여 출하하는 경영형태이다. 숫송아지가 태어나면 약 1주간 모유를 먹은 후(어미소는 착유 시작), 어미와 떨어져 탈지분유 등을 원료로 하는 인공유, 건초 등에 의하여 약 7개월 간에 걸쳐 비육밑소로 키워진다. 그 후 1년정도 걸쳐서 배합사료 등에 의하여 비육되어 760kg에 이르면 출하된다. 홀스타인 종은 증체능력이 우수하여 한우에 비하여 비육기간이 짧다.

젖소 1마리당 경영비는 한국이 5,953천원으로 이를 100으로 봤을 때 우리나라와 낙농구조가 비슷한 일본이 108로 가장 높고, 미국 92, 중국 49이다. 마리당 조수입은 한국이 8,907천원으로 가장 높고, 일본 8,255천원, 미국 4,816천원, 중국 3,804천원 순이다. 마리당 소득은 한국이 2,954천원으로 가장 높으며, 미국이 -604천원으로 낮게 나타났다(국립축산과학원 ; 한국 · 미국 2013년, 일본 · 중국 2012년 자료).

3. 양돈

국내 양돈업은 돼지고기 수요 증가와 1990년대 수출위주의 양돈정책에 힘입어 사육마리수가 증가하고 전업농을 중심으로 규모화가 빠르게 진행되어 왔다. 그러나 1999년 구제역 발생이후 일본 수출이 중단되고 2000년대 들어 가축질병, 분뇨 처리문제, 곡물가격 상승에 따른 사료비 상승, 시설투자비 과다 등으로 돼지 사육의 전업화 및 규모화 추세가 다소 둔화 되었다. 돼지 사육마리수는 1990년 4,528천마리에서 2000년 8,214천마리, 2010년 9,881천마리로 증가 하였다. 2010년 11월~2011년 3월까지 지속된 구제역으로 332만 마리의 돼지가 매몰 처분됨에 따라 돼지 사육마리수가 감소하기도 하였으나 구제역 종식 이후 지속된 모돈 입식으로 사육마리수가 회복되어 2015년 10,187천마리, 2017년에는 10,514천마리로 늘어났다.

■ 표 9–3 돼지 사육규모별 마리수 및 호수

(단위 : 천마리, 가구, %)

구분	마리수				호수			
	계	1,000마리 미만	1,000~ 5,000마리	5,000마리 이상	계	1,000마리 미만	1,000~ 5,000마리	5,000마리 이상
1990	4,528	3,475 (76.7)	703 (15.5)	350 (7.7)	133,428	133,022 (99.7)	368 (0.3)	38 (–)
2000	8,214	3,271 (39.8)	3,820 (46.5)	1,123 (13.6)	23,841	21,501 (90.2)	2,211 (9.3)	129 (0.5)
2005	8,962	1,985 (22.1)	5,185 (57.9)	1,792 (20)	12,290	9,339 (76.0)	2,755 (22.4)	196 (1.6)
2010	9,881	1,150 (11.6)	5,843 (59.1)	2,888 (29.2)	7,347	4,099 (55.8)	2,943 (40.0)	305 (4.2)
2015	10,187	915 (9.0)	5,446 (53.4)	3,826 (37.6)	4,909	2,054 (41.8)	2,466 (50.2)	389 (8.0)
2017	10,514	816 (7.8)	5,440 (51.7)	4,258 (40.5)	4,406	1,585 (36.0)	2,383 (54.1)	438 (9.9)

*자료 : 통계청, 가축동향조사 각년도

양돈 농가수는 1990년 133천호에서 2000년 24천호, 2017년 4.4천호로 대폭 감소하였다. 1천마리 미만 사육농가는 1990년 전체 사육농가의 99.7%에서 2017년 36.0%로 감소하였고, 전체 사육마리수에서 차지하는 비중도 76.7%에서 7.8%로 감소하였다. 반면에 5천마리 이상 사육농가는 1990년에는 38호에 불과 했으나 2017년에는 전체 사육농가의 9.9%(438호)로 증가하였으며, 사육비중도 7.7%에서 40.5%로 크게 증가 하였다. 이와 같이 5천마리 이상의 대규모 사육가구수의 증가폭이 크며, 추후 규모화는 계속 진전될 것으로 전망된다.

양돈농가의 생산시스템은 번식, 비육, 비육위탁, 일관사육으로 구분 할 수 있다. 돼지는 일령별로 ①수유자돈(생후 약 20일전후), ②이유자돈 및 육성돈(20~60일, 이유자돈 체중 6kg, 육성돈 체중 30kg), ③비육돈(60~180일, 출하시 체중 110~115kg)으로 구분된다. 이와 같이 구분된 돼지를 각각 격리시켜 사육하는 방식을 3-site 방식(farrowing→nursery→finishing)이라 하고, 30kg 내외의 육성돈부터 격리시켜 사육하는 방식을 2-site 방식(farrowing/nursery→finishing)이라 한다.

- **번식농가** : 번식농가는 자돈을 생산 · 판매하기 위하여 모돈을 육성 · 번식하는 경영형태이다. 번식전문농가는 보통 모돈(F1후보돈)을 종돈장에서 구입하여 인공수정에 의해 자돈(F2)을 생산한 후 이유자돈 및 육성돈으로 성장시킨 후, 비육전문농가나 비육위탁농가에 판매한다. F1후보돈은 종돈장에서 생산된 2원교잡종으로 판매용으로 선발된 임신경험이 없는 모돈을 말한다.
- **비육위탁농가** : 비육돈 생산을 목적으로 번식과정을 갖지 않고 비육과정에 전념하는 경영형태이다. 보통 비육위탁농가는 계열주체나 대농으로부터 이유자돈이나 육성돈을 공급받아 6~7개월령의 약 110kg까지 사육하여 다시 넘겨주고, 그 대가로 수수료를 받는 형태이다.
- **일관사육농가** : 일관경영은 종돈장으로부터 모돈(F1후보돈)을 구입, 사육하여 자돈(F2)을 생산하고, 생산된 자돈을 비육하여 생산 · 판매함으로써 번식, 비육을 일관적으로 하는 형태이다. 최근에는 질병 등의 이유로 순종을 직접 수입하여 자가 F1을 생산한 뒤 다시 자돈(F2)을 생산하여 비육하는 농가도 많이 늘어나고 있다. 번식목적을 다한 다산경험의 돼지(평균 3세)는 도축되어 가공용으로 활용된다.

우리나라 양돈농가의 생산시스템은 일관사육 83.0%, 번식 6.3%, 비육위탁 5.0%, 혼합사육 2.3% 등이다(대한한돈협회, 2014.9). 이와 같이 우리나라 양돈농가의 생산시스템은 대부분 일관경영 형태이며 번식 또는 비육 전문농장은 매우 적은 편이다.

돼지의 생산성을 파악하기 위해서는 비육돈의 생산비가 우선 고려되어야 하지만 비육돈 생산비에서 많은 비중을 차지하는 자돈구입비를 알기 위해서는 모돈의 생산성 지표를 보아야 한다. 즉, 돼지는 1번에 여러 마리의 새끼를 낳기 때문에 모돈의 생산성이 좋을수록 자돈 생산비가 낮아 비육돈의 생산비를 낮출 수 있기 때문이다. 모돈의 생산성 지표로는 모돈 1마리가 1번에 출산하는 마리수인 복당 실산자수, 1년에 몇 번 출산하는가를 나타내는 연간 모돈회전율, 연간 복당 실산자수 등이 있다. 또한 연간 실산자수 중 젖을 뗄 때까지 생존하는 이유두수(Piglet weaned per Sow per Year : PSY)와 출하시까지 생존하여 판매한 두수(Marketted-pigs per Sow per Year : MSY) 등이 있다. 과거에는 생산성 지표로 PSY가 주로 사용되었으나 비육 육성과정 중 각종 질병과 환경 요인에 의한 폐사율이 높아짐에 따라 MSY가 부각 되었다. MSY는 2007년 기준 덴마크 24.46마리, 네덜란드 24.70마리, 미국 19.82마리, 일본 19.81마리인 반면 우리나라는 2016년 18.0마리에 그치고 있다. 이 때문에 우리나라는 덴마크, 미국 등에 비하여 1차적으로 자돈 생산비가 많이 든다. 우리나라의 비육돈 생산비(생체 100kg당)는 2015년 279천원으로 이 중 자돈구입비 24.0%, 사료비 52.7%로 두 항목이 76.7%를 차지하고 있다. 비육돈은 연도별 소득 및 가격의 진폭이 크며 2011년 이후 지육가격 하락세로 소득이 감소하는 추세였으나 2014년 이후 다시 증가하고 있다. 비육돈 조수입(생체 100kg당)은 일본이 266천원으로 가장 높고, 한국 265천원, 중국 253천원, 미국 195천원 순이며 경영비는 한국이 가장 높다. 비육돈(생체 100kg당) 소득은 중국이 33천원으로 가장 높으며, 한국이 -4천원으로 낮게 나타났다. 한국의 최근 2009~2013년의 5년간 평균 소득은 70천원 수준이었다(국립축산과학원 ; 2013년 자료).

4. 양계

양계산업은 산란계(계란 생산, layer)와 육계(닭고기 생산, broiler)를 포함하고 있다. 브로일러는 양질의 고기를 조기에 얻을 수 있도록 교잡종으로 생산된 육용의 영계를 말하는데 세계 각국 모두 거의 같은 품종, 사료배합 내용, 사육방식으로 생산되고 있으나, 닭고기 요리법에 따라서 각국별 마켓 사이즈가 다르다. 즉, 미국에서는 보통 체중이 1.9kg 전후(약 7주간 사육)에 출하된 육용계를 통닭구이용으로 쓰는데 이로부터 브로일러라는 용어가 나왔다. 우리나라에서는 튀김용으로 1.5kg 전후(약 5주간 사육)이나 최근에는 백숙용, 부분육 선호 등으로 커지고 있는 경향을 보이고 있다.

양계농가의 대형화 추세는 최근까지 지속되고 있다. 전국의 양계농가는 2006년 3,559호에서 2017년 2,969호로 감소했으나 사육마리수는 1억1,918만마리에서 1억7,055만마리로 증가하였다. 3만마리 이상 사육하는 농가는 2006년에 1,530호였으나 2017년에 1,998호로 증가하였고 사육비중은 2006년 21.7%에서 90.7%로 대폭 증가하였다. 2017년 양계농가의 호당평균 사육마리수는 5만7,444마리(산란계 6만6,767마리, 육계 5만4,802마리)로 사상 최고치를 기록했다.

산란계 사육마리수는 2006년 57,238천마리에서 2017년 72,709천마리로 늘어난 반면, 산란계 사육농가는 2006년 1,934호에서 2017년 1,089호로 감소하였다. 산란계 사육의 규모화가 진행됨에 따라 3만마리 미만 사육 가구수는 감소하고, 3만마리 이상 사육 가구수는 점차적으로 증가하는 추세를 보이고 있다. 한편, 육계 사육마리 수는 2003~2004년에 국내에서 최초로 고병원성 조류인플루엔자(HPAI)가 발생하면서 다소 주춤하였으나, 해마다 지속적으로 늘어나 2006년 55,375천마리에서 2017년에는 85,436천마리로 증가하였고, 육계 사육농가는 2006년 1,391호에서 2017년에는 1,559호로 증가 하였다.

■ 표 9-4 닭 사육규모별 마리수 및 호수

(단위 : 천마리, 가구, %)

구분	마리수				호수			
	계	10천마리 미만	10천~30천 마리	30천마리 이상	계	10천마리 미만	10천~30천 마리	30천마리 이상
2006	119,181	4,304 (3.6)	88,995 (74.7)	25,882 (21.7)	3,559	636 (17.9)	1,393 (39.1)	1,530 (43.0)
2007	118,365	3,846 (3.2)	24,111 (20.2)	91,408 (76.6)	3,420	572 (16.7)	1,292 (37.8)	1,556 (45.5)
2010	149,200	2,473 (1.7)	23,322 (15.6)	123,405 (82.7)	3,604	408 (11.3)	1,238 (34.4)	1,958 (54.3)
2014	156,410	1,605 (1.0)	16,477 (10.5)	138,328 (88.4)	2,989	274 (9.2)	856 (28.6)	1,859 (62.2)
2015	164,131	1,561 (1.0)	14,641 (8.9)	147,929 (90.2)	3,004	263 (8.8)	761 (25.3)	1,980 (65.9)
2017	170,551	1,461 (0.9)	14,405 (8.4)	154,685 (90.7)	2,969	236 (7.9)	735 (24.8)	1,998 (67.3)

주) 2006년부터 용도별 3,000 마리 이상 사육가구를 대상으로 전수 조사한 자료임
*자료 : 통계청, 가축동향조사 각년도

육계농가의 생산시스템은 다음과 같다.

- **종계 · 부화농가** : 종계농가는 원종계 및 종계를 육성 · 산란하는 농가로 489농가중 80%가 계열업체와 계약한 위탁사육농가이고, 20%는 계열업체 직영 농장이다. 종계를 부화하여 병아리를 생산하는 부화농가는 225농가인데 많은 종계농가가 부화업을 겸하고 있다.
- **위탁사육농가** : 계열업체로부터 실용계 병아리와 사료 등을 공급받고 일정 기간이 되는

때나 일정체중에 달하면 계열화업체에 인도하고, 그 댓가로 수수료를 받는 농가로 육계 사육농가의 대부분(90% 이상)이 해당된다.

- **독립사육농가** : 계열업체에 소속되어 있지 않으며 계열업체로부터 병아리를 구매하여 육성하여 산지수집상이나 계열업체에 판매하는 농가이다.

육계 10kg당 조수입은 한국이 14,405원으로 중국 대비 76.4% 수준이었으며 경영비는 80.4% 수준으로 나타났다. 소득은 연도별 진폭이 큰데 한국이 1,001원으로 중국 2,190원보다 낮게 나타났다(국립축산과학원 ; 한국 2013년, 중국 2012년 자료).

5. 오리

우리나라 오리산업의 역사는 소, 돼지, 닭 등 다른 축종에 비하여 짧지만 전체 사육마리수나 호당 사육규모, 기술적 측면에서 빠르게 발전하고 있다. 오리 사육마리수는 2011년 12,735천마리에서 최근의 AI 등으로 2017년 7,530천마리를 사육하고 있다. 오리 사육농가수는 타축종에 비하여 매우 적은 편으로 2011년 981호에서 2017년 497호로 대폭 감소하였다.

오리산업은 규모화와 전업화가 이뤄지고 있지만 급속성장으로 인한 전후방 산업의 취약성과 짧은 생산 주기, AI 등으로 인한 수급불안정 등이 변수이다. 또한 한국오리협회의 자료

■ **표 9-5** 오리 사육규모별 마리수 및 호수

(단위 : 천마리, 가구, %)

구분	마 리 수				호 수			
	계	10천마리 미만	10천~30천 마리	30천마리 이상	계	10천마리 미만	10천~30천 마리	30천마리 이상
2011	12,735	2,474 (19.4)	8,588 (67.4)	1,673 (13.1)	981	357 (36.4)	584 (59.5)	40 (4.1)
2012	11,161	2,133 (19.1)	7,373 (66.1)	1,656 (14.8)	852	320 (37.6)	488 (57.3)	44 (5.1)
2013	10,899	2,291 (21.0)	7,592 (69.7)	1,015 (9.3)	866	335 (38.7)	507 (58.5)	24 (2.8)
2014	7,539	1,909 (25.3)	4,810 (63.8)	820 (10.9)	605	261 (43.1)	328 (54.2)	16 (2.7)
2015	9,772	1,823 (18.7)	6,903 (70.6)	1,048 (10.7)	722	246 (34.1)	449 (62.2)	27 (3.7)
2017	7,530	989 (13.1)	5,272 (70.0)	1,270 (16.9)	497	136 (27.4)	329 (66.2)	32 (6.4)

주) 2011년부터 용도별 2,000마리 이상 사육가구를 대상으로 전수 조사한 자료임
*자료 : 통계청, 가축동향조사 각년도

에 따르면 오리농장들의 농장구조는 대부분 파이프하우스 축사나 비닐하우스 시설을 개조한 형태의 축사시설이 전체의 약 70%인 것으로 조사되어 오리산업의 발전을 위해서는 시설현대화 등 사육환경 개선이 필요하다.

6. 양봉

양봉농가수는 2016년 2만2,609호로 근래 가장 많았던 2002년 4만5,131호에 비해 50% 감소하였다. 양봉농가수는 개량종이 재래종보다 6배 많다. 양봉농가는 점차 전업화, 규모화되어 50군 이상의 전업 농가수는 1995년 4,238호에서 2010년 9,417호, 2016년 1만1,935호로 증가하고 있지만 소규모 농가는 감소하고 있다. 한편 사육군수는 증감을 반복하고 있는데 2016년 사육군수는 215만5천군으로 2000년 124만군에 비해 73.8% 증가하였다.

양봉은 꿀벌을 이용하여 꽃에서 화분(꽃가루 : pollen)과 화밀(꽃꿀 : nectar)을 수집하는데 기후변화에 민감하며, 고정식양봉과 이동식 양봉이 있다. 고정식양봉은 같은 장소에서 차례차례로 피는 종류가 다른 꽃에서 채밀하며, 이동식양봉은 특정의 꽃(아카시아 나무 등)의 개화시기에 맞추어 개화지역을 따라 이동하며 채밀한다. 이동식양봉은 생산비용의 증가와 양봉농가의 고령화 등으로 지속 감소하고 있다.

■ 표 9-6 양봉 사육규모별 군수 및 호수

(단위 : 천군, 가구, %)

구분	군수				호수			
	계	10군 미만	10군~50군	50군 이상	계	10군 미만	10군~50군	50군 이상
1995	764.2	102.8 (13.5)	240.8 (31.5)	420.6 (55.0)	43,258	27,001 (62.4)	12,019 (27.8)	4,238 (9.8)
2000	1,240.3	86.6 (7.0)	256.1 (20.6)	897.5 (72.4)	40,774	21,139 (51.8)	12,543 (30.8)	7,092 (17.4)
2005	2,089.8	66.1 (3.2)	280.7 (13.4)	1,743.0 (83.4)	41,039	16,338 (39.8)	13,424 (32.7)	11,277 (27.5)
2010	1,697.8	33.3 (2.0)	160.0 (9.4)	1,504.5 (88.6)	25,013	8,255 (33.0)	7,341 (29.4)	9,417 (37.6)
2015	1,962.9	16.0 (0.8)	151.9 (7.7)	1,795.0 (91.5)	22,533	3,914 (17.4)	6,415 (28.5)	12,204 (54.1)
2016	2,155.1	16.5 (0.8)	165.5 (7.7)	1,973.2 (91.5)	22,609	3,844 (17.0)	6,830 (30.2)	11,935 (52.8)

*자료 : 농림축산식품부, 기타가축통계, 2016

가축 생산시스템의 과제

(1) 환경부담 경감 등 자연순환농업 정착

1970년대 이후 우리나라의 축산업은 전문화 및 규모화를 통해 경영 효율성을 높일 수 있었다. 그러나 이러한 발전과정에서 가축의 사육밀도가 높아지고 축산오폐수, 악취, 가축분뇨 등과 같은 환경부하 배출량도 늘어남에 따라 축산업에 대한 부정적인 여론도 비등하게 되었다. 가축분뇨 발생량을 축종별로 보면 돼지 52.9%, 한육우 24.4%, 젖소 11.9%, 닭 · 오리 9.9% 등을 차지하고 있다(환경부, 2015년 기준). 한육우, 젖소, 닭 · 오리 등은 고형분의 분뇨가 대부분 생산되고 있으나 돼지가 배설한 분뇨는 돈사내 스크래퍼 또는 슬러리피트등에 의하여 수거되는데 국내 돈사의 대다수는 슬러리(분과 뇨가 혼합된 것)피트의 구조를 가지고 있다. 슬러리피트 돈사는 돼지를 출하하거나 이동시킬 경우에만 돈사 하부에 설치된 피트에서 분뇨를 제거하여 처리하기 때문에 오염물질의 농도가 매우 높고 또한 상당 기간 저류되어 있었기 때문에 분뇨의 혐기성 발효가 진행된다.

가축분뇨 1일 발생량 17만3천톤 중 94.7%가 퇴 · 액비로 토양에 환원되어 자원화 되고, 0.4%는 정화처리, 나머지 4.9%는 공공처리시설 등에 의해 위탁처리하고 있다(환경부, 2015년 기준). 최근에는 가축분뇨를 연료로 활용하는 바이오매스 에너지가 주목 받고 있다. 생산농가도 악취저감, 축사시설 및 농장경관 개선과 함께 경종농가가 이용하기 적합한 양질의 퇴 · 액비를 생산하여 점차 자원순환농업이 정착되도록 힘써야 한다.

(2) 밀집사육과 가축질병 대처

최근 빈번한 가축질병 발생의 큰 원인으로 공장형 축산(factory farming) 또는 밀집사육 문제가 제기되고 있다. 공장형 축산은 축산물 단위 생산비를 낮춰 값싼 축산물 생산에 일조했지만 이후 환경오염처리 비용, 사료 및 성장촉진제 비용, 질병 치료 및 약품 비용 등이 점차 증가해 장점보다는 그 부작용이 더욱 지적되고 있다. 열악한 조건에서 자란 닭은 스트레스 때문에 면역력이 약하고, 소에 비해 밀집사육 정도가 심한 돼지는 구제역 전파 속도가 더 빠르고 전염병 방역에 취약할 수밖에 없다. 2017.8월에는 유럽에서 시작된 살충제 계란 문제가 우리나라에서도 먹거리 문제의 큰 이슈로 부각되어 밀집사육의 문제점이 집중거론 되고 축산업의 근본적인 개선을 요구하는 목소리가 높아졌다.

제 2 절 가축출하시장의 유형

대부분의 가축 생산농장에는 몇 년전에 결정한 생산계획(입식시기와 마리수 등)에 의하여 시장조건에 관계없이 출하해야 할 가축이 대기하고 있는 것이 보통이지만 현명한 농가들은 적절한 시기에 적절한 품종을 출하하는 것이 최고의 관심사다. 그러나 출하시기 결정은 외부적인 요인보다는 출하체중에 의해서 결정되는 경우가 가장 많고 일부 농가는 최고가를 받을 수 있는 시기, 학자금 등 자금소요 시기, 수요가 많은 명절 등에 맞추기도 한다. 소 출하월령과 출하체중을 보면 우리나라는 거세우의 경우 보통 29~31개월 사육하여 700kg 정도에 출하하고 있다. 한편, 일본은 29개월 비육으로 750kg시, 미국은 16~17개월 비육하여

400～600kg시 출하하고 있다. 육계는 생산계약 출하의 경우 보통 생체중 1.5kg 기준으로 출하하고 있다.

생산농가들은 사육하고 있는 가축들의 출하시기가 되면 어느 시장에 누구에게 어떤 형태로 출하하여 높은 소득을 올릴 것인가를 고민하게 된다. 산지 가축출하시장 유형(types of livestock markets or market outlet)은 가축시장, 도매시장 · 공판장, 산지수집상, 협동조합, 계약 출하처 등이 있다. 생산농가가 특정한 시장을 선택하는 이유로는 수취가격, 편의성, 유통비용, 관행, 시장의 인맥, 신뢰성, 판매하려는 가축의 유형 등인데 이 중 단일기준은 없지만 수취가격과 편의성(운송, 판매대금 결제 등)이 가장 중요한 기준이 될 수 있다.

가축출하의 마케팅 유형(types of marketing)은 생산농가가 직접 거래하느냐 또는 전문적인 중개인을 통하느냐에 따라 직접출하와 간접출하로 나누어 진다. 생산농가는 직접출하를 선호 하기도 하지만 간접출하가 자신의 마케팅 능력을 보완하여 중개수수료 등의 간접비용을 상쇄하고도 순소득을 더 올릴 수 있다고 생각하면 간접출하를 택하게 될 것이다.

1. 가축시장

가축시장은 원래 지금도 지방에 산재하여 있는 전통 5일시장과 함께 가축거래를 위하여 자연발생적으로 오래전부터 생기기 시작 하였다. 예전에는 가축시장에서만 가축을 거래토록 하였으나 1995년부터 이 제도는 폐지 되었다. 가축시장은 축산법에 의거하여 지역축협이 개설 · 관리하고 있는데 지금은 거의 소의 거래만 이루어지고 있어 보통 우시장이라고 불린다. 가축시장은 전국적으로 그 수가 점차 줄어들고 있는 추세로 전국 81개 조합에서 86개의 가축시장을 운영하고 있다(2017.12월말 기준). 생산농가들이 가축시장에 출하하는 이유로는 인근에 있어 출하가 편리하고 가격도 괜찮게 받을 수 있다고 생각하기 때문인 것으로 알려져 있다.

가축시장에서 주요 구매자는 산지수집상, 정육업자 등이 있다. 가축시장은 거래형태에 따라 경매, 중개, 경매+중개형태로 나누어 진다. 경매는 축협직원이 담당하며, 중개는 축협직원 또는 축협에 등록된 중개인이 담당 하는데, 최근에는 전자경매 방식이 많이 늘어나고 있다. 가축시장 출하는 주로 번식농가 및 10마리 미만의 소규모 농가에서 주로 선택하고 있는데, 송아지 거래가 대부분을 차지하고 있으며, 큰 소는 도태암소와 비거세 수소, 젖소 노폐우가 대종을 이루고 있다(큰 소는 전체도축두수의 약 13% 거래). 가축시장에서 출하자와 매입자는 수수료를 부담하여야 하며 시장마다 차이가 있으나 경매수수료는 큰소 20천원～30천원, 송아지 10천원～20천원에서 형성되어 있으며, 중개수수료는 10천원～20천원 사이에

[그림 9-1] 가축시장

*자료 : 축산신문

형성되어 있다.

2. 도매시장 · 공판장

도축 후 경매하는 축산물 출하시장은 민영도매시장(4개소)과 농협공판장(8개소)이 있다. 농가가 직접 도매시장 · 공판장에 출하하거나(개별출하) 또는 조합의 계통출하(위탁사업)를 통하여 공판장에 출하하여 지육의 경매로 거래한다. 소의 도매시장 · 공판장 출하는 산지 출하물량의 50% 이상으로 높은데 그 이유는 생산농가가 안정된 가격과 더불어 상대적으로 높은 가격을 받을 수 있고, 거래처 선정 및 대금 정산의 편리성 때문이다. 그러나 돼지는 도매시장 · 공판장 출하비율이 10% 미만으로 낮은데 그 이유는 돼지고기는 등급에 의한 가격차이가 쇠고기보다 크지 않고, 대량으로 돼지를 운송해야 하는 번거로움, 정산의 지체로 불편하다고 느끼기 때문이다.

3. 가축거래상인(=산지수집상)

산지에는 가축의 매입이나 중개를 영업으로 하는 산지수집상이 존재하여 왔다. 가축거래상인은 종전의 산지수집상을 제도화한 것으로, 2012.2월 개정된 축산법에 따라 가축거래상인이 되려고 하는 자는 교육을 이수하고 관할주소지의 시장 · 군수 또는 구청장에게 등록하여야 한다. 전국의 가축거래상인은 소 636명, 돼지 54명, 닭 417명, 오리 114명이 등록 되어 있다(2018.6월 기준). 가축거래상인은 가축시장에서 경매에 직접 참여 하거나 또는 농가를 방문하여 자기 소유로 직접 도축용 소 · 돼지 등 가축을 구매하여 도축후 식육포장처리업체 등에 판매하는 경우와 구매의뢰처(식육포장처리업체, 소매업체 등)가 원하는 가축을 중개해

주고 일정액을 수수료로 수취하는 경우로 나누어 진다(이하 설명의 편의를 위해 산지수집상의 용어 사용). 산지수집상은 지역연고 기반에 따라 산지수집상(생산지 기반) 또는 산지도매상(대도시 기반)으로 구분 하기도 한다.

생산농가가 문전거래를 통한 산지수집상 출하를 선호하는 이유는 운송 등 출하가 편리하고 현금화가 유리하기 때문인 것으로 알려져 있다. 가축거래상인은 중개업 뿐만 아니라 식육포장처리업, 정육점 등 겸업형태가 많은데 최근에는 축산농가의 직접출하 비중이 증가 하고 있어 가축거래상인 숫자는 줄어들고 있다. 가축거래상인들의 가축거래 수수료는 소 1마리당 50천원, 돼지 1마리당 5천원으로 조사되었다.

닭 산지수집상은 양축농가로부터 닭을 매입하여 직접 임도계하거나 계열주체에 생계로 판매한다. 닭 산지수집상은 양계농가의 초생추(햇병아리) 입추 및 육계 출하시기를 정확히 알고 있어야 거래가 가능하기 때문에 주로 현지에 연고를 두고 영업을 하고 있다. 닭 산지수집상은 산지중개 및 수집과 더불어 최근에는 생산단계에서의 부분적인 계열화를 시도하고 있어 유사 인티(유사 계열업자, 제13장 참조)라고 불리기도 한다. 계란의 경우에는 산지수집상들이 양계농가와 대부분 구두로 거래계약을 체결하고 1~3일 간격으로 자기 차량을 이용하여 농장을 방문하여 계란을 수집한다.

4. 협동조합 계통출하

협동조합을 통한 계통출하는 조합원인 생산농가가 지역농 · 축협을 통하여 가축을 판매하는 것이다. 조합원 농가들의 계통출하는 공동판매로 수취가격이 유리하고 협동조합에 대한 신뢰 때문인 것으로 알려져 있다. 협동조합 출하는 조합의 수탁사업에 의한 것과 매취사업에 의한 것이 있다(제12장 참조). 수탁사업에 의한 출하는 조합원이 출하한 생축을 공판장에 상장시킨 후 정산하거나 육가공업체 등과 거래를 중개해 주는 경우로 나누어 진다. 매취사업에 의한 출하는 조합이 조합원의 생축을 직접 구매 · 도축하여 판매한다. 협동조합의 계열화 사업 또는 브랜드 사업에 참여하는 경우는 조합원들의 사전 명시적인 계약이 필요치 않은 일반적인 계통출하와 달리 사전 계약이 필요하다.

5. 계약출하(계열업체, 식육포장처리업체, 대형유통업체 등)

계약출하는 사전에 출하처와 가격, 출하물량과 품질 등에 관한 계약을 하고 가축을 사육한 후 출하 하는 것이다. 생산농가가 계약출하 하는 것은 판매처와 수취가격이 안정적이고 신뢰가 있기 때문인 것으로 알려져 있다. 육계, 오리 등은 대부분이 민간 계열화업체와 계약

출하하는 형태로 생산자는 사육만 하고 수수료를 받는 위탁사육형태(제13장 참조)가 대종이고, 돼지는 사육농가가 식육포장처리업체와 직접 계약을 맺고 출하하는 형태가 대종을 이루고 있다. 최근에는 농가가 대형할인점, SSM 등의 소매업체와 직거래 하는 비중도 늘어나고 있다(제11장 참조).

제3절 산지가격의 형성 메커니즘

축산물의 산지가격은 가축 생산농가가 산지에서 수취하는 가격을 말한다. 산지가격의 형성은 농가가 어느 시장에 출하 하느냐에 따라 달라진다. 축종별로 출하처에 따른 산지가격 형성 메커니즘을 살펴보자.

1. 소

소의 산지출하에는 ①도매시장 · 공판장에 출하하는 경매출하 ②가축시장, 문전거래(유통업체, 산지수집상 등 대상) 등의 직매출하가 있다. 조합 계통출하에 의한 경매출하의 경우 도체 경락가격에서 조합원에게 제비용(평균적으로 소 1마리당 경락가격의 4.5% 수준, 2017년)을 공제한 판매대금을 출하 조합원에게 지급한다. 제비용은 운송비용, 도살처리수수료, 검사수수료, 등급판정수수료, 위탁수수료, 자조금, 계통출하수수료(경락가격의 0.2~0.3%) 등을 합한 금액이다. 직매출하의 경우 생축거래가 이루어지고 있으며 가격정산방식은 생체중량정산과 도체 등급별정산이 있다. 생체 중량정산은 구입자(유통업체, 산지수집상, 조합 등)와 생산농가 간에 우시장 및 도매시장 경락가격, 지육률 등을 감안한 생체 kg당 협상가격으로 거래한다. 도체 등급별정산은 주로 조합의 브랜드 사업 등에 의한 정산 방식으로 도매시장 경락가격(예 : 출하 5일전 도매시장 평균가격)을 기준으로 생축을 매입하여 도축장에서 등급판정 결과, 도체중량 등을 감안하여 정산한다. 예를 들면 등급판정 결과 1^+등급은 매입금액의 2%, 1^{++}등급은 3%의 가산금을 지급하고, 2등급 이하 또는 육량등급 B, C에 해당될 경우 300~500원/kg을 차감하고 정산하기도 한다.

2. 돼지

돼지의 산지출하에는 ①도매시장 · 공판장에 출하하는 경매출하 ②농가가 직접 식육포장처리업체 등에게 출하하는 직매출하가 있다. 조합계통출하에 의한 경매출하는 소와 마찬가지로 조합은 경락가격에서 제경비(평균적으로 돼지 1마리당 경락가격의 7.2% 수준, 2017년)를 공제하여 농가에게 지급한다. 돼지의 경우 계통출하수수료율은 보통 경락가격의 0.1~0.3%이며, 두당 600원~1,000원을 수취하는 조합도 있다. 직매출하의 경우 생체 지급률정산과 도체 등급별정산이 있다. 생체 지급률 정산은 산지 돼지 출하의 대종을 이루는 것으로서 생체중에 지급률(보통 생체중에 70%를 기준으로 가감)을 곱하여 얻은 지육중량에 단위당 도매시장 도체 경락가격을 곱하여 책정된다. 도체 등급별정산은 주로 양돈조합의 계열화 사업에 참여한 농가와 유통계약에 의한 가격정산방식으로서 보통 도축후 등급별 도매시장 평균 경락가격을 적용하되 등급에 따라 인센티브와 패널티를 가감하기도 한다. 이 경우 도매시장 도체경락가격은 대부분 전국평균을 적용 하지만, 지역평균을 적용 하기도 하며, 그 기간도 주간평균이 제일 많고 당일평균 적용도 있다.

3. 육계

육계의 산지출하에는 ①양계농가가 육계계열화업체와 계약을 맺고 출하하는 계열화출하 ②양계농가에서 직접 생산하여 가축거래상인을 통해 거래하거나 식육포장처리업체에게 직접 출하하는 일반출하가 있다. 이처럼 육계의 산지가격은 출하물량의 90% 이상이 계열화업체가 위탁사육농가에게 수수료를 주는 형태이기 때문에 출하물량 중 10% 미만에 대해서만 형성된다. 육계 산지가격은 관행상 대한양계협회의 고시가격이 거래의 기준이 되고 있다. 대한양계협회가 고시하는 가격은 계열화업체를 제외한 유통 및 유사계열업체를 지역별(경기 2, 충남 2, 전북 2)로 10개소에서 산지 양계농가로부터 생계를 매입하는 가격을 매일 조사하여 발표하는 것이다. 실제 산지 거래가격은 보통 고시가격에서 할인된 가격으로 결정된다. 한국육계협회에서도 계열화업체를 대상으로 생산비와 운반비를 포함한 kg당 가격을 조사하여 발표하고 있다. 오리의 산지가격 형성은 육계와 거의 유사하다.

4. 계란

계란의 산지 출하에는 ①식용란수집판매업체 출하(GP 센터+비GP센터) ②OEM생산 방식을 통해 출하하는 식품유통업체 출하 ③양축농가에서 자체브랜드로 직접 출하하는 소매처 직접출하가 있다. GP센터(Grading&Packing Center)는 양계조합, 협력농장을 보유한 영농조합법인, 자체 선별포장설비 및 공간 등을 확보한 개별 생산농장이 계란을 수집해 선별 ·

포장과 등급판정 기능을 보유하여 대량 도매하는 집하장이다. GP센터가 없는 식용란수집 판매업체(산지수집상)는 농가를 방문하여 계란을 수집하거나 GP센터로부터 계란을 구매하여 도 · 소매 한다. 식품유통업체는 계란브랜드업체(CJ, 풀무원, 오뚜기, 농협안심계란//대형마트, SSM 등 PB 브랜드)이다. 양계조합 및 영농조합법인GP센터는 농가로부터 계란을 수거하여 선별 · 판매한 후 수수료를 공제하여 정산한다. 계란 생산농가(개별농장GP센터 포함)와 산지수집상 또는 도매상과의 가격정산방식은 이들이 농가를 방문하여 계란가격이 결정되지 않은 상태에서 계란을 우선 가져가고 보통 월말에 결정된 가격으로 정산을 하는 소위 후장기(선판매-후결제) 거래가 이루어 진다. 이 때 가격정산은 대한양계협회가 발표하는 고시가격에서 할인(DC)되는 가격으로 이루어진다. 대한양계협회는 지역별(수도권, 호남권, 영남권)로 5농가 내외로 주 2회 산지가격을 조사한다. 계란의 할인가격, 후장기 거래는 산지에서 오래된 관행으로서 산지수집상 등은 생산농가와 전량거래를 하고 있어 재고처리, 비선호란 판매 등 부담해야 하는 부분이 크기 때문에 필요하다고 하는 반면 생산농가들은 출하시 가격을 결정하여 수취하는 방식을 원한다. 농가와 식품유통업체와의 거래는 15일 또는 월단위로 공급방식 설정 및 계약을 맺고, 이 기간동안 직간접 비용을 반영한 상호간의 협상 고정가격으로 정산한다.

5. 우유

우유의 산지출하에는 ①낙농진흥회 ②가공조합 ③유업체 ④(비가공)조합 출하가 있다. 우유의 산지가격은 수요와 공급의 원리에 의해 결정되는 여타 축산물과는 다른 메커니즘으로 형성되는데 그것은 우유의 특성 때문이다. 우유는 매일 생산되지만 빨리 부패하여 매일 출하해야 되기 때문에 낙농가의 가격 협상력이 아주 약하고, 젖소의 산유량은 기온의 영향을 크게 받아 계절적으로 과소, 과잉 물량이 생긴다. 이 때문에 미국 · 유럽 등 대부분의 낙농 선진국에서는 생산농가들이 협동조합 중심으로 우유의 가격을 통제하고 있으며, 그렇지 않은 나라에서는 정부가 우유 가격결정에 개입해 왔다. 우리나라도 1960년대에는 원유가격을 정부가 정하여 고시하였으나, 1990년대말 정부 고시제도가 폐지되고, '낙농진흥법'에 의해 설립된 낙농진흥회가 농가로부터 구매하는 가격을 가공조합, 유업체 등이 따라가고 있다. 낙농진흥회가 농가로부터 구매하는 가격은 농협중앙회, 낙농관련단체(생산자단체와 유가공관련 단체) 등으로 구성되는 이사회에서 결정된다. 원유가격 산정체계는 원유 기본가격에 더하여 유지방 및 유단백질 함량과 위생등급(체세포수, 세균수)에 따라 인센티브 및 패널티를 받는 것으로 되어 있다. 2002년부터는 원유 생산량 과잉을 조정하기 위하여 잉여원유

차등가격제, 이른바 원유 쿼터제를 실시하여 쿼터량 이상의 초과 생산분은 국제가격 수준의 낮은 가격으로 정산하게 되었다. 그리고 2011년부터는 전년도 원유 기본가격에 통계청이 발표한 우유생산비와 소비자 물가상승률을 반영해 미리 정해둔 공식에 따라 해마다 쿼터량에 대한 원유 기본가격을 조정하는 원유가격연동제를 실시하고 있다.

이와 같이 산지 가격형성의 메커니즘은 우유 이외에는 크게 생축거래와 도축 후 지육거래로 구분되고 가격정산방식은 도매시장 경락가격 또는 관련단체의 고시가격 등의 시장기본가격(base price)을 적용 하느냐(시장기본가격을 사전에 정한 공식에 대입하여 산출한 가격을 formula price라고도 함), 서로 거래조건을 주고 받는 협상가격(negotiated price)을 적용하느냐로 구분된다. 여기서 시장기본가격을 적용 하는 것은 가격 협상에 들어가는 시간과 인력을 최소화 하여 효율성을 높이지만, 수요자와 공급자가 경쟁적일 만큼 충분하지 못하면 그 공정성에서 자유롭지 못하다.

■ **표 9-7** 축종별 산지가격 형성 유형

<table>
<tr><th></th><th colspan="2">출하 유형</th><th>가격 정산방식(농가수취가격)</th></tr>
<tr><td rowspan="3">소</td><td colspan="2">경매 출하(54.2%)</td><td>• 도축 후 지육의 도매시장 경락가격–제비용
* 제비용 : 운송비용+도살처리수수료+검사비용+등급판정비용+자조금+위탁수수료+계통출하수수료</td></tr>
<tr><td rowspan="2">직매 출하
(45.8%)</td><td>생체 중량
정산(22.6%)</td><td>• 생체중 ×단위당(kg당) 협상가격</td></tr>
<tr><td>도체 등급별
정산(23.2%)</td><td>• 도매시장 평균 경락가격(kg당) ±α(등급별 인센티브/패널티)</td></tr>
<tr><td rowspan="3">돼지</td><td colspan="2">경매 출하(8.4%)</td><td>• 도축 후 지육의 도매시장 경락가격–제비용
* 제비용 : 운송비용+도살처리수수료+검사비용+등급판정비용+자조금+위탁수수료+계통출하수수료</td></tr>
<tr><td rowspan="2">직매 출하
(91.6%)</td><td>생체 지급률
정산(70.4%)</td><td>• 생체중×지급률(0.7 전후)×도매시장 평균 경락가격(kg당)</td></tr>
<tr><td>도체 등급별
정산(21.2%)</td><td>• 도매시장 평균 경락가격(kg당) ±α(등급별 인센티브/패널티)</td></tr>
<tr><td rowspan="2">육계</td><td colspan="2">일반 출하(5.9%)</td><td>• 양계협회 고시가격 – α(할인)</td></tr>
<tr><td colspan="2">계열화 출하(94.1%)</td><td>• 계약에 의거한 사육수수료 수취</td></tr>
<tr><td rowspan="4">계란</td><td rowspan="2">식용란
수집판매
업체(73.6%)</td><td>GP센터(63.3%)</td><td rowspan="2">• 양계협회 고시가격 – α(할인)
* 월말 정산(후장기 거래)
• 단, 양계조합·영농조합법인 GP센터 : 위탁판매액–수수료</td></tr>
<tr><td>비GP센터(10.3%)</td></tr>
<tr><td colspan="2">식품유통업체(17.9%)</td><td rowspan="2">• 상호 협상 고정가격(15일 또는 월단위)</td></tr>
<tr><td colspan="2">소비처 직접출하(8.5%)</td></tr>
<tr><td>우유</td><td colspan="2">낙농진흥회(24%), 가공조합(38%), 유업체(30%), 조합(8%) 출하</td><td>• 원유 기본가격 ±α(유성분등급, 위생등급)
* 원유가격연동제에 의해 원유기본가격 결정</td></tr>
</table>

■ 참고문헌 ■

- 국립축산과학원(www.nias.go.kr) 〉 축산소식 〉 축산경영 〉 축산경영 및 최신동향 분석 〉 주요 국가별 한우/젖소/양돈/육계 생산비 비교
- 김강식 외(2006), 가축 유통실태 조사 및 개선방안, 한국육류유통수출입협회
- 농촌진흥청(2015), 농업경영관리길잡이 한우/양돈/육계/오리 각권
- 대한한돈협회 홈페이지(www.koreapork.or.kr)
- 류제창 외(2012), 축산경영학, 선진문화사
- 우병준 외(2008), 오리, 꿀벌, 산양 및 사슴산업의 현황과 발전방안, 한국농촌경제연구원
- 이정환 외(2017), "한우 일관사육구조의 진실", GS&J
- 전국한우협회 홈페이지(www.ihanwoo.org)
- 지인배 외(2016), 낙농산업 구조개선 방안 연구, 한국농촌경제연구원
- 지인배 외(2014), 축산업의 후방연관산업 구조와 발전방안, 한국농촌경제연구원
- 한국낙농육우협회 홈페이지(www.naknong.or.kr)
- 한국양봉농협 홈페이지(www.yangbongnh.com)
- 한국양봉협회 홈페이지(www.korapis.or.kr)
- 한국오리협회 홈페이지(www.koreaduck.org)
- 한재환(2014), 세계 및 국내 양봉산업 동향, 세계 농업, 한국농촌경제연구원
- 환경부(www.me.go.kr) 〉 법령정책 〉 물관리정책 〉 2015년도 기준 가축분뇨처리통계
- BA플러스(2014), 2014전국 한돈농가 경영실태조사, 양돈자조금/대한한돈협회
- 日本食肉消費總合センター(www.jimi.or.jp) 〉 食肉大圖鑑 〉 食肉基本情報
- 日本食肉消費總合センター, 『食肉のすべてがわかるQ&A—教えて！ 食肉の流通・加工』, 2014, 『食肉のすべてがわかるQ&A−教えて! 日本の畜産』, 2015
- J. H. McCoy and M. E. Sarhan(1988), Livestock and Meat Marketing, An avi Book
- Stewart Hampton Fowler(1961), The Marketing of Livestock and Meat, the Interstate Printers & Publishers
- W. Lesser(1991), Marketing Livestock and Meat in the U.S., Food Products Press

제 10 장 도매단계

가축이 생산농장으로부터 출하되면 도축장으로 운반되어 도축된 후 분할 · 정형 되어 최종 소비자에게로 이전 되어야 그 경제적 가치를 달성하는 것이 된다. 만약 생산농가가 최종 소비자를 탐색한다면 부패하기 쉬운 축산물을 시의 적절하게 공급하기가 불가능할 것이다. 최근에는 냉장기술이 놀랄만하게 발전 되었지만 그럼에도 불구하고 냉장육도 며칠 안으로 소비자 손에 도달 되어야만 한다. 도축장과 소비자 사이에는 이동되어야 할 축산물의 량이 방대하고 거리가 멀 뿐만 아니라 축산물은 부패하기 쉽다. 따라서 중간에서 가축의 소유권을 이전받아 축산물을 부패되지 않게 보관 · 운송을 하면서 유통 하류단계로 이전시켜 최종적으로 소비자의 손에 도달하게 할 수 있는 중간단계가 필요한데 이러한 역할을 하는 주체가 도매상 및 소매상이다. 이 중 도매단계는 지육 또는 부분육으로 거래되는 단계이다. 이 장에서는 축산물 유통 도매단계로 축산물 유통을 위해서 반드시 거쳐야 하는 도축장(이 중에는 상장경매로 도매가 이루어지는 공판장 · 도매시장이 있음)과 지육을 분할 · 가공하여 소매점에 공급하는 식육포장처리업, 그리고 도매가격이 형성되는 메커니즘을 다루었다.

제 1 절 도매업의 정의와 도매업 구조

소매업이 최종소비자와 직접적으로 거래하는데 비하여, 도매업은 최종소비자와는 거래하지 않거나 아주 제한된 거래만을 하면서 생산자 또는 생산업체와 소매업 사이에서의 무수히 많은 전문화된 활동 또는 행위를 말한다. 도매업에 종사하는 사람이나 조직을 도매상이라고 하는데 활동범위가 복잡하고 다양하여 부르는 명칭도 도매상, 총판, 중개상, 중간유통상, 벤더업체, 대리점 등으로 매우 다양하다. 축산물 유통에 있어서 도매상의 역할을 들어보자. 첫째, 생산자를 위한 역할이다. 도매상은 축산물 생산에 관여하지 않으면서 생산자를 대신하여 생산된 축산물에 분할 · 발골 · 정형 등의 활동을 부가하여 시장을 확대하고 생산자의 판매비용을 절감하며, 생산자의 과다한 재고 보유에 따른 재고부담 완화 역할을 한다. 둘째, 소매상을 위한 역할이다. 분할 · 발골 · 정형 등의 활동을 부가하여 다양한 상품구색과 소량 단위 판매를 하고, 축산물을 보관 · 운반하여 소매점에 공급함으로써 물류비용을 절감하고, 소매상에게 신용제공(외상판매)과 컨설팅 서비스를 제공한다. 미국에서는 패커가 가축을 구입하여 도축 · 가공하여 박스육 형태로 슈퍼마켓 등 소매점들과 직접거래를 하고 있어 전통적인 도매상 수는 점차 축소되고 틈새시장에 특화된 도매업자들만 살아남게 되었다. 그러나 패커가 발달하지 못한 우리나라의 경우는 축산물 유통에서 전통적인 도매상이 차지하는 비중이 여전히 크다.

축산물 유통경로에서 도매상 기능을 담당하는 유통기관들을 살펴보자. 소, 돼지의 경우 우선 1차 도매상으로 도매시장에서 상장된 지육을 입찰하여 구매하는 도매시장 중도매인(제3절 참조)이 있다. 2차 도매상으로 ①생산농가로부터 생축을 구매하여 도축후 또는 도매시장 중도매인 등으로부터 지육을 구매하여 정육점, 음식점 및 단체급식소 등에 공급하는 절대다수의 중소 식육포장처리업체(단, 식육포장처리업체가 모두 도매기능을 하는 것은 아님) ②생산농가와의 계약 또는 도매시장 중도매인 등으로부터 지육을 구매한 후 외식업 및 단체급식소 등에 공급하는 식자재업체(제11장 참조) ③식육포장처리업체 등에서 부분육을 구매하여 변형처리 하지 않고 소매업체 등에 공급하는 중간(개인)도매상 ④대형마트, 대형 외식업체, 대형 식자재업체 등에서 의뢰받아 농축산물을 확보하여 납품하는 벤더(vendor) 등이 있다. 기업의 계열화 수준이 높은 닭고기, 오리고기의 경우에는 계열업체가 직접 도매상 역할을 하기도 하고 계열업체의 전속 대리점이 도매상 역할을 하기도 한다. 계란의 경우에는 GP센터, 산지수집상/도매상 등이 도매상 역할을 하고 있고, 우유의 경우에는 제조업체 대리점, 벤더 등이 도매상 역할을 하고 있다. 또한 이들 유통기관들은 도매업뿐만 아니라 소매업도 같이 하는 경우도 많다.

제 2 절 도축

소, 돼지, 닭 등의 축산물이 유통되기 위해서는 반드시 일정한 시설을 갖춘 도축장(slaughtering plant)을 거쳐야 한다. 현행 축산법규상 도축장은 계류사 · 생체검사실 · 작업실 · 소독실 · 격리사 · 폐수처리시설 · 폐기물처리시설 · 가축수송차량의 세척 및 소독시설 등을 구비하게 되어 있으며, 작업실에는 도살실 · 내장처리실 · 원피처리실 등을 갖추도록 되어 있다.

그 이유는 도축장에서 가축질병이나 유해한 성분이 없는 축산물의 위생상태를 확보하여 소비에 안전하고 건전하다는 것을 확신시키기 위해서이다. 우리나라 도축장은 미국의 패커와는 달리 도축을 의뢰받아 도축해주고 수수료를 받는 임도축 위주로 출발하였다. 도축과 경매의 기능을 모두 가지고 있는 도축장에서 경매에 상장하기 위해 이루어지는 도축을 '상장도축'이라고 하고 일반도축장에서 일정한 값을 받고 이루어지는 도축을 '임도축'이라고 한다.

도축장은 크게 소 · 돼지 병행 도축장 및 소 또는 돼지 전용도축장과 가금류는 닭(도계장)과 오리(도압장)가 별도로 운영되고 있다. 우리나라의 도축장은 1970년대 515개에 이르렀으나 도축장 정비사업의 추진으로 꾸준히 감소하여 2017년 6월말 기준 74개소(이 중 가동 70개소)로 줄었다. 그러나, 도축장시설은 도축규모에 비해 과잉상태로 소 도축장 가동률은 40.7%, 돼지 도축장 가동률은 62.2%의 낮은 가동율을 보이고 있다(한국농촌경제연구원, 2014년 기준). 정부는 1990년대 말 임도축 중심의 도축체계를 도축장이 계열화 또는 계약생산으로 안정적인 원료를 확보하고 도축과 가공, 판매, 수출까지 담당하는 축산물종합처리장(LPC) 중심의 유통체계, 즉 미국의 패커형태 방식으로 전환을 추진한 적이 있었다. 그러나 LPC 사업주체들이 기존의 임도축업자들이 주류를 이루면서 시설은 현대화 되었으나, 자기물량 확보에 소홀해 지고 결국 LPC사업은 다시 임도축 중심으로 머물게 되었다.

참고로 고기용으로 도축되는 한육우는 성별 및 2차 성특성(sex condition and secondary sexual characteristics)에 따라 거세우(이른 송아지 시기에 생식기능을 없앤 숫소, steer or ox), 미경산우(송아지를 낳지 않은 암소, heifer), 경산우(번식용으로 사육되고 있었지만 고령 등의 이유로 고기용으로 전환되는 소, cow), 비거세우(bull) 등으로 분류된다. 고기용으로 도축되는 돼지는 거세돈(barrow), 미경산돈(gilt), 번식용으로 사육하는 경산돈(sow), 비거세돈(boar) 등으로 분류된다.

1. 소 · 돼지

전국 70개 도축장 중 소 · 돼지 병행도축장은 61개소이며, 돼지전용 8개소, 소 전용 1개소이다. 도축장은 설립주체 및 기능에 따라서 ①생산자단체(농협중앙회 및 회원조합)가 개설 · 운영하고 도축 후 경매 · 입찰하는 축산물공판장 8개소(농협음성, 농협부천, 농협고령, 농협나주, 김해축공, 부경축공, 제주축협, 도드람) ②민간이 운영하며 도축 후 생산된 육류를 경매 · 입찰 방법으로 도매하는 축산물도매시장 4개소(협신식품, 삼성식품, 축림, 신흥산업) ③중소규모 지방도축장으로 임도축을 주로 하는 일반도축장 58개소로 구분한다. 이외에 때로는 축산물종합처리장(LPC)을 별도 구분하기도 한다.

■ 표 10-1 소 10대 도축장(2017)

	도 축 장	도축마리수(마리)	비율(%)
1	농협음성	129,628	14.8
2	농협부천	77,762	8.9
3	도 드 람	70,471	8.1
4	부 경 축 공	64,957	7.4
5	협신식품	59,835	6.9
6	김해축공	53,804	6.2
7	농협고령	45,325	5.2
8	농 협 나 주	34,633	4.0
9	홍주 미트	15,390	1.8
10	팜스토리 한냉	15,190	1.7
	소 계	566,995	64.9

○ 농협중앙회계열(32.9%) : 농협부천(8.9%), 농협음성(14.8%), 농협고령(5.2%), 농협나주(4.0%)
○ 회원조합계열(22.6%) : 제주축협(0.6%), 도드람(8.1%), 김해축공(6.2%), 부경축공(7.4%), 구미칠곡농협(0.3%)
○ 이지계열(2.9%) : 팜스토리(1.7%), 강원LPC(1.2%)
*자료: 농림축산검역본부(http://www.qia.go.kr) 〉 동물검역 〉 농장도축관리 〉 2017 도축실적

도축장 유형별 도축물량을 살펴보면, 소는 계통출하를 통한 공판장 도축비중이 높으며, 돼지는 일반도축장을 통한 도축비중이 높다. 소의 경우 공판장을 통한 도축비중이 55.2%(이 중 중앙회 공판장 비중 32.9%p)이며, 도매시장 10.8%, 일반도축장 34.0%였으며, 돼지의 경우는 공판장을 이용한 도축 비중이 16.8%, 도매시장 6.5%, 일반도축장 76.7%였다. 또한 소는 공판장, 돼지는 일반도축장의 비중이 계속 높아지고 있다. 도축산업의 시장집중도를 나타내는 CR4(상위 4개 기업의 시장점유율), CR10(상위 10개 기업의 시장점유율)을 살펴보면, 도축장 단위로 소는 CR4가 39.2%, CR10가 64.9%를 점하고 있는데 해마다 집중도가 심화되는 경향을 보이고 있다. 돼지의 경우 CR4가 14.5%, CR10가 29.0%로 소에 비해 집중도가 낮고 해마다 집중도도 낮아지는 경향을 보이고 있다.

소 도축비중을 주체별로 보면, 농협계열이 55.5%(중앙회계열 32.9% + 회원조합계열 22.6%), 이지계열 2.9%로 농협계열 비중이 절대적이다. 돼지 도축은 농협계열 23.0%, 이지계열 5.4%, 하림계열 2.1%를 차지하고 있는데, 농협계열은 중앙회계열의 공판장이 소 도축에 치중해 있으나 회원조합계열의 돼지도축 비중은 16.5%로 소에 비해 크게 떨어지지 않는다.

소 · 돼지의 도축 제비용은 지역별, 작업장별, 성별에 따라 차이가 있는데 평균 도축 제비용은 소 1마리당 약 263,850원(도살처리수수료 118,017원), 돼지 1마리당 약 25,994원(도살처리수수료 17,003원) 정도로 조사되었다(축산물품질평가원, 2017년 기준). 제비용은 도살처리수수료, 등급판정수수료, 검사수수료, 자조금, 상장수수료 등이다. 도축장의 도살처리

■ 표 10-2 돼지 10대 도축장(2017)

	도 축 장	도축마리수(마리)	비율(%)
1	제주축협	858,065	4.6
2	도드람	657,670	3.5
3	팜스토리 한냉	630.563	3.4
4	논산계룡축협	563,653	3.0
5	영남	527,069	2.8
6	김해축공	474,962	2.5
7	대성실업	452,191	2.4
8	홍주미트	446,128	2.4
9	김제목우촌	422,308	2.3
10	사조	399.415	2.1
	소 계	5,432,024	29.0

o 농협중앙회계열(6.5%): 농협고령(1.3%), 농협부천(0.8%), 농협음성(1.1%), 농협나주(1.0%), 김제목우촌(2.3%)
o 회원조합계열(16.5%) : 제주축협(4.6%), 도드람(3.5%), 논산계룡축협(3.0%), 김해축공(2.5%), 부경축공(2.0%), 구미칠곡농협(0.9%)
o 이지계열(5.4%) : 팜스토리 한냉(3.4%), 강원LPC(2.0%)
o 하림계열(2.1%) : 팜스코(2.1%)
*자료: 농림축산검역본부(http://www.qia.go.kr) 〉 동물검역 〉 농장도축관리 〉 2017 도축실적

수수료 정산 방법은 소는 현금(카드)거래 71.0%, 부산물 대납정산 24.0%로 나타났으며 돼지는 현금(카드)거래 48.0%, 부산물 대납정산 49.0%로 나타났다. 참고로, 2010년 일본의 도축장 수는 198개소로서 식육도매시장(소비지 인근에 소재하여 도축후 경매가 이루어 짐) 27개소, 식육센터(산지에 소재하여 도축부터 부분육 처리까지 일관적으로 수행, 지자체 및 생산자단체 운영) 73개소, 기타도축장 98개소이다.

2. 닭 · 오리

전국 도계장은 46개소로 이중 40개소(닭 · 오리 병행 6개소 포함)가 운영중이며 이 중 15개소는 6대 계열화업체의 도계장이다(2017.6월말 현재). 도계장에는 계류장 · 도살방혈실 · 작업실 · 검사시험실 · 가축수송차량 · 세척소독시설 등을 갖추어야 한다. 도계장은 생계 계량기, 깃털 제거를 위한 탕적기와 탈모기, 내장적출을 위한 대퇴 자동발골기, 자동계량포장기와 냉장고 등 시설장비 비용이 많이 들고 용도가 특수해서 가동율이 낮을 경우 경영상의 문제가 발생할 수 있어 도계물량 확보를 위해 계열화가 유리한 점이 있다. 도계장 단위의 시장 집중도는 CR4는 40.4%, CR10은 72.0%로 집중도가 매우 높다. 계열화 주체별로 보면 하림계열 34.1%, 동우계열 17.3%, 이지바이오 계열 11.2%, 체리부로계열 8.4%, 사조계열 5.6%이고 농협계열은 목우촌이 유일한데 3.0%에 그치고 있다. 도계 수수료는 도계장마다

■ 표 10-3 육계 10대 도계장(2017)

	도 계 장	도계마리수(마리)	비율(%)
1	하림	111,732,853	13.3
2	올품	79,776,337	9.5
3	참프레	76,881,923	9.2
4	하림 정읍공장	69,917,115	8.4
5	동우	68,166,389	8.1
6	체리부로	62,298,921	7.4
7	마니커 동두천지점	43,215,678	5.2
8	씨에스코리아	38,194,335	4.6
9	마니커 천안지점	28,050,153	3.4
10	농협목우촌	25,191,755	3.0
	소 계	603,425,459	72.0

○ 농협중앙회계열(3.0%) : 농협목우촌(3.0%)
○ 하림계열(34.1%) : 하림(13.3%), 올품(9.5%), 하림 정읍공장(8.4%), 한강CM(2.9%)
○ 동우계열 (17.3%) : 동우(8.1%), 참프레(9.2%)
○ 이지바이오계열(11.2%) : 마니커동두천지점(5.2%), 마니커충주지점(2.6%), 마니커천안지점(3.4%)
○ 체리부로 (8.4%) : 체리부로(6.5%), 체리부로금계지점(2.4%),
○ 사조계열 (5.6%) : 사조화인코리아순동(1.4%), 사조화인코리아나주공장(2.4%), 사조화인코리아(1.8%)
*자료: 농림축산검역본부(http://www.qia.go.kr) 〉 동물검역 〉 농장도축관리 〉 2017 도축실적

차이가 있으나 육계 기준으로 마리당 400~500원 수준이다. 도계장의 도계육은 통닭(whole fresh chickens), 부분육(fresh chicken pieces)으로 구분되어 유통된다.

제 3 절 도매시장과 경매

소, 돼지의 지육(carcass)경매가 이루어 지는 도매시장은 개설자에 따라 민영 도매시장과 농협중앙회와 그 회원조합이 개설 · 운영하는 공판장이 있다. 도매시장의 기능은 가축의 수집, 축산물의 분산, 수급을 반영한 신속하고 공정한 가격형성, 대금결제, 정보전달 등이다. 도매시장 · 공판장의 주요 역할자는 다음과 같다.

- **도매시장법인** : 도매시장 개설자로부터 지정을 받아 도축된 축산물의 경매를 주관하여 중도매인 또는 매매참가인에게 도매하거나 이를 매수하여 도매하는 법인을 말한다. 도매시장법인은 출하자로부터 일정의 위탁수수료(규정상 거래금액의 2% 이내 ; 보통 1.5%~1.6%)를 수취한다. 농산물 공영도매시장과는 달리 민영 도매시장인 축산물 도매

도축산업 발전방안

(1) 도축장의 구조조정

현재 도축장은 자체물량 보다는 도축수수료를 받고 도축해 주는 임도축에 의존해 있음으로 낮은 부가가치 창출과 도축주체와 축주의 분리로 도축장 위생수준의 저하, 가동율 저하 등의 문제를 안고 있다. 따라서 도축장의 구조조정을 통하여 도축장 가동율을 높이고 영업수지를 개선하여 도축장의 위생시설 재투자로 고효율, 저비용, 위생적 구조를 갖추어 나가야 한다. 정부는 도축장 구조조정법을 통해 2009년부터 2014년까지 폐업을 지원하여 총 30개 업체가 구조조정 되었는데 정부는 현재 70여 개의 도축장을 36개 정도로 통폐합할 계획이다. 도축장 구조조정은 단순한 통폐합이 아니고 규모가 있고 시설이 현대화된 도축장 위주로 지역거점 도축장이 정착 되어야 하고 중소규모 도축장은 그 틈새를 활용한 지역특화 도축장으로 활동하는 체제가 바람직 하다. 또한 거점도축장은 자체물량을 확보하여 가공 · 판매하는 계열화 체계를 점진적으로 갖추어 나가 패커 시스템으로 육성 하여야 한다. 도축장의 자체 도축물량은 소는 4.3%에 불과하고, 돼지는 양돈계열화의 진전으로 19.3%로 비교적 높다.

(2) 도축장내 도축 · 가공의 원스톱 서비스화 추진

거점 도축장 중심으로 도축장 내의 가공시설을 확충하여 도축작업장 내에서 도축–가공–부산물 처리가 외부 노출없이 원스톱으로 이루어 지도록 하여 도축장 경영효율을 높이고 부분육 유통을 활성화 시켜 축산물에 대한 안전성을 높여야 한다. 도축장 작업장 내에 가공시설이 있는 작업장은 70%가 넘지만 실제 가공되는 물량 비중은 한우 27.5%, 돼지 29.6%에 불과한 것으로 나타났다. 참고로 일본의 도축장으로부터 반출되는 부분육 유통비중은 화우 57.1%, 돼지 73.7%이다(일본식육유통센터, 2014식육유통실태조사사업 보고서).

시장과 공판장은 그 개설자가 도매시장법인 기능을 담당한다. 도매시장법인의 기능은 경매 주관 및 정산, 선대자금 및 외상(금융) 제공, 경매 결과의 보고 및 전파(유통정보 제공) 등이다.

- **중도매인** : 개설자의 허가 또는 지정을 받아 일정액의 보증금을 납부하고 경매에 참여하여 낙찰받아 구입하고 마진을 붙여 소매상에게 판매하거나 거래처(대형유통업체, 1 · 2차육가공업체 등)가 요구하는 품질의 지육을 낙찰을 받아 공급하고 중개수수료(규정상 거래금액의 4% 이내 ; 보통 2% 이내)를 받는 중개 기능을 하기도 한다. 매매중개수수료 보다는 직접 구입하여 판매하는 판매마진에 의하여 수익을 실현하는 비중이 훨씬 크다.
- **매매참가인** : 개설자에게 신고하고 중도매인과 함께 경매에 참여하여 축산물을 구입하는 식육포장처리업체, 대형유통업체, 대량수요자(외식업체 등) 등의 실수요자를 말한다.

도매시장 · 공판장의 경매는 전자경매 시스템을 도입해 공정한 경쟁이 이루어지도록 하고 있으며, 경매 진행내역을 실시간으로 확인할 수 있도록 하고 있다. 산지 출하된 소 중에서 도매시장 · 공판장 상장비율은 1998년 19.8%로부터 2017년 54.2%로 증가하였는데 계속 늘어나고 있다. 반면, 돼지의 상장 비율은 1998년에 34.8%였으나 2003년 이후 20% 이하로 떨어졌으며 2017년에는 8.4%로 계속 떨어지고 있어 그 가격의 대표성에 의문이 제기되는 이른바 '엷은 시장(thin market)'의 문제가 있다.

한편, 닭고기, 계란의 경우에는 공식적인 도매시장이 존재하지 않는다. 따라서 계란 도매가격 형성 과정이 불투명하고, 계란의 세척, 안전성 검사, 선별 등이 제대로 이루어지지 않고 유통과정의 추적이 어렵다는 지적이 계속되고 있어 도매시장 역할을 하는 광역GP센터의 필요성이 제기되고 있다.

[그림 10-1] 축산물 도매시장 경매광경

*자료 : 농민신문

패커(packer)의 유래와 연혁

패커란 엄격히 말하면, 가축을 도축하여 육류로 가공하거나 보존 처리하는 도축업자(slaughterer)를 말한다(Stewart Hampton Fowler, 1961). 패커란 용어는 미국의 영국식민지시대에 그 기원을 두고 있는데 그 당시 대부분의 도축업자들은 소, 돼지를 도축하여 훈제 또는 강한 소금물이나 소금에 절여 목재로 만든 둥근통이나 박스에 포장하여 서인도에 수출하고 설탕, 당밀, 럼주 등을 교환하였다. 이 당시의 패커는 농민 또는 개인상인에 불과 하였으며, 도축은 고기의 보존을 위하여 겨울에만 가능하였다. 이러한 보존포장 처리기술에서 생긴 '패커'란 용어는 계속 유지되어 왔고 오늘날에는 가축을 구입하여 도축 · 도매 하는 도축업자들을 지칭하고 있다. 최초의 상업적인 규모의 패커공장은 1662년에 메사추세츠주의 스프링필드에 설립 되었으며, 이후 패커산업은 1742년에 보스톤에 파뉴일 홀(Faneuil Hall) 육류시장이 설립되고 나서야 비로소 조직화되고 상대적으로 잘 발전하기 시작하였다.

1860년대 초반에, 미국의 소규모 지역 패커들의 중심지였던 시카고에 소위 '빅4'로 불리는 대규모 패커가 등장하였다. 이들은 스위프트(Swift), 아머(Armour), 윌슨(Wilson), 쿠다이(Cudahy)였다. 이후에 모리스(Morris)까지 포함하여 '빅5'로 불렸다. 작고 분산된 산업에서 그들은 통합을 주도 하고, 기계화 된 장비와 분업화 된 노동을 사용하는 현대적인 '해체라인(disassembly-line)'이라는 개념을 발전시켰다. 1870년대부터 거대 소 회사들의 독점과 토지를 불법 점유 한다는 것에 대해 정부가 처음으로 관심을 보이기 시

패커(packer)의 유래와 연혁 (계속)

작하였다. 1904년 패커산업의 독점력과 반경쟁관행에 대한 정부 조사는 패커에 의한 부적절한 이윤은 없다고 결론 내었지만 몇몇 패커업체의 비위생 상태가 지적되어 1906년에 '연방식육검사법'이 발효되었다. 법무부는 '빅5'를 셔먼반독점법으로 기소 절차를 진행하였으나 1920년에 유명한 '패커 합의 결정(Packers Consent Decree)'으로 해결되었다. '빅5'는 유죄를 인정하지 않았지만 가축 사육, 식품제조 그리고 소매업 부문에 소유와 활동을 자제할 것을 합의하였다.

1917년에 공정거래위원회 조사는 농무성의 특별기관인 'Packers and Stockyards Administration'의 지속적인 책임하에 가축과 육류산업을 규제토록 하는 '패커와 가축시장에 관한 법률(the Packers and Stockyards Act)'을 1921년에 발효되게 하였다. 1960~1970년대에는 가축의 생산 · 사육과 도축 · 가공 부문에 있어서 커다란 기술적인 변화를 가져왔다. 품종 개량으로 옥수수 생산이 북서쪽으로 확장되고 트럭의 등장과 철로 및 고속도로의 향상은 중앙집중화 된 터미널시장을 분산시켰다. 도축장은 가축생산지 부근에 건설되고 생산자들은 도축가축을 패커에게 직접 판매하려고 하였다. 이 때 당시 급속히 팽창하고 있던 상업적 가축사육산업이 모여있던 서부콘벨트 등에 새로운 기술(박스 포장육 포함)과 저비용 노동력을 갖춘 여러 개의 새로운 패커가 등장하여 매우 빠른 속도로 기존의 "빅5"를 추월하게 된다. 이들은 아이오와(Iowa Beef Processors), 엑셀(Excel), 몽포드(Monford) 등이다.

한가지 주목해야 할 것은 1967년에 아이오와가 도입한 진공포장형태의 박스육(boxed beef)에 의한 유통혁명이다. 패커가 지육을 부분육으로 분할하고 이를 진공포장하여 박스에 넣어 소매업자들에게 운송했을 때, 소매 매장에서는 더 이상 지육을 들어 올리는 중장비나 추가적인 분할 시설이 필요치 않게 되었으며, 박스육은 트럭이나 기차에 더 효율적으로 적재할 수 있어 단위당 수송비용을 획기적으로 줄일 수 있었다. 박스육의 도입으로 패커가 소매업체에 대한 직접판매 업무를 확장해 나갈 수 있었는데, 현재 미국의 쇠고기 80~90%가 박스육 형태로 유통되고 있다.

1960~1980년대초에 다수의 패커가 대기업에 의해 합병되었으며, 1980년대 중반에도 급속한 인수합병이 이루어져 IBP(아이오와가 개명), Cargill(Excel 인수), ConAgra(Monford 인수) 등 '빅3'가 형성되었는데, ConAgra는 다시 Swift에 인수되고 Swift는 다시 브라질 JBS에 인수되었다. 패커의 인수합병은 오늘날에도 계속되고 있는데 타이슨(Tyson Foods ; IBP인수), 카길(Cargill Meat Solution), JBS(Swift, Smithfield Beef Group 등 인수), 내쇼날비프(National Beef Packing Company ; 협동조합)의 '빅4'의 시장 점유율(CR4)은 미국 쇠고기 유통량의 약 70~80%를 점하고 있다.

한편, 쇠고기에 비해 자본이 적게 들고 자금순환이 빠른 육계와 그 뒤를 이어서 돼지고기산업은 도계(도축)하여 가공 · 포장 · 판매하는 업체가 종축, 사료 등 투입단계까지 영역을 확장하여 소위 수직계열화를 이루어 나갔는데 국내에서는 이 수직계열화업체들도 패커로 인식하는 경향이 있다. 참고로 세계적으로 대규모 수직계열화된 축산기업의 예를 들어보자.

- 돼지고기 : 스미스필드(미국), 타이슨푸드(미국), JBS 스위프트(미국), 카길(미국), 아그로수퍼(칠레), 데니쉬크라운(덴마크 ; 협동조합) 등
- 닭고기 : 타이슨푸드(미국), JBS(브라질), BRF(브라질), CP그룹(태국) 등
- 유제품 : 네슬레(스위스), 다농(프랑스), 폰테라(뉴질랜드 ; 협동조합) 등

제 4 절 가공과 식육포장처리업체

식육의 가공(Processing)은 농장에서 생산된 가축으로부터 식육상품을 만들어 내는 것을 말한다. 식육의 가공은 지육을 해체 · 발골 · 정형하여 부분육으로 변환시키는 1차가공과 식육의 분쇄 · 혼합 · 조미 등의 방법으로 햄, 베이컨, 소세지 등으로 제조하는 2차가공이 있다. 축산물위생관리법에서는 1차가공업은 식육포장처리업, 2차가공업은 축산물가공업이라고 규정하였다. 이 절에서는 식육포장처리업을 다루었다.

축산물의 가공기능은 형태적 효용창출에 있다. 도축장에서 생산된 소, 돼지의 지육이 도소매단계에서 거래되기 위해서는 분할 · 발골 · 정형 과정을 거쳐 대부위나 세부부위로 가공되어야 하는데 이를 부분육(cut of meat)이라고 한다. 도축장에서 2분할된 지육을 각 부위로 더 분할하여 뼈를 제거하고(=발골) 일정한 규격(부위별 지방 두께를 8~10mm 전후로 하여 여분의 지방을 제거)으로 잘라내는 작업(=정형)을 거쳐 부분육으로 가공된다. 이러한 과정을 거쳐 최종적으로 소비자는 요리 용도에 맞는 부분육을 필요한 양만큼 절단, 슬라이스, 분쇄된 소포장 형태로 구매하게 된다. 따라서 각 부분육은 품질의 특성상 소매거래에서 공정성을 가져야 하며, 그러기 위해서는 부분육의 규격화가 필요한 것이다. 만약 부분육 규격화가 되어있지 않고 각 부분육의 명칭이나 분할방법 또는 정형요령 등이 모두 다르다면 육류의 유통은 매우 혼란스러울 뿐만 아니라 소비자의 신뢰도 얻을 수 없을 것이다.

우리나라도 1991년부터 전국적으로 통일된 축산물의 분할 · 정형 기준을 도입하였으며, 1997년부터는 식육판매업소의 부위별 표시 · 판매를 의무화 하였다. 이를 구체화하기 위하여 정부는 '소 · 돼지 식육의 표시방법 및 부위 구분기준'을 규정하고 있다. 이에 따르면 쇠고기는 대분할(primal cuts) 10개 부위, 소분할(subprimal cuts) 39개 세부부위로 분류되어 있고, 돼지고기는 대분할 7개 부위, 소분할 25개 세부부위로 분류되어 있다.

도축 이후 지육을 분할하여 부분육이나 정육으로 가공하여 포장육을 만드는 1차가공 역할은 식육포장처리업체가 하고 있다. 식육포장처리업체는 도매시장 경매에 직접 참여하거나 중도매인을 통하여 물량을 조달하기도 하고, 농가와 가축시장 또는 산지수집상을 통하여 물량을 조달하기도 한다. 식육포장처리업은 축산물위생관리법에 의해 시장 · 군수 · 구청장에게 허가를 받아야 하는데 지육을 스스로 구입 · 가공하여 직접 도소매하기 위해서는 식육판매업 신고도 하여야 한다. 그러나 식육포장처리업체 중에는 단순히 가공만 하여 가공수수료를 받고 의뢰업체에 넘기는 업체도 있는데, 이 때는 식육포장처리업 허가만 받으면 된다. 식육포장처리업은 동시에 법인세법 또는 부가가치세법에 의한 사업자등록을 해야 하는데 한국표준산업 분류에 따라 주업종이 육류가공 및 저장처리업, 육류 도매업 등으로 등록되어

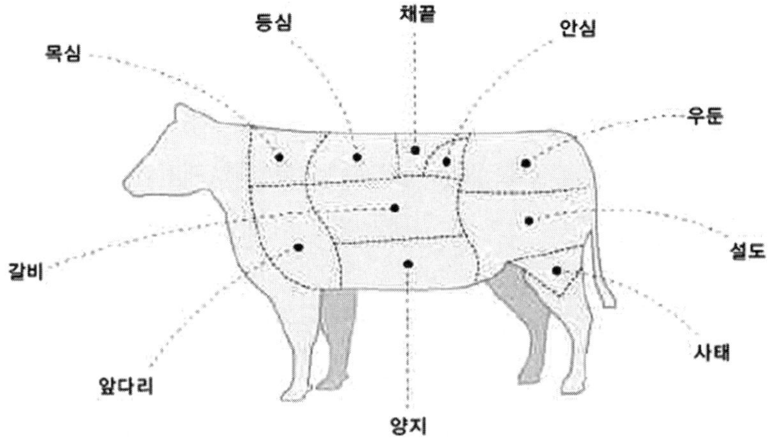

대분할	소분할 부위명칭
안심	안심살
등심	윗등심살, 꽃등심살, 아래등심살, 살치살
채끝	채끝살
목심	목심살
앞다리	꾸리살, 부채살, 앞다리살, 갈비덧살, 부채덮개살
우둔	우둔살, 홍두깨살
설도	보섭살, 설깃살, 설깃머리살, 도가니살, 삼각살
양지	양지머리, 차돌박이, 업진살, 업진안살, 치마양지, 치마살, 앞치마살
사태	앞사태, 뒷사태, 뭉치사태, 아롱사태, 상박살
갈비	본갈비, 꽃갈비, 참갈비, 갈비살, 마구리, 토시살, 안창살, 제비추리
10개 부위	**39개 부위**

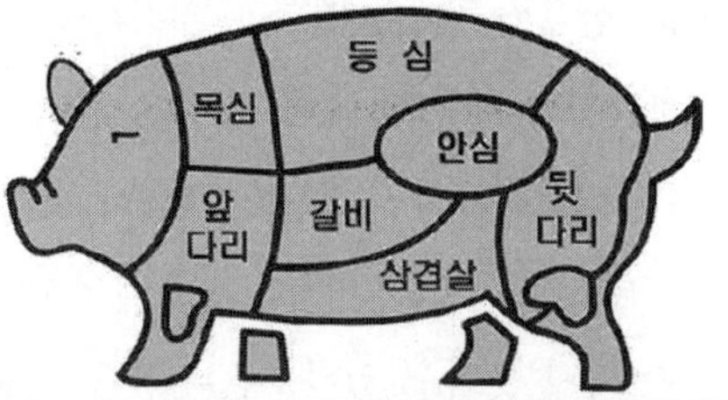

대분할	소분할 부위명칭
안심	안심살
등심	등심살, 알등심살, 등심덧살
목심	목심살
앞다리	앞다리살, 앞사태살, 항정살, 꾸리살, 부채살, 주걱살
뒷다리	볼기살, 설깃살, 도가니살, 홍두깨살, 보섭살, 뒷사태살
삼겹살	삼겹살, 갈매기살, 등갈비, 토시살, 오돌삼겹
갈비	갈비, 갈비살, 마구리
7개 부위	**25개 부위**

[그림 10-2] 소, 돼지 부위

*자료 : 축산물품질평가원(2017), 대학생 축산물품질평가 대회 교육교재

있다. 또한 식육포장처리업체 중에는 1, 2차가공 및 식육판매업을 겸하는 업체(식육포장처리업+식육판매업+축산물가공업 형태 ; 주로 돼지 · 닭 계열화업체 및 대기업계열 식자재업체)도 있다. 쇠고기 · 돼지고기 · 가금육 등을 가공처리하는 식육포장처리업체는 7,046개소가 운영중(2018.6월 기준)으로 민간 및 협동조합 계열화업체, 대기업계열 식자재업체, 대형유통업체 미트센터 등 상당히 큰 규모의 업체도 있는 반면 마장동축산물시장에서 정육점을 겸하고 있는 작은 규모의 업체도 있다.

부분육 유통은 일반적으로 박스육(boxed meat) 유통이라고도 하며, 쇠고기의 경우 발골 · 정형한 후 부위별로 진공포장하여 골판지 박스(1 박스당 20~25kg, 지육 1마리당 21박스)에 넣어 유통하는 방식을 말한다. 돼지고기의 부분육 유통은 PVC 필름으로 한 부위마다 랩 포장하여 골판지 박스 또는 플라스틱 용기에 넣어 유통하는 것이 일반적이며, 연말 연시처럼 1주일 이상 보관해야 할 때는 랩 포장 대신 진공포장 하여 유통시키기도 한다. 부분육 유통은 다음과 같은 여러 가지 장점이 있어 그 활성화를 위한 노력이 요구된다. 첫째로, 가공라인의 생산성 향상이 가능하다. 발골 · 정형 작업자들이 해체라인에서 단순하고 반복적인 일을 수행함으로써 노동생산성이 증대된다. 둘째로, 물류 효율성이 증대되어 물류비용을 절감할 수 있다. 중첩해서 적재할 수 있어 지육상태보다 더 많은 양을 냉장탑차를 통해 운반할 수 있고, 냉장창고의 효율적 이용이 가능할 뿐 아니라 작업 자동화에 의한 인력 및 상하차 시간 감축 등이 가능하다. 셋째로, 거래의 효율화와 위생관리가 향상 된다. 도체의 특정부위만을 원하는 필요로 하는 소매업자들에게 편리하게 공급할 수 있을 뿐 아니라 진공포장을 통해 위생상태를 유지하고 유통기한을 늘릴 수 있다. 넷째로, 가격형성의 투명성과 합리화가 가능하다. 부위별로 가격이 매겨지기 때문에 보다 투명한 가격 형성이 담보될 수 있고 부위별로 보다 더 정확한 가치 평가가 이루어질 수 있다. 그러나 국내의 부분육 유통은 전반적으로 활발하지 못하고 부분육 경매도 민영 도매시장 1개소에서 하는 정도로 부분육에 대한 도매가격의 형성이 제대로 이루어지지 못하고 있다. 부분육 유통 활성화를 위해 도매시장 · 공판장에서 부분육 경매를 병행 실시 하거나 또는 일본과 같이 별도의 부분육 물류센터 건립과 이 곳에서 부분육 경매가 필요하다. 일본의 경우 부분육 유통 추진을 통한 육류유통의 합리화를 위해 1979년 정부 및 독립행정법인인 농축산업진흥기구로부터의 보조금 및 출연금으로 일본식육유통센터(공익재단법인)를 설립하여 부분육 거래의 장 제공(가와사키, 오사카에 대규모 부분육 유통시설 정비, 식육도매업자에게 임대), 적정한 부위별 도매가격 형성과 공표 등의 역할을 하고 있다.

미국의 경우 육류 가공 · 도매업은 상당 비율이 패커가 부분육으로 슈퍼체인 등을 대상으로 패킹 플랜트가 있는 본사나 소비지에 있는 지점을 통하여 이루어 지며 나머지는 독립적인 도매업자들이 수행하고 있다. 미국의 독립적인 육류 도매업자들의 유형을 보면 패커로부터 지육을 구입하여 도매판매 형태로 분할하여 소매업자에게 넘기는 포장처리업자(jobbers or breakers), 호텔 · 음식점 등 식품서비스산업에 전문으로 육류를 공급하는 식자재업자(purveyors), 저급 지육을 구매하여 뼈 없는 고기로 하여 식품가공업체나 소매점에 넘기는 도매업자(boners), 그리고 아주 드물게 도매업자 간 또는 패커와 도 · 소매업자 간의 거래를 성사시키고 수수료를 받는 브로커(brokers) 등이 있다.

축산물 전통시장 ; 마장동 축산물시장

축산물전통시장은 오래전부터 식육포장처리업, 식육판매업(=정육점)이 밀집하여 시장을 형성하여 운영 중인 곳으로 전국 8개 시 · 도에 11곳이 있다. 축산물전통시장의 효시는 마장동 축산물시장으로 마장동 축산물시장은 서울 쇠고기 유통의 44%를 담당하고 있는데, 전국적으로는 쇠고기 유통물량의 9.8%, 돼지고기는 4.4%, 소 · 돼지 부산물은 30~40%를 담당하고 있다. 면적은 11만 6,150㎡이며, 총 2,000여 개의 점포(식육포장처리업 278, 식육판매업 954, 부산물판매업 297, 수입육판매업 395, 축산물가공업 27개소 등)로 이루어져 있으며, 종사자수는 약 1만여명에 달해 단일 육류시장으로는 세계에서도 유례를 찾을 수 없을 정도로 큰 규모이다. 1963년 종로구 숭인동에 있던 우성산업 도축장이 마장동으로 옮겨오고, 도축장 주변에 소의 내장과 돼지의 부산물을 판매하는 상점이 점차 늘어나면서 마장동 우시장(현재의 마장동 축산물시장)이 자연스럽게 형성되었다. 1998년 도시개발로 마장동 도축장이 문을 닫았지만 축산물시장은 계속 남아 오늘에 이르고 있다. 보통 도 · 소매 정육점들은 농협음성공판장과 농협부천공판장(약 70%), 지방도매시장 등(30%) 등으로부터 지육을 구입하여 발골 · 정형하여 전국 대형마트, 정육점, 식당 등에 도매 공급하고 남은 고기는 직접 소매판매 한다.

마장동 축산물시장에는 도 · 소매 정육점 외에 식육포장처리업체, 육류전문체인점 본사, 수입육업체 등 다양하게 입점해 있다. (i)식육포장처리업체는 일반정육점 또는 식당에 납품하는 영세업체가 대부분이고 기존의 육가공장 및 본사는 다른 지역에 있으나 마장동내에 소규모의 육가공장을 두어 대형할인마트 등에 부분육을 납품하고 있는 업체도 약 5~10여개가 있다. (ii) 육류전문체인점 본사에는 한우전문체인점 본사, 식당체인점에 공급하는 역할을 하는 전문체인점 본사가 있다. (iii) 수입육 전문업체는 수입육류를 도 · 소매 업체에게 유통시키는 역할을 하고 있는데, 직수입을 추진하는 업체는 마장 축산물시장 내에 300여개 정도가 입점하여 있고, 오퍼 업체에서 물건을 받아서 유통시키는 중간유통 업체는 1,000~1,500여개가 입점하여 활동하고 있다. 한편, 특이한 것은 냉동탑차, 소규모 냉동창고만 가지고 마장 축산물시장 식육포장처리업체에서 물량을 받아 일반식당 및 소규모 정육점으로 납품하는 방식으로 소량마진만을 남기는 중간유통상인들이 있다.

마장동 축산시장에 도매업소가 많은 것은 지리적인 이유가 크다. 마장동시장은 강변 북로와 연결되는 동부간선도로와 접하기 때문에 트럭 등 차량이 도심지를 통과하지 않고 접근하기에 편리하고, 서울 도심과 가깝기 때문에 도시 중심부로 유통하기도 쉽다. 시장의 중심지역에는 임대료가 비싸고 길이 번잡하기 때문에 소매업체들이 많고, 도매위주의 업체들과 수입육 업체들은 주로 외곽에 많다. 이런 여러 가지 요소들이 서로 겹치고 상충되는가 하면 상승효과도 일으키며 확장된 것이 현재의 마장동 축산물시장 영역이다.

(자료원 : 서울역사박물관 등)

제 5 절 도매가격의 형성 메커니즘

도매가격은 중간유통인과 소매상뿐만 아니라 생산자와 소비자 모두에게 중요하다. 왜냐하면 중간유통인들은 도매가격을 기준으로 하는 기대가격이나 현행가격에 기준하여 생축을 구입하여 도축 의뢰후 유통하게 되므로 도매시장에 출하하지 않는 생산자의 수취가격도 도매가격과 밀접하게 연관되어 있다. 또한 도매가격은 소매가격에 영향을 주고 소비자가 구입하는 축산물의 량에 영향을 미치게 되기 때문에 도매가격의 공정성, 통합성이 무엇보다도 중요한 것이다. 그러나 도매단계가 유통과정상 어느 특정단계에 고정된 것이 아니고 생산과 소매 사이에 있는 포괄적인 단계이고 이 안에 여러 중간 도매단계가 또 있을 수 있기 때문에 어떤 가격을 도매가격으로 볼 것인가 하는 문제가 발생하고 이 때문에 대표 도매가격이라는 개념이 필요하다. 우리나라 축산물의 대표적인 도매가격은 소, 돼지는 도매시장 · 공판장을 통한 경매에 의한 경락가격 그리고 닭, 계란 등은 도매시장이 없어 관련협회가 발표하는 고시가격에 의하여 형성된다.

도매업자들의 일반적인 도매가격 책정 과정을 살펴보자. 쇠고기, 돼지고기의 경우 식육포장처리업체 등 도매업자는 이론적으로 농가로부터 구입한 가격이나 도매시장에서 경락받은 가격에 발골 · 정형비, 포장재비, 지육 운송비, 인건비 · 관리비 등 비용에 이윤을 더하여 (비용과 이윤을 합쳐 마진이라 함), 도매가격을 책정하여 중간유통업자나 소매상에게 판매하게 된다. 이 때 보통 식육포장처리업체는 시장수급 상황을 반영하여 도매가격을 결정하되 주로 도매시장 경락가격을 참고하여 결정하는 것으로 알려져 있다.

닭고기는 쇠고기와 돼지고기와 달리 법정 도매시장뿐만 아니라 별도의 상권이 형성된 유사도매시장도 뚜렷하지 않다. 따라서 닭고기 매매시 기준이 되는 도매가격이 없어 대한양계협회가 시장에서 생계가격을 조사해 주기적으로 발표해 온 것이 계기가 되어 대한양계협회가 발표하는 시세가 거래의 표준으로 자리 잡았다. 그러나 육계 계열화업체 물량의 최초의 거래는 생닭을 도축 · 포장한 도계육 상태로 발생 하는데 관행적으로 대한양계협회가 발표한 생계시세에 유통업계가 오래전부터 사용해온 표준유통비용(도축, 보관, 수송 등)을 추가하는 방식으로 도계육 가격을 책정하여 직접 또는 중간도매상 성격의 대리점을 통하여 소매점에 공급한다. 계열업체와 대리점 및 대형마트 간의 계약은 시세연동(거래전 1주일 간의 평균가격)을 체결하고 있으나, 프랜차이즈 치킨점과의 계약은 고정가격으로 하는 경우가 많다.

계란의 경우 GP센터는 농가로부터 수집한 원란을 선별 · 포장 후 시중시세 및 양계협회 고시가격을 참조하여 소매업체, 식품유통업체 등에 판매하고 일부는 산지수집상/도매상에 판매한다. 산지수집상 이후의 가격은 시중시세와 양계협회 고시가격을 참조한 상호 협상가격으로 결정된다. 최근 계란유통에 참여한 식품대기업과 농협중앙회(안심계란)는 선별 · 포장이 가능한 식용란수집판매업체(GP센터/인라인생산 농가 포함)에서 브랜드제품을 OEM 방식으로 생산하여 마진을 더하여 대형마트, SSM 등에 공급하고 있다. 앞으로 모든 계란의 유통이 GP센터를 경유토록 의무화 되면 계란 가격 형성의 공정성과 투명성이 높아지고 가축질병 차단에 매우 취약한 농가 수집방식이 지양될 것으로 기대되고 있다.

우유의 경우는 유업체의 대리점과 대형유통업체에 공급하는 벤더가 도매기능을 담당하고 있다. 대리점은 유업체로부터 공급받은 가격에 마진을 더하여 중소슈퍼, 가정배달 등에 공급하고 있으며 벤더도 유업체로부터 공급받은 가격에 마진을 더하여 편의점 등 대형유통업체에 공급하고 있다.

■ 참고문헌 ■

- 금융감독원 전자공시시스템(http://dart.fss.or.kr)
- 박찬욱(2017), 실전 유통론, 청람
- 식품의약품안전처(2017), "Q&A 식육포장처리업 이렇게 관리 하세요"
- 지인배 외(2015), 도축산업 중장기 발전방안, 한국농촌경제연구원
- 포애그컨설팅(2011), 한우 소매유통체계 개선에 관한 연구, 한우자조금관리위원회
- 한국농수산식품유통공사(2015), 2015 외식업체 식재료 구매현황 조사 보고서
- 한국육류유통수출협회 홈페이지(www.kmta.or.kr)
- 한국축산물처리협회 홈페이지(www.cleanmeat.or.kr)
- 日本食肉流通センター(2015), 食肉流通實態調査事業報告書
- J. H. McCoy and M. E. Sarhan(1988), Livestock and Meat Marketing, An avi Book
- W. Lesser(1991), Marketing Livestock and Meat in the U.S., Food Products Press

제 11 장 소매단계

소매업은 생산자와 소비자 사이에서 핵심이 되는 제일 중요한 연결점이다. 축산물 유통에 있어서 생산, 도축, 가공, 도매의 모든 기능은 축산물을 소비자의 수중에 넣어준다는 소매단계가 없다면 무의미하게 되고 생산된 축산물은 가치를 갖지 못한다. 소매단계는 소포장 형태의 정육으로 거래가 되는 단계이다. 이 장에서는 시대에 따라 나타나 현재 존재하고 있는 소매업 업태를 다루었다. 소매업에는 일반 정육점, 슈퍼마켓, 대형마트 등 점포소매업뿐만 아니라 최근에는 전자상거래를 비롯한 무점포소매업이 부각 되고 있다. 또한 소매업에서 최근의 관심 포인트로 축산물 브랜드와 소매가격의 형성 메커니즘을 다루었다. 한편 소비자들은 식재료를 소매점에서 구입하여 가정내에서 소비할 뿐만 아니라 가정밖의 식당, 호텔 등과 학교, 기업 등에서 단체급식 형태로 축산물을 소비한다. 이 장에서 가정밖의 장소에서 소비자에게 식사 · 식품을 공급하는 분야인 식품서비스산업(Food Service Industry) 또는 푸드서비스산업도 다루었다.

제 1 절 소매업의 정의

소매업은 최종 소비자에게 재화나 서비스를 판매하는 것에 관련된 활동이고, 소매상은 그러한 활동을 수행하는 개인이나 조직을 말한다. 소매업은 유통단계의 마지막 단계, 더욱 정확히 말한다면 소비자에 대한 첫 번째 연결점이다. 만약 소매단계에서 소비자들의 기호 측정이나 그 전달에 문제가 생기면 이 것이 상류단계로 거슬러 올라가면서 종종 원래보다 더욱 증폭되어 왜곡 되므로 모든 유통주체들은 소매업의 기능에 아주 관심이 크다.

소매상의 고객은 영리기업 또는 기관 구매자가 아닌 최종 소비자인데, 이들 개별 소비자의 구매동기는 매우 다양하다. 이에 따라 다양한 형태의 소매업태가 출현하였다. 우리나라에 근대적 의미의 유통업이 등장한 것은 1960년대 이후로 볼 수 있는데, 주로 전통시장에서 구매하였던 식품을 동네 인근의 소형 슈퍼마켓에서도 구매가 가능하게 되었다. 1970년대 들어 슈퍼체인과 연쇄점이 나타나기 시작하였고 1970~1980년대는 백화점과 슈퍼마켓이 본격적인 성장을 하였다. 1988년 서울올림픽을 기점으로 편의점이 나타났고, 1990년대에는 대형할인점이 등장하기 시작하였다. 2000년대는 인터넷과 정보기술의 급속한 확산으로 인터넷 쇼핑몰 등 전자상거래, TV홈쇼핑, 소셜커머스 등 다양한 첨단 유통업태들이 출현하여 치열한 경쟁을 벌이고 있다. 유통경로에서 소매상들의 역할을 정리하자면 다음과 같다. 첫째, 소비자가 원하는 상품구색을 제공하여 소비자들에게 상품 선택에 소요되는 시간과 비용을 절감할 수 있게 하고 선택의 폭을 넓혀준다. 둘째, 소비자에게 상품관련 정보를 제공하여 소비자의 상품구매를 도와준다. 셋째, 소비자에게 신용이나 할부판매 등 금융을 제공한다. 넷째, 소비자에게 애프터서비스, 배달 등의 서비스를 제공한다.

국내에서 소비되는 축산물은 소매점(대형마트, 슈퍼, 백화점, 일반 정육점 등)을 통해서 가정내(at home)에서 소비되거나 외식과 단체급식(기업, 학교, 병원 등)을 통해 가정밖(away-from-home)에서 소비된다. 국내산 축산물의 가정내에서 소비되는 비중은 쇠고기 72.0%, 돼지고기 61.3%, 닭고기 38.9%, 계란 63.8%이고 나머지는 가정 외부(외식 및 단체급식)와 2차가공품 형태로 소비된다(축산물품질평가원, 2017년 기준).

제 2 절 소매업의 구조

우리나라의 소매업은 최근 백화점, 슈퍼마켓, 대형할인점과 같은 대형점이 발달하면서 급속히 대형화, 체인화되고 있으며, 식품소매업에서도 대형점의 비중이 급속히 커지고 있다. 1960~1990년대 까지만 하더라도 소비자들은 대부분 전통시장이나 인근에 위치해 있는 정육점에서 육류를 구입하였다. 그러나 1990년대 후반 소매단계에서 육류의 부위별 표시와 쇠고기 등급표시가 의무화되면서 주부들이 육류 구매선택시 정육점주들에 대한 의존도가 줄어들게 되고 2000년대 들어 SSM(기업형 슈퍼마켓)과 대형할인점의 등장으로 소매단계 육류구입처가 다양화 되었다. 소매업태의 수는 대형마트 557개소, 백화점 101개소, 슈퍼마켓 11,446개소(중소슈퍼 9,708 + SSM 1,738), 편의점 32,611개소이다(대한상공회의소, 2016년 기준). 소매업태 유형의 가장 일반적인 분류는 점포의 유무에 따라 점포소매업과 무점포소매업으로 분류할 수 있다.

1. 점포소매업

1.1 슈퍼마켓

슈퍼마켓은 주택가에 위치하여 낮은 가격으로 식품 및 생활 잡화 등 생활필수품을 중점적으로 취급하고 있는데 저비용, 저마진, 한정된 제품 구색, 셀프 서비스를 특징으로 하고 있다. 미국에서는 슈퍼마켓이 식품의 주요 구매처이나 한국은 슈퍼마켓의 상대적 발전이 취약하였다. 슈퍼마켓은 영세슈퍼(50평 미만, 기존 구멍가게), 중형슈퍼(50~100평), 기업형 슈퍼인 슈퍼슈퍼마켓(SSM)으로 구분할 수 있다. 영세슈퍼와 중형슈퍼를 포함해서 중소슈퍼라고 하기도 한다. 최근에는 대형마트 시장이 포화 단계에 근접 하면서 대형화된 SSM이 늘어나고 있다. SSM은 매장 면적이 500~700평 정도로 대형마트와 중형슈퍼의 중간 크기의 식료품 중심 매장으로 기존 중소슈퍼마켓이 갖추기 어려운 농축산물 코너와 가공식품, 위생용품, 부엌용품 등의 다양한 품목을 취급하고 있다. SSM에는 GS슈퍼, 롯데슈퍼, 이마트에브리데이, 홈플러스익스프레스 등이 있다. 최근 SSM은 쇠고기, 닭고기, 계란 등의 경우에 친환경 지정 농장에서 생산한 제품을 직접 확보하여 들여오고 있다. 슈퍼마켓(중소슈퍼+SSM+농협 하나로마트)의 쇠고기 구입경로는 식육포장처리업체 59.6%, 농가 직매입 26.8%, 도매시장 13.6%이다. 돼지고기의 경우 대부분을 식육포장처리업체로부터 구입하고 있다.

1.2 백화점

백화점은 고가격, 고서비스, 넓은 제품구색 (의류와 패션잡화 중심)을 특징으로 하고 있다. 편리한 입지와 원스톱 쇼핑을 특징으로 하고 있으며 규모가 크다. 최근 백화점의 패션부분은 매출액 증가율이 감소하고 있으나 식품부분은 증가하고 있다. 백화점 운영방식은 직영(직매, 특약매입)과 임대 형태가 있다. 직매는 백화점이 제조업체 등 납품업체로부터 상품을 매입하여 운영하는 것이다. 특약매입은 입점업체로부터 백화점이 상품을 외상으로 매입하여 판매하고, 팔리지 않은 재고는 반품할 수 있고 상품판매 후 일정비율(10~40%)의 판매수익을 공제하고 상품판매 대금을 지급하는 형태의 거래를 말한다. 우리나라 백화점 입점업체는 70% 이상이 특약매입 매장형태이나 육류판매점은 대부분 직영이다. 백화점의 쇠고기 구입경로는 식육포장처리업체 65.9%, 농가 직매입 22.7%, 도매시장 11.4%이다. 돼지고기의 경우 대부분을 식육포장처리업체로부터 구입하고 있다.

1.3 대형마트

대형할인점은 상품을 일반상점보다 저렴한 가격으로 소비자에게 셀프서비스 방식으로 판매하는 매장면적 1,000평 이상의 대규모 매장이다. 외국의 경우 창고형/회원제를 도입하여 운영하고 있는데, 우리나라는 할인점이라기보다는 대형마트방식으로 운영하고 있어 이 책에서는 대형마트라고 하였다. 1996년에 유통시장의 개방으로 국내 대형마트들은 외국계 글로벌 유통업체들과 치열한 경쟁을 전개 하였으나 마크로가 1998년에 월마트에 인수되고 2006~2007년에 월마트와 까르푸가 국내시장에서 철수 하면서 우리나라 대형마트업계는 이마트, 롯데마트, 홈플러스의 빅3 구도가 정착 되었다.

대형마트의 소매판매 비중이 커지면서 가축을 농가로부터 직접 구입하는 형태가 늘어나고 있다. 이마트의 경우 소, 돼지 생산농가와 직접 계약을 맺어 위탁생산한 후 임도축하거나 도매시장에 매참인으로 참여하여 지육을 확보하여 일종의 중앙분할포장센터(Central Cutting and Packaging Center)인 자체 미트센터에서 발골 · 정형 및 소매판매 형태의 포장을 하여 전국의 이마트 각 지점에 공급하고 있다. 대형마트의 쇠고기 구입경로는 식육포장처리업체(벤더라고도 함) 78.7%, 농가 직매입 12.1%, 도매시장(일부 경매 직접 참여) 9.2%이다. 돼지고기의 경우는 식육포장처리업체로부터 거의 전량을 구입하고 있으며 일부 농가 및 조합을 통하여 구입하기도 한다.

1.4 편의점

편의점(Convenience Store: CVS)은 인구밀집 지역에 위치하여 소비자들이 시간과 거리의 제약을 받지 않고 회전율이 빠른 식품이나 잡화 등의 생활용품을 셀프서비스로 편리하게 구매할 수 있는 15~100평 규모의 소형점포이다. 우리나라 편의점의 효시는 1988년 올림픽 선수촌에 등장한 7-Eleven으로 이후 편의점 업계는 인수합병, 사명변경 등의 과정을 거치면서 CU, 세븐일레븐, GS24 그리고 미니스톱이 3강 1중 체제를 구축하면서 전체 매출액의 90%이상을 점하고 있다. 최근에는 홈플러스(365플러스)와 신세계(이마트24)가 편의점 시장에 진출 하였다. 최근 편의점은 PB(Private Brand : 유통업체 브랜드)상품의 강화와 고객의 HMR(Home Meal Replacement : 가정식 대체식품) 수요 증대에 따른 상품을 개발, 확보하는 전략을 추구하고 있다. 축산물의 경우 편의점에서는 소포장 냉동닭고기, 우유, 소시지 등을 취급하고 있는데, 일부 편의점에서는 돼지 삼겹살과 목살을 한끼 식사용으로 소포장 하여 판매하고 있다.

1.5 하나로클럽 및 하나로마트

농협의 농축산물 판매기관과 조직은 복잡한 체계로 되어 있었으나 농협중앙회의 사업구조 개편 등으로 정리되어 가고 있지만 아직 깔끔한 상태는 아니다. 대체로 농협 하나로클럽은 농협중앙회 산하에 있는 농협경제지주의 자회사인 하나로유통과 농협유통, 농협충북유통, 농협대전유통, 농협부산경남유통에서 운영하는 대형마트로 전국에 총 32개소가 있다(2017년 기준). 이들은 2020년까지 모두 하나로유통으로 통합될 계획이다. 그러나 이들 자회사는 하나로마트 명칭의 판매장을 운영하기도 하고 회원농협에서도 하나로클럽 명칭으로 운영하고 있는 곳이 있다.

하나로마트는 주로 지역의 회원농협이 운영하는 슈퍼마켓 규모의 할인점이다. 과거에 농협에서 농민들 대상으로 물건을 판매하는 농협공판장(또는 농협구판장, 농협연쇄점)의 명칭이 1990년대 말부터 하나로마트로 바뀌어서 불리고 있다. 농협연쇄점의 효시는 1971년에 첫 시범케이스로 설치된 장호원 농협의 농협연쇄점이다. 지역농협에서 운영하는 전국의 2,421개소의 농협하나로마트와 일선축협에서 운영하는 305개소의 축산물플라자(명칭은 한우플라자, 축산물전문판매장, 축산물백화점 등 다양)에서 소비자에게 축산물이 판매되고 있다.

1.6 정육점

정육점은 각 개인이 각 지역에서 운영하는 육류소매점이다. 식육판매업 49,490개소 중 대형마트, SSM, 백화점 및 협동조합에 의해 직영되거나 그 매장에 입점한 식육판매점을 제외하여도 전국에 약 45,000개소가 넘는 정육점이 있다(2018.6월 기준). 정육점의 쇠고기 구입경로는 식육포장처리업체 58.7%, 도매시장 26.3%, 농가 직매입 15.0%이다. 정육점의 돼지고기 구입경로는 식육포장처리업체 71.8%, 농가 직매입 19.7%, 도매시장 8.5% 이다. 정육점의 쇠고기 구입형태는 지육과 부분육이 3 : 1 정도로 지육구입을 선호하고 있고, 돼지고기는 지육과 부분육 구입이 각각 절반 정도로 알려져 있다. 정육점들이 쇠고기 지육구입을 선호하는 것은 소비자들의 선호, 비선호 부위 사이에 가격차가 크게 존재하기 때문에 정육점들은 가격이 책정돼 있는 부분육 보다는 자신이 처한 시장상황에 따라 탄력적으로 부위별 가격을 책정할 수 있는 자체 소분 판매를 선호하기 때문이다. 정육점들의 부분육 구입은 부위별로 선호 하거나(등심, 국거리 양지 등), 부족한 부위만을 구매해 재고부담을 덜기 위한 수단으로 활용되고 있는 경우가 많다.

최근에는 육류 전문매장에도 육류소매 프랜차이즈 사업이 활발하게 진출하고 있다. 또 하나 주목 할만한 것은 2013.11월부터 식육즉석판매가공업이 신설되어 8,323개소가 신고

(2018.6월 기준) 되어 있는데 신고만 한다면 일반 정육점에서도 햄이나 소시지와 같은 육가공품을 제조하여 판매할 수 있다. 아직 햄, 소시지를 직접 제조하여 판매하는 곳은 극소수에 지나지 않고 양념육, 돈까스, 사골곰탕, 떡갈비 등의 판매가 주를 이루고 있지만, 향후 소비자의 소비선호형태 변화 등 환경이 조성되면 가공원료육의 수요가 증가 할 것으로 기대된다.

■ 표 11-1 소매업태별 국내산 쇠고기, 돼지고기 유통비중 및 원료육 구입경로

(단위 : %)

업태	품목	소매단계 유통비중	원료육 구입경로			
			식육포장 처리업체	도매시장	농가직매입	소계
슈퍼	쇠고기	22.8	59.6	13.6	26.8	100.0
	돼지고기	11.9	100.0	–	–	100.0
백화점	쇠고기	4.4	65.9	22.7	11.4	100.0
	돼지고기	0.9	100.0	–	–	100.0
대형마트	쇠고기	17.4	78.7	9.2	12.1	100.0
	돼지고기	22.6	100.0	–	–	100.0
정육점	쇠고기	27.4	58.7	26.3	15.0	100.0
	돼지고기	25.9	71.8	8.5	19.7	100.0

주1) 농가 직매입에는 산지수집상 중개 포함
주2) 슈퍼에는 중소슈퍼, SSM, 협동조합 매장 포함
*자료 : 축산물품질평가원(2018), 2017 축산물유통실태조사

'칼 없는 정육점' 확대 팔걷어 · · · 올해 1000곳으로 전국 확대 계획

농협경제지주 축산경제는 국내산 축산물 판매 활성화를 위해 '칼 없는 정육점'을 대폭 늘려 전국적인 네트워크를 구축하겠다고 밝혔다. 칼 없는 정육점은 냉장 진열장 설치에 필요한 1.5㎡ 넓이의 공간만 있다면 동네 슈퍼 등에서 운영할 수 있다. 축산물 매장을 설치하기 어려운 소형 슈퍼마켓 등 소상공인에게 적합한 소매판매 방식이다. 기존 식육판매점은 각종 장비와 냉장설비 등이 있어야 했다.

이에 따라 농협 축산경제는 지난 2013년 10월 서울 논현점을 첫 개장한 이후 현재 550개소를 운영하고 있는 칼 없는 정육점을 올해 1000개소로 확대해 전국적인 유통망을 구축한다는 계획이다. 특히 농협안심축산이 1인 가구 증가 등으로 축산물 소비패턴 변화에 대응해 책임 관리한 한우와 돼지고기를 소포장 한 상품이 공급된다. 산소를 주입한 특수기법으로 소포장했기 때문에 안전성은 물론 신선도 유지 기간이 길어 동네 슈퍼에서 진열해 판매하는데 적합하다.

농협 축산경제 관계자는 "칼 없는 정육점은 기존 지육과 부분육 등 정육 중심의 축산물 유통과 차별되는 혁신적인 유통 판매방식"이라며 "축산물 유통개선과 거래의 투명성을 높여 신뢰할 수 있는 축산물을 소비자에게 공급 하겠다"고 밝혔다.

(자료원 : 한국농어민신문, 2017.4.28. 기사편집)

2. 무점포소매업

무점포소매업은 온라인쇼핑이 대종이고, 방문판매, 자판기판매 등도 포함된다. 온라인쇼핑은 기존의 오프라인쇼핑과 대별되는 개념으로 소비자가 업체로부터 인터넷, TV 등의 비대면채널을 이용하여 정보를 제공받아 상품을 구매하는 행위이다. 인터넷을 이용한 쇼핑이 인터넷쇼핑이며, 스마트폰과 같이 이동 중에 무선인터넷이 가동되는 단말기를 이용한 인터넷쇼핑을 모바일쇼핑이라고 한다. 온라인쇼핑이 전체 소매시장에서 차지하는 비율은 꾸준히 증가하는 추세로 20101년에는 11.0%였으나 2015년에는 약 16.8%를 차지 하였다. 최근에는 모바일쇼핑이 급속히 성장하여 유선인터넷쇼핑과 TV홈쇼핑을 추월 하였다.

2.1 전자상거래

전자상거래(Electronic Commerce: EC)란 인터넷이라는 매체를 통해 상품, 서비스 및 정보를 사고 팔거나 교환하는 과정을 말한다. 전자상거래의 유형은 거래 주체에 따라 기업 간 거래(B2B), 기업과 소비자 간 거래(B2C) 등으로 나누어 진다. 전자상거래는 고객관점에서 보면 소비자는 시간적 · 공간적 제약을 받지 않고 원하는 시간과 장소에서 원하는 상품을 구매할 수 있고, 상품구매에 필요한 정보를 쉽게 획득할 수 있다. 기업관점에서 보면 물리적인 공간이 필요없기 때문에 저렴한 비용으로 상품전시 · 판매가 가능하고 저렴한 비용으로 광고 할 수 있으며 고객 맞춤형 마케팅 프로그램을 수립할 수 있다는 장점이 있다. 그러나 전자상거래가 성공하기 위해서 반드시 따라가야 하는 것이 상품의 신뢰성, 정시 배달, 대금결제, 상품의 마케팅이다. 전자상거래의 사업모델(business model)에는 대표적으로 소비자에게 제품이나 서비스를 판매하는 전형적인 소매모델, 판매자와 구매자를 연결하는 중개모델, 인터넷을 매체로 광고하는 광고모델 등이 있다.

전자상거래를 소매업태 부문으로 초점을 맞추면 인터넷쇼핑몰이 되는데 인터넷쇼핑몰에는 종합몰, 전문몰, 오픈마켓, 소셜커머스 등의 다양한 형태가 있다. 종합몰은 다양한 상품을 취급하는 인터넷쇼핑몰로 대형마트, 백화점 등의 대형유통업체들에 의해 운영되고 있다. 전문몰은 패션, 식품, 전자제품, 문구 등 제한된 카테고리의 상품을 취급하는 인터넷쇼핑몰이다. 오픈마켓은 오프라인상의 시장을 온라인상에 구현해 놓은 것으로 판매를 원하는 모든 사업자들에게 개방(open)되어 있는 온라인시장(market)을 말한다. 오픈마켓은 시장을 개설한 중개자가 주문, 결제, 배송추적 등의 기능을 자동화할 수 있는 소프트웨어 인프라를 제공하며, 판매자는 거래가 발생할 때마다 그 댓가로서 수수료를 중개자에게 지급한다. 오픈마켓은 G마켓, 11번가, 옥션 등이 치열한 경쟁을 벌이고 있다. 소셜커머스는 사이트의 MD(상품기획자)가 제품을 직접 선별하여 고객에게 추천하는 방식의 상거래로 소셜미디어를 이용한다. 소셜커머스 업체로는 위메프, 쿠팡, 티몬 등이 있다.

축산물 유통에 전자상거래가 도입된 초기인 2000년대에 10여개의 전문 전자상거래업체(전문몰, 경매전문 사이트 등)가 축산업계의 관심속에 출발 하였으나 기대만큼 활성화되지 않았다. 그 이유는 첫째로, 생산자와 소비자, 유통업자들의 인터넷 마인드 부족을 꼽을 수 있다. 대부분의 유통업자들이 인맥을 활용한 대면거래 관행을 여전히 선호하고 있고, 소비자들도 정보만으로 축산물을 구입하기 보다는 직접 눈으로 보고 구입하는 경향이 컸기 때문이다. 둘째로, 쇼핑몰 관리능력 부족, 배송체계의 미비, 상품과 판매자에 대한 충분한 정보제공과 마케팅 부족을 들 수 있다. 셋째로, 축산물의 규격화 및 균일화 미흡으로 제품에 대한 신뢰도 부족이 고객확보를 저해하였다. 그러나 2000년대 후반 이후 정보화 기반의 확충, 관련제도 및 법체계 정비, 등급 및 원산지 표시, 브랜드화가 보편화되기 시작하고 전자결제 시스템과 배송 등 물류시스템이 발전 하면서 전자상거래가 활발하게 이루어 지고 있다.

■ **표 11-2** 축산물 전자상거래 형태

		소매 모델	중개 모델
수익 모델		판매수익	거래수수료
취급 품목	종합	■ 대형유통업체(이마트몰, 롯데마트몰 등)	■ 오픈마켓 등 (G마켓 신선지구, 위메프 신선생 등) ■ 농협중앙회(농협몰) ■ 공공기관(aT사이버거래소)
	전문	■ 육가공업체(선진포크몰, 금천미트 등) ■ 축협(횡성축협한우, 도드람몰 등)	■ 민간업체(미트박스 등) ■ 농협중앙회(농협e-고기장터) ■ 생산자단체(한우114, 한돈몰 등) *경매사이트(태우그린푸드)

주) 소매 모델의 종합몰은 공산품과 농축산물을 함께 취급하고, 중개 모델의 종합몰은 농산물과 축산물을 함께 취급

축산물의 인터넷쇼핑몰 유형을 비즈니스모델 기준으로 보면 소매모델 형태에는 종합몰(대형유통업체가 공산품과 함께 취급)과 전문몰(육가공업체, 축협 등 운영)이 있다. 중개모델 형태에도 종합몰(오픈마켓 · 소셜커머스, 농협중앙회 · 공공기관 등이 농산물과 함께 축산물 취급)과 전문몰(민간업체, 생산자단체 등이 축산물만을 취급)이 있다. 이 중 소매모델은 B2C 비중이 높고, 중개모델은 판매자와 구매자(정육점, 식당, 단체급식업체 등)를 이어주고 수수료를 받는 B2B 비중이 높다. 중개모델은 주문, 결제 시스템과 배송 기능을 입점업체 들에게 제공하고 있으며, 한우의 온라인경매를 주선하고 수수료를 받는 경매사이트도 있다.

축산물 전자상거래는 날이 갈수록 활발해 지고 있지만 육류의 경우 인터넷에 의한 주부의 구매가 전체구매액의 약 0.61%에 불과한 것으로 조사 되었다(박성희 외, 2014년 기준). 축산물 전자상거래가 더 활발해 지기 위해서 전자상거래 사업을 운영하는 업체는 고객에게 상품의 품질, 구매와 판매의 용이성 등에 대한 신뢰감과 함께 CRM(제18장 참조) 등을 활용한

축산물 온라인 거래 급증하는데 품질 속임수 대응책은 '제자리'

농협을 비롯한 업체들과 온라인 쇼핑몰들이 축산물 온라인판매에 적극적으로 나서면서 거래규모가 점차 커지고 있다. 그러나 일부에서 품질을 속여 파는 부작용이 나타나 이에 대한 대책을 마련해야 한다는 지적도 나온다.

- 축산물 온라인 전성시대= 농협은 2014년 온라인 쇼핑몰인 '농협 e-고기장터'를 개설하며 축산물 온라인 거래에 불을 지폈다. 한돈 대표 브랜드인 〈도드람〉도 기존에 운영해왔던 온라인 쇼핑몰 '도드람몰'을 대대적으로 개편하고 스마트폰 애플리케이션(앱)까지 출시하였다. 지(G)마켓은 축산물품질평가원이 인증한 축산물을 판매하는 '신선지구' 서비스를, 또 위메프 역시 정육상품을 비롯한 신선식품을 두차례에 걸쳐 육안검사한 후 판매하는 '신선생' 서비스를 제공하며 온라인 쇼핑객들을 끌어 모으고 있다. 축산물 전문 유통기업인 태우그린푸드는 한우 온라인 경매사이트를 개설했다. 농가가 출하할 소의 연령 · 무게 · 특징 등 다양한 정보를 입력해 사이트에 등록하면 육가공업체가 원하는 소에 입찰해 낙찰받는 방식이다.
- 부작용도 나타나=축산물의 온라인 거래가 늘면서 유통기한과 품질 · 원산지 등을 속여 판매하는 부작용도 발생하고 있다. 2015년 11월 온라인 쇼핑몰을 통해 유통기한이 지난 소시지 · 삼겹살 등 각종 육류 1억원어치를 재포장하거나 재가공해 판매한 업체들이 무더기로 적발됐다. 온라인에서 2~3등급의 한우를 1등급으로, 일반 스페인산 돼지고기를 2배 비싼 〈이베리코〉 돼지고기로 속여 모두 40억원어치를 판매한 일당이 경찰에 잡혔다. 전문가들은 상품을 직접 볼 수 없고, 일정 요건만 갖추면 누구나 온라인 쇼핑몰을 통해 축산물을 판매할 수 있는 특성 탓에 소비자 피해가 발생하고 있다고 지적한다.

(자료원 : 농민신문, 2017.12.13. 자료편집)

체계적인 마케팅이 이루어져야 한다.

2.2 TV 홈쇼핑

TV 홈쇼핑은 짧은 TV광고를 통해 간략한 제품 소개와 주문번호가 제공되면 이를 시청한 소비자가 무료전화를 이용하여 제품을 주문하는 방식과 홈쇼핑채널을 이용한 주문방식으로 나누어 진다. 홈쇼핑 채널을 이용한 주문방식은 홈쇼핑 전문방송국이 케이블 TV 또는 위성 TV, IPTV 등을 통해 상품들을 소개 · 설명하면 TV 시청자들이 전화로 주문을 하는 방식이다. 그동안 TV홈쇼핑은 급속히 상승세를 보였으나 최근 들어 매출성장이 정체되기 시작하고 있다. TV홈쇼핑 채널은 GS, CJ, 롯데, 현대, NS, Home&Shopping에 이어 2015년에 중소기업 및 농수산식품 전문채널인 아임쇼핑이 오픈 되었다.

2.3 자동판매기

우리나라에는 자동판매기가 1975년 최초로 선보였고 1988년 서울올림픽을 전후하여 판매 품목이 다양해 지면서 급속히 확대되기 시작하여 유통업 중의 하나로 발전하게 되었다. 자동판매기의 확충은 장소와 시간에 구애되지 않고 24시간 구매할 수 있는 편의성을 추구하는 소비자 욕구의 증대와 점포임대료 상승, 치열한 시장 경쟁에서 자체 판매망을 구축하려는 기업의 요구가 부합되었기 때문이라고 할 수 있다. 농협중앙회는 2017년말 국내 처음으로 '고기 자동판매기'를 선보였다. 이 자동판매기는 IoT(=사물인터넷)와 빅데이터를 접목한 식육 무인판매기로, 재고와 적정 온도 등을 자동관리 한다.

2.4 방문판매

방문판매는 소매점 형태를 벗어나 판매원이 소비자와의 일대일 대면방법을 통해 제품과 서비스를 판매하는 소매업태이다. 우리나라의 방문판매는 1980년대 중반 화장품 회사에서 시작되어 야쿠르트, 보험, 정수기, 학습지업체 들이 주로 방문판매를 하고 있다.

'야쿠르트 아줌마'는 그냥 아줌마가 아니다

발효유 등 건강기능식품 전문회사 한국야쿠르트가 야쿠르트 아줌마를 통한 방문판매를 처음 도입한 것은 회사 태동기인 1971년이었다. 47명으로 시작해 90년에 7342명으로 늘었고, 2000년대에도 꾸준히 늘어 2005년부터는 1만3000명 수준을 유지하고 있다. 연매출 1조원가량, 발효유 시장 점유율 1위(41%)인 이 회사 매출의 95% 이상이 전국 방방곡곡에 포진한 야쿠르트 아줌마로부터 나온다. 사업 초기엔 냉장물류 시스템도 없었고, 냉장고도 널리 보급돼 있지 않아 손수레에 싣고 가 집집마다 야쿠르트를 '손에서 손으로' 전하는 것이 효율적이었다.

우선 짚고 가야 할 것은 야쿠르트 아줌마가 한국야쿠르트 '사원'이 아니라 '개인사업자' 자격으로 일하고 있다는 점이다. 고용된 노동자가 아니므로 회사에서는 4대 보험 가입, 교통비 · 식대 · 퇴직금 지급을 하지 않고 있다. 기본급도 없다. 토요일을 빼고 주 6일 일하는데 연차휴가도 따로 정해져 있지 않다. 다만 일하다 다쳤을 경우 회사에서 치료비를 지급하고, 퇴직금은 아니지만 이율이 높은 목돈마련제도인 '적립금'을 운영한다. "개인사업자다 보니 딱히 '정년'도 없고 해고할 수도 없다"는 게 회사 쪽 설명이다.

대형 유통업체가 발달하면서, 상대적으로 비용이 많이 드는 방문판매가 유지될 수 있을지 회의적인 시각도 많다. '사람이 손으로 하는 일'의 가치가 높아질 것이란 가정 아래 야쿠르트의 전략이 여전히 유효하다는 시각도 있다.

(자료원 : 한겨레신문, 2015.1.4. 기사편집)

제3절 축산물 브랜드

축산물유통에서 브랜드가 논의되는 것은 국내산 축산물 간 뿐만 아니라 수입축산물과의 경쟁이 치열하여 브랜드화를 통해 차별적 우월성을 갖추지 않으면 살아남기 힘들다는 인식이 깔려 있다. 이와 함께 축산물에 대한 소비자의 욕구가 더 세밀해 졌고 브랜드 선호도가 커졌다는 것도 브랜드화를 촉진시킨 동기라고 할 수 있다. 축산물의 브랜드화로 소비자가 얻는 이익은 상품을 누가 생산했는지를 알 수 있고, 품질의 수준을 일정부분 믿을 수 있다는 것이다. 그러기 위해서는 브랜드 제품의 품질이 소비자에게 뚜렷이 인식 되어야 하고 언제 사더라도 품질의 일관성이 유지 되어야 할 뿐 아니라 원하면 항상 매장에서 살 수 있도록 공급이 이루어져야 한다.

브랜드의 어원은 목장주인들이 자기들이 기르는 가축을 표시하기 위하여 소, 말 등의 가축에 불에 달인 인두로 'K'자 등 낙인을 찍어 표시를 하는 노르웨이의 고어 'brandr'로부터 유래되었다고 한다. 오늘날 브랜드란 제조업자 또는 판매업자가 자기의 제품 또는 서비스에 정체성을 부여하고 경쟁업자의 제품이나 서비스와 차별화하여 고객들에 의해 구별되게 하려는 목적으로 사용하는 단어, 문자, 기호, 심볼, 캐릭터, 슬로건, 디자인 또는 이들의 조합을 말한다. 브랜드와 관련하여 알아야 할 용어가 브랜드 아이덴터티(identity)와 브랜드 에퀴티(equity)다. 브랜드의 본원적 기능은 브랜드 아이덴터티에 의해서 만들어 지는데 브랜드 아이덴터티는 소비자가 특정 브랜드에 대한 동일성을 연상 할 수 있는 브랜드의 모든 구성요소들의 집합적 개념으로 정의된다. 예를 들어 Coca-Cola라는 로고를 보고 소비자가 쉽게 청량음료를 연상할 수 있는데 이는 그 브랜드가 훌륭한 브랜드 아이덴터티 요소를 갖고 있다고 할 수 있다. 브랜드 에퀴티란 브랜드가 있음으로써만이 얻어낼 수 있는 마케팅 효과 즉, 매출과 이익창출로 정의되는데, 이는 브랜드 아이덴터티를 전제로 해야 성립된다.

횡성한우 | 포크밸리 | 하림 닭 | 서울우유 | 안심 계란

[그림 11-1] 축산물 브랜드 사례

일반적으로 브랜드는 상표보다 넓은 의미로 사용되는 마케팅 개념으로 이해되고, 브랜드의 법률적 지위 즉 특허청에 등록된 브랜드를 상표 또는 상표권이라고 이해하면 된다. 우리나라의 경우 협동조합 부문에서 서울우유, 도드람 등이, 민간기업 부문에서 하림 등의 축산물 브랜드가 알려지기 시작했지만 정부는 2000년대 초반 축산물브랜드 정책을 통해 축산업 수준을 한단계 높여 수입 축산물과 경쟁하고, 나아가서 외국의 유명 축산브랜드에 못지 않는 글로벌 명품브랜드의 창출을 추구하였다. 등록이 되어 있는 축산물브랜드는 총 608개(한우 251개, 돼지 222개, 닭 45개, 계란 58개, 기타 31개 등)로 브랜드 출하물량은 전체물량 대비 소 28.6%, 돼지 36.2%를 점하고 있다(축산물품질평가원, 2015년 기준). 정부의 축산물 브랜드 육성정책 드라이브에 의해 한우의 경우 몇몇의 브랜드는 대형매장에 입점하는 등 시

장교섭력을 확보하였으나 거의 대부분의 브랜드육은 직매장과 공판장 및 도매시장 등에서 경매로 판매하는 형태에 그치고 있다. 참고로 일본의 경우 고베 소, 마에자와 소, 마츠자카 소, 가고시마 흑돈, 아키다 히나이토종닭 등 지역명의 브랜드가 소비자 사이에 유명하다.

축산물브랜드사업은 나름 성과도 가져 왔으나 문제점도 지적되고 있다. 축산물 브랜드가 지역중심의 중소브랜드로 많은 수가 난립해 있어 브랜드 간 경쟁이 과열되어 있지만 확실한 브랜드 아이덴터티가 확립되어 있는 것은 극소수다. 특히 한우브랜드의 경우 우선 참여대상 농가를 일정기간중 최소 출하두수, 혈통관리 여부, 사료 및 사양관리 지침준수 여부, 고급육 출현율 등에 의하여 선정하는 기준이 확립 되어 유통업체에게 브랜드육의 품질 균일화와 고급화 그리고 안정적인 원료육 공급에 대한 확신을 주어야 한다. 또한 브랜드 마케팅은 단순히 제품을 홍보하는 수준이 아니라 고가시장 공략, 차별화된 브랜드 개발, 안전한 이미지 제공 등 소비자와의 관계 구축에 주력, 신뢰를 쌓아가는 게 중요하다고 지적되고 있다.

제 4 절 소매가격의 형성 메커니즘

대부분 식품점에서의 상품은 도매상 등으로부터 받은 형태 그대로 판매를 하지만 신선육류는 좀 다르다. 소, 돼지의 경우 보통 소매상은 2분도체(sides)나 4분도체(quarters), 대분할 또는 소분할 형태로 구입한 후 이를 발골 · 정형하여 판매할 수 있는 고기의 량을 결정해야 한다. 발골 · 정형과정에서 소매상은 지육의 무게 손실(cutting shrinkage)에 직면하게 되고, 냉장보관 과정중의 수분 증발로 무게 손실(cooler shrinkage)이 발생하기도 한다. 다음에는 이 과정에 노동력 등이 투입된 것을 고려하여 목표한 마진을 창출하기 위하여 각 부위의 가격을 책정하는 일이다. 소매상의 소매가격 책정 과정을 이해하기 위해서는 소, 돼지의 도

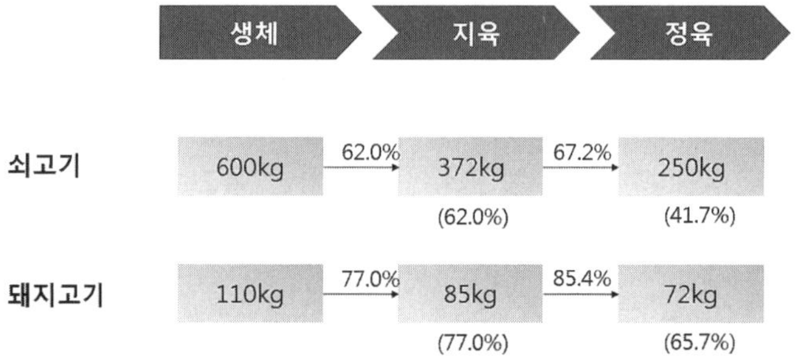

[그림 11-2] 소, 돼지 유통단계별 형태 및 육량비율

주) ( )는 생체중 대비

축 후 각 유통단계에서 사용되는 지육률, 정육률 등 용어를 알아야 한다(이하 지육률, 정육률 등 비율수치는 2016 농림수산식품 주요통계에서 인용).

- **지육률** : 생체중에 대한 지육무게(=도체중)의 비율을 말하며, 품종 · 성별에 따라 차이가 있으나 평균적으로 한우는 약 62.0%, 돼지는 약 77.0%이다.
- **정육률** : 지육(carcass)에서 불가식지방과 뼈를 제거하여 소비자가 바로 소비할 수 있도록 발골 · 정형한 상태를 정육이라 하는데, 정육률은 생체중 대비, 지육무게 대비로 구분할 수 있다. 지육무게 대비 정육률은 평균적으로 한우는 67.2%, 돼지는 85.4%인데 한우가 훨씬 낮은 것은 발골해야 하는 뼈 무게가 많이 나가기 때문이다. 생체중 대비 정육률은 한우는 41.7%, 돼지는 65.7%이다.

도체중과 생체중은 같은 축종이라고 하여도 사료의 급여 및 절식 여부, 성별, 월령, 비육상태 등에 의하여 큰 차이가 발생할 수 있다. 소 정육으로부터 얻는 부위별 비중도 트리밍 방법 등에 따라 다르나 평균적으로 다음과 같다. 무게가 600kg인 한우 거세우를 도축하면 372kg의 지육을 얻게 되고, 이 지육에서 뼈를 발골하고, 불필요한 지방을 도려내서 정육 250kg을 얻는다. 이 정육에서 얻는 부위별 무게는 안심 6.7kg, 등심 36.7kg, 채끝 8.8kg, 목심 13.9kg, 설도 35.2kg, 양지 39.0kg, 갈비 53.0kg 등이다. 이 중 소위 선호부위라고 하는 안심, 등심, 채끝, 목심, 갈비의 비중이 47.6%이다. 만약 부분육을 구입하였다면 소매상은 딱딱한 근육이나 지방을 제거하고 슬라이스 절단 등을 하여 소매용 제품을 만드는데 부분육에서 얻는 정육률은 부분육의 표면지방 두께, 정육에 포함된 지방의 량, 절단방법 등에 따라 다르다. 돼지 지육에서 얻는 소매단계의 무게는 주로 도려내는 지방의 양에 의존한다. 생체중 110kg의 돼지를 탕박 도축하면 지육은 84.7kg, 정육은 72.4kg을 얻는다. 이 정육에서 목심 5.2kg, 앞다리 9.3kg, 등심 7.2kg, 삼겹살 10.4kg, 뒷다리 15.0kg 등을 얻는다.

부위별로 팔 수 있는 량이 결정되면 다음단계로 소매가격을 책정하여야 하는데 이 것은 소매상의 가장 중요하고 어려운 일 중의 하나이다. 우선 소매상은 총 소매육의 가치가 모든 비용을 상쇄하고 일정 이윤이 나오는 것을 기대할 것이다. 소매상은 판매 가능한 소매육의 기대가치를 바탕으로 세분할된 소매육을 소비자들의 수요(선호부위)에 따라 단위당 가격을 다르게 책정하게 된다. 이렇게 모든 소매부위별 판매수입의 가중평균이 도매상으로부터의 구입금액(무게손실 등 감안), 관리비용 등을 공제하고 일정한 이윤을 창출할 수 있도록 소매가격을 책정하여 판매하게 되는 것이다. 정육점 등 소매상의 편리를 위해 부위별 가격책정 공식을 제시하고 있는 기준표도 유통되고 있다. 그러나 어떤 소매업체에 의해서도 무시될 수 없는 것이 경쟁업체의 가격이다. 소매업체들은 결국 원가와 이윤을 염두에 두고 주로 경쟁업체의 가격 등 유통시장의 변동에 따라 가격을 책정하게 된다.

축산물 유통구조상 쇠고기 및 돼지고기의 경우 산지가격과 도매가격은 경락가격에 준해 거래되기 때문에 상당한 연동성을 보여주고 있으나, 산지가격과 소매가격과는 여러 이유로 인해 잘 연동되고 있지 않은 것으로 나타났다. 그 이유로는 첫째, 유통경로가 과다하게 길어 많은 경로구성원의 비용과 이윤이 더해지기 때문이다. 특히 정육점의 경우 재고가 충분할 때 시장이 공급과잉으로 나타날 경우 가격 인하를 통한 판매 촉진보다는 구매량을 조절하여 재고 위험에 대응하거나, 이윤을 높이기 위해 가격 조정을 지연시키는 일반적인 관행이 있어 가격이 하방 경직적인 경향이 있다. 둘째 축산물은 생산기간이 길어 단기적으로 공급을 수요에 맞게 조절하기가 힘들기 때문이다. 셋째, 지육유통의 관행 때문이다. 정육점에서는 소량의 고급부위 가격은 높게 책정하여 다량의 비선호 저지방육의 판매위험부담을 덜려고 하기 때문에 고급부위 가격은 산지 · 도매가격이 떨어져도 잘 떨어지지 않는 경향이 있다. 넷째, 일반 정육점은 대체로 소규모 단순경영구조로 점포 임대료, 설비구입, 운영비 등의 부담이 커서 총판매비용의 약 25～30%에 불과한 원료육 매입비용만으로 가격 연동성을 나타내기 어렵다는 것이다.

닭은 소매업체는 계열화업체 또는 그 대리점으로부터 통닭 또는 부분육을 공급받아 그 구매가격에 마진을 더하여 소매가격을 책정하고, 우유의 경우 소매업체는 우유제조업체 또는 그 대리점으로부터 공급받아 그 구매가격에 마진을 더하여 소매가격을 책정한다. 닭의 경우는 소매업체의 소매가격 못지 않게 치킨프랜차이즈의 치킨 값에 소비자의 관심이 커서 육계는 축산물품질평가원에서 매일 닭고기 가격을 공시하고 있다. 우유는 원유가격 연동제가 산지에서 적용되고 있어 원유 산지가격이 해마다 변동하지만 제조업체가 해마다 이를 반영하기 어려워 우유 소매가격은 이에 비해 가격 변동 폭이 적다.

대형마트의 소매가격 책정에는 판매장려금의 존재가 가끔 부각 된다. 대형마트는 육류를 공급해 주는 벤더나 도매업자 등으로 부터 거래수량이나 거래금액에 따라 장려의 뜻으로 지급하는 판매장려금을 법적 조건을 갖추어 사후에 받을 수 있다. 이렇게 되면 대형마트는 서류상의 구매가격보다 싸게 구입한 셈이 되며 이 부분을 고려하여 소매가격을 책정하게 된다.

제 5 절 식품서비스 산업

소비자들은 자기 가정내에서 뿐만 아니라 가정밖의 장소에서 만들어져서 제공되는 음식, 음료, 주류 등 식사를 하는데 이를 외식소비(Away-from-Home Consumption)라고 하며, 외식을 공급하는 산업을 식품서비스산업(Food Service Industry: FSI) 또는 푸드서비스산업이라고 한다. 또한 이들 식품서비스산업에 식자재를 공급하는 업체를 B2B 식자재업체라고 한다. 우리나라는 1980년대 후반 이후 국민소득의 증가, 핵가족화, 여성의 경제활동 참여 증가 등으로 소비자들의 외식소비가 증대하여 식품서비스산업도 동반 성장하기 시작 하였다. 국내산 1차 가공품 형태의 경우 가정밖에서 소비하는 비중은 쇠고기 27.7%, 돼지고기 24.9%, 닭고기 59.1%, 계란 24.3%이다(축산물품질평가원, 2017년 기준).

식품서비스산업은 대중외식 영역과 기관적인 영역으로 나누어 진다. 대중외식 영역은 일반식당, 프랜차이즈 식당, 호텔 식음료 매장 등이 있다. 기관적인 영역은 다수인들에게 제공되는 단체급식 혹은 집단급식을 말하며, 학교급식, 산업체급식, 병원급식, 사회복지시설급식 등으로 나눠질 수 있다. 이 책에서는 대중외식 영역을 외식, 기관적인 영역을 단체급식으로 정의하여 기술하였다.

1. 외식업

외식업은 일반식당과 기업형 외식시장으로 나누어지는데 일반식당은 개인이 자영업 형태로 운영하는 것을 말하며, 기업형 외식시장은 대부분 프랜차이즈 레스토랑(패밀리 레스토랑, 한식 뷔페, 패스트푸드 등)이다. 국내 외식업체 수는 단체급식을 하는 기관구내식당업, 출장 및 이동음식업(캐이터링)을 제외하면 약 47만1천개소(이 중 프랜차이즈 가맹점 수는 약 8만5천개소), 매출액은 89조9,932억원이다(통계청, 2016년 기준). 외식업체의 매출대비 평균 식재료 구매비율 40.6%(한국농수산식품유통공사 추정, 2015년 외식업경영실태조사 보고서)를 적용하면 외식업체의 식재료 구매시장 규모는 약 36.5조원으로 추정된다. 외식업체의 식재료 구매 형태를 보면 매출규모가 크지 않은 개인사업자 형태의 외식업자들은 식자재유통업체에서 필요한 만큼 소량의 상품을 신선하게 수시로 구매하여 사용하고 있다. 반면, 프랜차이즈 음식점의 경우 가맹본부에서 센트럴키친(Central Kitchen)을 이용하여 대량의 식자재를 구매하여 각 매장으로 배송하고 있다. 센트럴키친은 여러 품목의 제품을 균일한 맛으로 유지하면서 다량으로 생산, 가맹점에 공급하는 프랜차이즈 본사의 전처리 식품가공센터를 말한다. 프랜차이즈 가맹점은 센트럴키친을 통해 원재료 변동성을 최소화할 수 있고, 식재료 준비와 조리시간을 단축시킬 수 있다. 외식업체의 월평균 식재료비의 비율은 육류 및 축산물류(58.8%), 농산물류(23.0%), 장류 및 양념류(13.0%), 수산물류(5.2%) 순으로 나타났다. 외식업체의 육류 및 축산물류의 구매경로는 개인도매상 29.6%, 식자재 마트 20.9%, 식자재업체 17.1% 등이다(한국농촌경제연구원, 2017).

정육점형 식당 부가세 부과 부당 판결 · · · 출입문 · 계산시스템 등 별도 구분 운영해야

정육점형 식당에 부가가치세를 부과한 것은 부당하다는 대법원의 확정 판결이 나왔다. 다만 모든 형태의 정육점형 식당에 적용받기는 어려울 것으로 보인다. 지난달 29일 열린 대법원에서 열린 정육점형 식당 부가가치세 부과 취소 소송에서 2013년 1월 24일 고등법원에서 부당하다는 판결에 대한 해당 세무서의 상고를 기각했다.

해당 소송의 판결요지를 살펴보면 해당 정육점형 식당은 1층 정육매장과 2층 식당을 출입문과 계산시스템 등을 별도로 구분해 운영하고 있기 때문에 2층 식당에서 고기를 구워먹는 행위에 대해 고기값을 포함해 과세하는 것이 잘못이라는 것이다. 특히 1층 정육매장에서 정육을 구입해 계산함으로써 정육매장의 재화 공급행위는 종료된 것이기 때문에 2층 식당에서 고기를 구워먹는 행위에 대해 고기값을 포함해 전체로 과세거래에 해당하지 않는다는 것이다.

다만 이 같이 부가가치세를 면세 받기 위해서는 정육매장과 식당의 출입문을 명확히 구분해야하고 식당과 시설을 완전히 분리 운영했기 때문에 가능한 것으로 나타났다. 또 POS시스템을 통해 매출을 구분 관리했으며 정육매장의 홍보를 위해 식당을 운영한 것으로 정육매장과 식당 종업원 역시 별도로 고용해 상호 교류를 하지 않았다는 점이다. 때문에 모든 정육점형 식당에 이를 적용받기는 어려울 것으로 보이며 부가가치세를 면세 받기 위해서는 이 같은 절차 및 시설 등을 갖춰야만 할 것으로 보인다.

(자료원, 축산신문, 2015.2.6. 기사편집)

외식산업에서 축산물 소비와 관련하여 2000년대 후반에 들어서 눈에 띄는 변화 중 하나는 정육점형식당의 등장인데 정육점형식당은 축산물 소비에 상당한 역할을 하고 있으나 식당 운영방식과 관련하여 세금문제로 주춤하고 있다. 정육점형식당은 축산물위생관리법에 의한 정육점(축산물판매업)과 식품위생법에 의한 일반음식점을 동시에 신고하고 영업 중인데, 고객이 정육판매대에서 고기를 직접 구매해 식당에 와서 세팅비를 지불하고 구워먹는 형태이다. 정육점형식당은 정육점이 부가세 면제가 되므로 식당에서 고기값을 제외한 술, 채소류 판매액만 부가세 신고를 했으나 세무당국에서는 식당에서 고기를 판 것으로 보아 이를 탈세로 간주하고 고기 판매액을 추정하여 술, 채소류 등의 판매금액과 함께 부가세를 과세하였다. 이 문제는 소송으로 비화되어 대법원 판결에서 출입문 · 계산시스템 등을 별도 구분 운영하면 부가세 면세가 된다고 하였다.

2. 단체급식업

전국민의 25%가 넘는 1,390만명이 하루 식사 중 한 끼 이상 단체급식을 받고 있는 것으로 추정된다(한국보건사회연구원, 2012). 단체급식을 이용하는 기간도 영유아 보육시설에서 만 1세부터 급식을 먹기 시작하는 유아의 경우, 유치원, 초 · 중 · 고등학교, 대학교를 거치는 동안 12~20년 동안 계속해서 하루 한끼의 식사를 급식에 의존하게 되고, 성인기에는 직장급식, 군대급식을 이용하며, 병원급식이나 각종 사회복지시설 급식을 경험하기도 한다. 국내 집단급식소는 전국에 46,354개소가 있는데 산업체 10,147개소, 공공기관 1,440개소, 학교 11,745개소, 어린이집 15,825개소, 병원 3,632개소, 사회복지시설 2,723개소 등이다(지방데이터포털, 2018.6월 기준)

단체급식 시장에는 학교, 산업체(오피스+공장), 병원, 사회복지시설 등이 있다. 단체급식은 해당 사업장의 사업자가 직접 운영하는 직영급식과 전문 급식업체에 맡기는 위탁급식으로 나뉘는데 초 · 중 · 고등학교는 대부분 직영급식 형태로 운영되고, 산업체 · 병원 등은 위탁급식 비중이 높다. 관련업계에서는 전체 급식시장 중 직영급식과 위탁급식 비중을 6 : 4로 추정하고 있다.

위탁급식은 그 출발 시기로 보는 1988년 당시 전체 단체급식시장(당시 약 1조원 규모)의 4%의 비율로 시작하였는데, 2000년대 들어서는 위탁급식이 병원, 관공서 등으로 확대되었다. 기관구내식당업 등으로 단체급식시장에 진출하고 있는 대기업들은 계열사 단체급식을 중심으로 성장하여 일반기업, 병원 등의 단체급식과 함께 일반 외식업, 식자재 유통사업에도 활발히 진출하고 있다. 위탁급식시장을 이끌어가는 빅5가 삼성웰스토리, 아워홈(LG), 현대그린푸드, CJ프레시웨이, 신세계푸드이다.

2.1 학교급식

학교급식은 1982년 학교급식법 제정으로 정착하기 시작하여 1993년 초등학교, 1996년에는 중 · 고등학교까지 급식 도입이 확대되어 2003년부터 전국 초 · 중 · 고교에서 전면적으로 실시하고 있다. 학교급식의 운영적인 측면에서 보면 1996년 12월에 개정된 학교급식법에 의해 외부 위탁급식이 전면 허용되었으나, 2006년 대규모 식중독 사건 이후 직영원칙으로 하되 학교운영위원회의 심의를 거쳐서 일정한 요건을 갖춘 자에게 외부 위탁급식이 가능하도록 하였다.

급식실시 학교는 11,745개교로 이 중 직영급식은 97.9%에 이르고 학교당 평균 급식학생수는 525명이다. 학교급식 운영경비는 5조7,231억원인데 이 중 식재료비가 3조1,560억원(55.1%)으로 가장 큰 부분을 차지하고 있다(교육부, 2016년 기준). 학교급식에서 이용되는 식재료 조달유형은 민간공급업체를 통한 조달, 한국농수산식품유통공사의 사이버거래소를 통한 전자조달, 학교급식지원센터를 통한 조달로 나뉜다. 학교 급식에서 쇠고기와 돼지고기 등 축산물의 사용이 늘고 있을 뿐만 아니라 국내산 육류 사용 의무화 조례를 제정하고 있는 지자체도 증가하고 있어 국내산 쇠고기와 돼지고기의 급식이 지속적으로 증가하고 있다.

■ 표 11-3 국내 생산량 대비 학교급식 비중

(단위 : 톤, %)

		2010	2011	2012	2013	2014
쇠고기	국내 생산	186,153	216,403	234,499	259,895	261,000
	학교급식	4,907	4,907	6,229	7,403	7,756
	비중	2.6	2.3	2.7	2.8	3.0
돼지고기	국내 생산	761,109	575,571	749,651	853,812	827,100
	학교 급식	27,831	24,869	28,633	31,095	32,623
	비중	3.7	4.3	3.8	3.6	3.9

*자료 : 농림축산식품부, 축산물품질평가원 내부자료

2.2 산업체 급식

산업체 급식은 오피스(사무실, 연수원, 관공서 등)급식과 공장급식이 있는데, 각각 절반 정도를 차지하고 있다. 기관구내식당업으로 시작된 산업체 급식은 1980~1990년대 직원들에게 식사를 제공하는 복지차원에서 시작된 만큼 계열사가 많은 대기업 중심으로 시장이 형성되었으며, 1990년대 위탁급식형태가 등장하면서 본격적으로 성장하기 시작하였다. 산업체 급식업체(기관구내식당업)의 숫자는 11,103개소로 매출액은 8.9조원이다(통계청, 2016년 기준). 기관구내식당업의 매출액 기준으로 보면 대기업계열 주요 5개사가 시장규모의 49%를 점유하고 있으며 중소 기업형 및 기타 급식업체가 51%를 점유하고 있다. 기관구내식당업의 매출대비 평균 식재료 구매비율 40.6%(한국농수산식품유통공사 추정, 2015년 외식업경영실태조사 보고서)을 적용하면 기관구내식당업의 식재료 구매액은 약 3.6조원으로 추정된다. 산업체급식업체의 식재료 조달경로는 대부분이 식자재업체 또는 도매(경매) 시장을 통해 조달하고 있으며, 계약재배나 산지 직거래도 있다.

2.3 병원급식

병원급식은 환자들에게 건강유지를 위한 충분한 영양공급을 목적으로 제공하는 일반급식 목적외에 질병치료 및 회복에 도움이 되도록 제공되는 치료식의 목적이 추가되고 있다. 환자의 질환과 섭취 방식에 따른 식단 제공이 필수로 환자에 따라 세분화된 서비스를 제공하여야 하므로 병원급식이 위탁 급식시장에서 가장 까다로운 사업으로 분류된다. 또한 병원급식에는 환자식 외에 병원시설의 직원들을 위한 직원식 및 방문객, 외래환자들을 위한 급식 등이 포함된다. 대형병원은 1988년 이후 그리고 중소병원은 2000년 의약분업 이후 병원급식의 위탁화가 추진되어 왔는데 병원급식은 3,632개소로 관련업계에서는 병원급식 시장의 규모를 약 2조원 대로 추산하고 있으며, 이 중 위탁급식 규모는 1조원대로 보고 있다.

2.4 사회복지시설 및 기타시설의 급식

사회복지시설에는 아동복지시설, 노인복지시설, 장애인복지시설 등이 있다. 우리나라 전국의 사회복지시설은 노인복지시설이 69,237개소(입소정원 163,237명, 2010년), 장애인 복지시설 397개소(23,243명 입소, 2009년) 등이다. 사회복지사업 관련법에는 시설 이용자(종사자 제외) 50인 이상인 경우 영양사를 1인 이상 고용 하도록 되어 있으나, 전문인력의 배치율은 극히 미약한 실정이다. 기타 단체급식에는 군대급식, 선수촌 및 운동선수 급식, 교정시설 급식, 기내식 등이 있다.

■ 참고문헌 ■

- 김성제(2006), 현대 브랜드 경영 전략, 교보문고
- 농림축산식품부/한국농수산식품유통공사, 2015 외식업체 식재료 구매현황 조사 보고서
- 대한상공회의소(2018), 2018유통물류통계집
- 박성희 외(2014), 농산물 전자상거래 연구 분석, 식품유통연구 31(1)
- 박찬욱(2017), 실전 유통론, 청람
- 최일도(2014), "한우 브랜드 경쟁력 강화를 위한 마케팅커뮤니케이션 방안", 한우자조금관리위원회/한국 PR학회 세미나
- 축산물품질평가원(2018), 2017 축산물유통실태조사,
- 한국농수산식품유통공사(2017), 2017년도 식품산업 주요통계
- 한국농어민신문, "진단/축산물 전자상거래 도입 3년", 2003년 3월 17일
- 한국보건사회연구원(2012), "단체급식의 현황과 영양관리 개선과제", 보건 · 복지 Issue & Focus, 제 120호(2012-11)
- 한국농촌경제연구원(2017), 2017 외식업체 식재료 구매현황 조사 보고서
- 홍일유 외(2014), 경영자 관점의 전자상거래, 법문사
- 態本縣畜産廣場(kumamoto.lin.gr.jo/i-menu.html) 〉 食肉の基楚知識
- 全農(https//www.zennoh.or.jp) 〉 日本の食料を考える2013 〉 食肉と鷄卵の流れ
- E. Turban(2003), Introduction to E-Commerce, Prentice Hall, Inc

제 12 장 협동조합 유통

1844년 영국 랭커스주에서 로치데일 협동조합이 탄생한 것은 협동조합역사에서 가장 중요한 사건이다. 로치데일 협동조합은 협동조합의 제도 및 운영원칙의 근간을 최초로 확립하여 오늘날 협동조합의 기원이 되었으며, 전세계적으로 협동조합 운동이 크게 확산된 것은 로치데일 협동조합의 성공에 힘입은 바가 크다. 협동조합의 발전에는 두가지 요소가 작용 하였다. 하나는 생산농가가 기존의 마케팅 기관으로부터 얻을 수 있는 서비스에 대한 불만족이고 또 하나는 기존 마케팅 기관에 과도한 비용을 지불해야 한다는 불만이다. 농업 분야도 상업농이 확대됨에 따라 구매와 판매, 가공 등의 분야에서 보다 조직적으로 시장에 대응할 필요성이 높아짐에 따라 협동조합이 나타나기 시작하였다. 이 장에서는 협동조합 유통의 개념과 효과, 협동조합 축산물유통사업의 현황, 그리고 협동조합 유통의 전망 등을 다루었다.

제 1 절 협동조합 유통의 개념과 효과

1. 개념

협동조합은 생산자들이 상호 경제적 후생(보통은 소득 증대로 나타남)의 증진을 위해 생산자들이 공동으로 소유하고 운영하는 특별한 사업조직의 한 형태로서 인정되는 것이다. 축산물을 비롯한 농산물 시장이 완전경쟁시장이라면 협동조합과 같은 특별한 형태의 사업조직이 존재할 이유가 없다. 그러나, 영세한 개별농가들은 유통과정에서 농산물의 부패성, 구매상인 및 가공업자의 취급품목 제한, 그리고 시장정보의 상인 집중과 왜곡 등으로 인해 구매자와의 사이에 교섭력의 불균형을 빈번하게 경험 하고 있다. 따라서 협동조합은 시장이 경쟁적 균형을 달성하지 못할 때, 즉 시장실패가 존재할 때 설립과 존재의 합리적 근거를 가지게 된다.

협동조합은 영리적인 사업과 비영리적인 사업이 모두 가능하지만 어떤 형태가 되었던지 이익(profits)은 보통 회원농가들에게 귀속된다. 주식회사에서는 주주에게 출자액에 비례하여 출자배당을 실시하지만, 협동조합에서는 이용고 배당을 주로 실시하며 출자배당은 일정 수준 이하로 제한하는 경우가 일반적이다. 이용고 배당이란 해마다 농협의 영업이익을 회원들에게 계통출하대금 정산액, 자재 구입액, 신용(여신, 공제, 카드이용액 등 수신) 등 협동조합의 이용 점수에 따라서 배당을 하는 것이다. 주식회사가 투자에 비례한 수익배분을 추구하는 반면, 협동조합은 이용에 비례한 수익배분을 중시한다는 점에서 커다란 차이가 있다. 조합원인 농가들은 조합운영에 필요한 자본투자와 임원 선출권을 가지며, 생산의 자율성과 그들이 원할 때 조합을 전출입 할 수 있는 유동성이 보장된다.

2. 기대효과

협동조합은 일반적으로 조합원과 시장의 관계에서 거래비용을 최소화하고, 시장을 경쟁적 구조로 효율화하여 조합원의 이익에 기여하는 역할을 한다. 농업협동조합 유통의 기대효과는 다음과 같다. 첫째, 유통비용의 절감이다. 생산자가 유통부문을 수직적으로 통합함으로써 규모의 경제를 실현함으로써 효율성을 증가 시키게 되며, 구체적으로 거래비용을 절감시키게 된다. 둘째, 규모의 경제가 가능함으로써 이를 바탕으로 시장 교섭력이 높아 진다. 셋째, 시장이 독과점 구조일 때 시장경쟁을 촉진하여 시장 효율성을 높이는 경쟁척도(competitive yardsticks) 역할을 통해 불균형적인 시장력을 견제한다. 넷째, 시장이 경쟁적인 경우 시장 선도자(pacemaker)로서 새로운 기술도입과 수요개발을 통해 시장효율을 높이고 공익에 기여한다. 최근에는 날로 시장점유율이 커지고 있는 민간 수직계열화업체와 경쟁하는 대항적 조직으로서 협동조합의 역할과 기능이 더욱 중요해 지고 있다.

제 2 절 | 협동조합 축산물 유통 현황

1. 협동조합 현황

전형적인 농업국이었던 우리나라에서 오랜 논란 끝에 1958년에 농업협동조합이 설립 되었으나 금융사업은 별도의 독립적 조직인 농업은행이 담당하고 있어 농업협동조합은 당초의 기능을 제대로 수행하지 못했다. 오늘날의 농업협동조합은 1961년 새로 제정된 농업협동조합법에 근거하여 이전의 농업은행과 농업협동조합이 통합되어 설립된 것이다. 농업협동조합은 농민의 자주적인 협동조직으로서 행정구역 또는 경제권을 중심으로 조직된 지역농협 및 지역축협과 원예, 과수, 축산 등 특수농업경영자를 조합원으로 하여 조직된 전문조합인 품목농협 및 품목축협, 그리고 이들을 회원(이하 회원조합이라 함)으로 하는 전국연합체인 농업협동조합중앙회(이하 농협중앙회라 함)의 2단계 계통조합으로 구성되어 있다. 그러나 농업협동조합법에 의하여 농협중앙회와 각 회원조합은 각각 별도의 법인이다. 농협중앙회의 회원조합은 지역농협 932개, 지역축협 116개, 품목농협 45개, 품목축협 23개, 인삼협 11개 등으로 구성되어 있으며, 조합원 수는 2,230,530명으로 되어 있다(농협중앙회, 2018.6월말 현재).

2012년에는 농협중앙회에서 신용사업과 경제사업이 분리되어 금융지주회사와 경제지주회사가 되었다. 축산경제조직은 경제지주회사내에 축산경제대표체제로 되어 있는데, 지금도 사업개편이 지속되고 있다. 따라서 현재 협동조합의 축산물 유통은 농협중앙회와 그 회원조합에 의하여 이루어지고 있으며 이 중에서도 중심은 2012년 농협중앙회에서 분리된 경제지주회사내의 축산경제 조직과 지역축협 116개, 품목축협 23개(낙농 13개, 양돈 7개, 양계 2개, 양봉 1개)에 의하여 이루어 진다. 축협조합원은 25만9천명이다(2015년 기준).

2. 협동조합 축산물 유통사업의 종류

2.1 계통출하사업 : 수탁사업과 매취사업, 계열화 사업

협동조합은 축산물 유통에 있어서 기본적으로 공동구매사업을 통해 투입재의 비용을 줄이는 한편, 조합원들을 대상으로 계통출하사업을 하고 있다. 계통출하는 개별 생산농가 단위로는 판매물량이 적어 판매비용이 많이 들기 때문에 협동조합의 공동판매를 통해서 중간유통비용을 절감하고, 규모의 경제에 의한 시장의 교섭력을 높여 생산농가의 수취가격을 높이기 위한 것이다. 지역 · 품목축협 등 산지 회원조합(지역농협 포함)은 조합원이 계통출하한 생축을 대상으로 크게 수탁사업과 매취사업을 통해 축산물 유통에 관여하고 있다. 수탁사업은 조합원이 출하한 생축을 공판장에 상장 시키고 정산해 주는 사업과 부분육 가공업체 등과의 거래를 중개해 주는 사업으로 나눌 수 있다. 매취사업(계열화 사업 포함)은 조합원과 구매계약을 통해 생축을 확보하고 도축 및 가공하여 직영판매장 및 직영식당, 농협계통매장, 정육점, 음식점, 대형마트 등에 판매하는 사업이다.

축협의 계통출하사업은 한우의 경우 수탁(경매) 52.5%, 수탁(중개) 13.3%, 매취(임도축) 34.1%이다. 돼지는 수탁(중개) 35.3%, 매취(자가도축) 24.6%, 수탁(경매) 20.7%, 매취(임

■ 표 12-1 산지 회원조합의 한우 및 돼지 유통사업 비중

(단위 : %)

구 분	사업 비중	
	한우	돼지
수탁사업(경매)	52.5	20.7
수탁사업(중개)	13.3	35.3
매취사업(자가도축)	0.0	24.6
매취사업(임도축)	34.1	18.9
지육 · 부분육 구매	0.1	0.5
합계	100.0	100.0

*자료 : 정민국 외(2011). 물가안정을 위한 축산물과 식품유통체계 구축(1/4). 한국농촌경제연구원

도축) 18.9%이다. 조합 매취사업의 경우 한우는 임도축 후 자체 가공장에서 부분육 가공(58.1%) 또는 식육포장처리업체에 위탁가공(26.2%)하는데, 자체 부분육 가공 물량은 조합 직영판매점 및 직영식당에서 절반을 소화하고, 나머지 절반은 슈퍼, 대형할인점 · 백화점 등에 판매한다. 돼지는 매취사업 중 자가도축분은 대부분 양돈계열화사업에 의한 것이다. 지역 · 품목축협 139개소에서는 브랜드축산물의 전문적인 판매를 주목적으로 하는 축산물플라자 305개소(2016년말 기준)를 운영하고 있다.

농업협동조합이 축산물 유통에서 차지하는 위치를 보면 한우와 낙농부분을 제외한 양돈과 육계, 계란 등 타 축종에서는 민간업체에 처져 있다. 한우는 민간업체가 뛰어들기에는 너무 자금이 많이 들고 자금회수기간이 길어 리스크가 커서 쉽지 않기도 하지만 축협에서 한우브랜드 사업을 중심으로 꾸준히 노력하여 협동조합이 큰 비중을 차지하고 있으며, 낙농도 서울우유협동조합을 비롯하여 협동조합의 비중이 높다. 양돈의 경우 몇 개의 유수 양돈조합(도드람, 부경, 제주 등)이 자체적으로 계열화사업을 하고 있는데, 중앙회의 목우촌 양돈계열화 사업은 지역 및 품목축협과의 사업연관성이 높지 못하다. 양계와 오리는 농협의 참여 비율이 아주 적어 사실상 민간업체 견제 역할을 제대로 하지 못하고 있다. 참고로 일본의 농협 경제사업연합회격인 전농이 산지유통에서 차지하는 비중은 소 48.2%, 돼지 23.4%, 닭 12%, 계란 21%이다(전농 홈페이지, 2011년 기준).

최근에는 농협중앙회 축산경제가 중심이 되어 일선조합 등 농협의 전 계통조직 및 협력업체(민간 육류유통업체)를 연계하는 안심축산사업을 추진하고 있다. 안심축산사업은 생산주체가 모든 단계를 총괄하는 기존의 계열화 개념에서 탈피하여 전방관련사업인 민간 육류유통업체 등과 전략적 협력을 통해 계열화를 시도한 사업이다. 안심축산사업은 자체사업과 협력업체의 수탁사업으로 나눠지는데 안심한우를 시작(2008.11월)으로 안심한돈, 안심

계란 등으로 대상 품목을 확대하였다. 안심한우의 경우 생산농가와는 전수 혈통등록, 통일된 사료 사용, 생산된 한우의 지정 축산물 공판장 출하 등을 계약조건으로 하고 있으며, 전량 DNA검사와 유해성 잔류물질 검사를 하고 있다. 또한 협력업체와는 월단위로 연간 공급물량을 계약하여 지역 · 품목축협과 브랜드사업단에서 기본물량을 조달받고 추가적인 물량은 계통공판장 등에서 매입하여 공급하는 한편, 협력업체들에게 '농협'과 '안심 브랜드'를 사용하도록 하고 민간소매점을 상대로 안심축산물전문점을 개설할 수 있도록 하고 있다. 안심한돈은 지역 · 품목축협 중심으로 전속출하체계를 유지하고, 안심계란은 전용인증농가에서 조달하고 있다. 안심축산은 협동조합의 성공적인 비즈니스 모델의 훌륭한 사례가 될 수 있지만 그 이면에는 안심축산이 수수료 수입에 불과하다는 지적과 그동안 오랫동안 쌓아온 '농협'이란 브랜드의 역할이 크다는 것을 잊어서는 안 될 것이다.

2.2 사료사업

농협계통 사료회사는 농협중앙회 자회사인 (주)농협사료와 회원조합에서 운영하는 사료공장이 있다. 농협중앙회 100% 출자회사인 농협사료의 판매방식은 회원조합을 대리점 격으로 운영하는 방식이다. 즉, 농협사료는 제품의 개발과 생산, 중앙단위의 마케팅지원과 홍보를 전담하고, 실제 판매는 농협사료가 공장도가격을 책정해 회원조합에 공급하면 회원조합은 적절한 판매비용과 이윤을 합해 가격을 책정하고 판매하는 방식이다. 농협사료 생산량 중 90% 이상이 회원조합을 통해 판매되었고, 직거래는 10% 미만이다.

또한 사료사업을 운영하는 회원조합 간에도 수도권에 소재한 조합의 조합원감소로 인해 타 지역 조합원에 대한 판매 확대로 경합이 발생하고 있다. 예를 들면 부천농협, 수원축협, 서울축협 등은 수도권 이외지역 판매비율이 70%에 이른다. 따라서 충남지역(천안, 홍성, 당진, 보령축협)의 조합과 수도권지역 조합 사이에 경합이 발생하고 있다. 이에 따라 최근에는 배합사료공장을 갖고 있는 회원조합이 중앙회 농협사료와 손을 잡고 조합공동사업법인을 설립하여 배합사료 생산에서 판매까지 공동사업을 통해 농협계통사료 사업의 경쟁력 강화에 나서고 있다.

2.3 도축장 및 공판장 운영

중앙회의 축산물공판장 4개소의 경우 소 위주로 도축과 경매를 하고 있는데 부천, 음성공판장을 제외한 고령, 나주 공판장은 소비지와 원거리에 위치하다 보니 물량확보가 쉽지 않았다. 그러나, 2008년 이후 안심축산 사업이 활성화되면서, 안심축산의 소와 돼지 도축물량이 늘어나 농협의 축산물공판장이 활성화되는 계기가 됐다. 지역 · 품목축협이 축산물공판장 등 계통사업장 이용에 대한 인센티브 및 편의를 높이는 제도를 도입하고, 지역 · 품목축협들이 브랜드사업을 중심으로 축산물 유통사업에 적극 뛰어든 것도 축산물공판장의 활성화에 기여하였다. 특히 현재 소의 경우 축산물공판장으로 도축물량 쏠림현상이 두드러지고 있다. 지역 · 품목축협이 운영하는 도축장은 6개소(제주, 도드람, 논산계룡, 김해축공, 부산경남축공, 구미칠곡)가 운영중에 있는데 김해축공, 부산경남축공을 제외하면 주로 돼지 도축에 집중하여 있다.

2.4 기타 : 가축개량, 가축시장 운영, 수의서비스 등

농협중앙회는 한우개량과 젖소개량 사업을 주도적으로 하고 있으며 종돈사업도 하고 있다. 지역축협에서는 축산법에 의거하여 전국의 81개 조합에서 86개의 가축시장을 개설 · 관리하고 있다. 또한 지역 · 품목축협 중 동물병원을 운영하고 있는 곳은 모두 91개 조합으로 100개소(3개소 운영 조합도 있음)의 동물병원을 운영하고 있다(2016.11월 기준).

제3절 협동조합 축산물 유통의 전망

협동조합 유통의 기본적인 역할은 규모의 경제를 실현함으로써 유통비용을 절감하고 시장 교섭력을 높이며 민간유통업에 대한 견제역할을 하는 것이다. 협동조합 유통은 지금까지 중심이 되고 있는 축산물 생산에 대한 투입재의 공동 구매, 생산물의 공동 판매에서 한 걸음 더 나아가 유통정보의 분석 · 제공과 신용사업 경험과 전문지식을 바탕으로 경영진단 및 지도, 양축농가 개인들이 하기 어려운 수입축산물가격 분석을 기초로 국내 생산비 절감 추진, 가축방역 등의 역할에 더욱 중점을 두어야 할 것이다. 협동조합의 역할은 최근의 닭, 오리, 돼지 나아가서는 소의 분야에까지 소위 민간기업에 의한 계열화의 추세가 강해 지고 있는 것을 감안할 때 더욱 명백해 진다. 민간기업에 의한 계열화는 장점이 크지만 계열화의 진전은 농가들이 경영의 자율성과 적절한 수익을 창출하려는 기회를 잃어버리는 위험에 직면할 수 있다는 반대의 목소리도 높다. 이러한 관점에서 보면 생산자단체로서 협동조합의 역할은 굉장히 중요하고, 정부의 협동조합형 패커 육성정책은 시의 적절하다고 볼 수 있다.

궁극적으로 협동조합의 목적은 조합원인 가축사육 · 생산농가들의 경제적 · 사회적 지위 향상을 도모하는 것이다. 협동조합이 이러한 본연의 역할을 다하기 위해서는 사업 영역이나 방식 등에서 그 정체성을 잃지 않고 생산자 조합원에게 이익을 주기 위한 프로그램들이 충실히 실행 되어야 하고, 조합원들의 조합에 대한 책임감의 이해를 증대시켜야 한다. 그러기 위해서는 협동조합이 많은 자본투자, 낮은 운영 수익, 비용이 많이 드는 서비스 제공의 한계 등을 극복해 나가야 한다. 또한 중앙회와 회원조합의 연계를 강화하여 시너지 효과를 높이기 위해서는 조합공동사업법인(조합 간 합작에 의한 법인)의 활발한 추진과 함께 회원조합이 사료, 공판장 등 중앙회의 경제지주 산하 자회사에 공동으로 출자하도록 하여 자회사의 지배구조에 참여하고, 자회사의 이익은 사업 이용 조합의 이용고에 비례하여 분배하는 체계를 구축해 나가는 것도 검토되어야 한다. 결국 농협중앙회와 회원조합이 계통사업장의 시너지 효과를 낼 수 있도록 연계를 더욱 강화하고 이에 조합원들이 적극 참여하는 과정에서 협동조합의 가치를 얼마나 실현해 내느냐가 협동조합 경쟁력의 원천이 될 수 있을 것이다.

■ 참고문헌 ■

- 김동환 · 김병률 · 김재식(2011), 농산물 유통론, 농민신문사
- 농축유통신문, “농협축산경제 사용 설명서”, 2014년 10월 24일
- 농협중앙회(2006), 협동조합론
- 축산신문, “지주출범 3년, 농협 축산경제 새 판을 짜자”, 2018년 10월 17일
- 황의식 외(2011), “농협경제사업의 비전”, GS&J
- 全農(https//www.zennoh.or.jp) 〉 日本の食料を考える2013 〉 食肉と鶏卵の流れ
- J. H. McCoy and M. E. Sarhan(1988), Livestock and Meat Marketing, An avi Book

제 13 장 축산 계열화

역사적으로 개별 생산농가들은 처음에 독립경영 형태로 출발하였으나 원자재 구매나 농산물 출하에서 우위를 점하기 위해 협동조합을 결성해 규모의 경제를 시도하게 되고, 나아가 협동조합을 통해 도축 · 유통 등 관련산업에도 진출함으로써 계열화 또는 인티그레이션(integration)이라고도 하는 단계에 진입하기도 한다. 또한 농장에 사료 등 원자재를 공급하던 업체가 상품판매를 보다 쉽게 하기 위해서 또는 농장으로부터 원료 농산물을 수집해 도축 · 가공 · 판매했던 업체들이 원료 농산물의 안정적 수급을 위해 계열화를 시도하게 된다. 세계적으로 축산업의 계열화는 육계→산란계→양돈→낙농→육우의 순으로 진행되고 있다. 세계적으로 축산업에 있어서 계열화는 미국의 양계산업의 타이슨푸드를 선구자로 볼 수 있고, 우리나라도 우유분야의 서울우유협동조합이나 육계분야의 하림을 그 선구자로 볼 수 있다. 축산계열화는 축산업 발전에 큰 기여를 하였지만 계열화에 앞서간 선진국은 물론 우리나라에서도 이에 따른 여러가지 문제들도 노출하고 있다. 이 장에서는 축산계열화의 개념과 유형, 한국 축산업의 계열화 과정과 현황, 쟁점과 발전방안 등을 다루었다. 그리고 계열화 선진국인 미국, 유럽의 축산계열화에 대하여 소개하였다.

제 1 절 계열화의 개념과 배경

1. 개념

계열화에는 수직계열화와 수평계열화가 있다. 수직계열화는 한 제품에 대한 원재료 투입에서 생산 · 가공 · 유통 · 소비에 이르는 수직적 흐름상에서 각 단계를 연결 · 조정하는 것이다. 이에 반해 수평계열화는 생산, 가공, 유통 등의 각 단계에서 생산자들끼리 또는 가공 혹은 유통단계에서 동종의 업자들끼리 횡적으로 연결하는 것이다. 그러나 수직계열화의 정의는 매우 다양하다. 그것은 (i)연결 · 조정의 의미가 소유권에 의한 것인가 또는 시스템 전체의 통제권에 의한 것인가 하는 것과 (ii) 산업의 상류에서 하류까지의 가치사슬상에서 몇 개 단계 또는 어느 단계가 연결 · 조정된 것을 계열화로 볼 것인가에 대한 관점이 다르기 때문이다.

육계부문에서 계열화는 사료 · 의약품의 생산 · 유통, 도축 · 가공, 판매 등 상류부터 하류까지의 부문을 통합한 시스템을 말한다. 그러나 이 용어가 상정하고 있는 것은 엄밀히 말하면 수직계열화이다. 육계산업의 세부적인 가치사슬을 보면 ①육종업(원종계의 품종개량을 행함) ②종계업(원종계에서 브로일라의 부모격인 종계까지 2단계에 번식하여 종란을 생산) ③부화업(종란을 부화하여 초생추를 생산) ④사료제조업 ⑤양계용약품제조업 ⑥양계용기구 · 기계제조업 ⑦계사건축업 ⑧브로일라 사육업 ⑨도계 · 가공업(햄, 소세지 등 가공식품제조업 포함) ⑩도매업 ⑪소매업 ⑫식품서비스산업(외식산업 등)의 12종이다. 일반적으로 투입단계의 ②③④, 생산단계의 ⑧, 도계 · 가공단계의 ⑨이 연결 · 조정 되어야 계열화라고 한다. 우리나라에서는 농협중앙회가 회원조합의 물량을 조달하여 민간 가공유통회사인 협력업체에 공급하고 이들이 소매점 체인을 갖도록 하여 농협 안심브랜드로 판매하도록 하는 특이한 형태의 계열화도 나타나고 있다. 국내에서 수직계열화는 수직적조정(vertical coordination), 수직적연계(vertical linkage) 등의 용어와 혼용되어 쓰이고 있는데 이 세가지 용어는 같은 개념으로서 가치사슬의 각 단계를 완전히 연결 · 조정하는 것을 의미하는 수직통합(vertical integration)보다는 포괄적인 상위개념으로 이해된다. 이 책에서는 소유에 의한 연결 · 조정뿐만 아니라 계약(contract), 전략적 제휴(strategic alliance), 합작투자(joint venture) 등에 의한 연결 · 조정 등도 계열화로 보았다.

2. 축산물 거래의 형태와 지불 방식

농축산업에 있어서 계열화의 단계를 살펴볼 때 기초가 되는 것이 농축산물의 거래형태이다. 농축산물의 거래형태는 자산의 소유와 생산의 의사결정, 그리고 생산자(노동자)에 대한 지불방법을 기준으로 하여 크게 4가지 형태로 분류 할 수 있다. 한쪽 극단에는 현물시장거래가 있고, 다른쪽 극단에는 수직통합이 위치하며, 그 사이에 있는 것 중 대표적인 것이 계약(contracts)이다. 계약에는 크게 유통계약, 생산계약의 두가지 형태가 있다. 현물시장거래에서 수직통합으로 갈수록 계약주체의 통제력 수준이 강해진다.

■ **현물시장거래(spot or cash market)** : 현물시장거래는 가축시장이나 도매시장에서의 매

매처럼 현재 시점에서 다수의 구매자와 판매자간에 즉석에서 흥정이 이루어 지는 전통적 거래를 말한다. 이 경우 생산자는 생산에 필요한 모든 자산을 소유하고 나아가서 생산에 관한 의사결정을 자신이 하고 생산물에 대한 대가를 시장에서 수요와 공급에 의해 결정되는 시장가격으로 수취한다.

- **유통계약(marketing contract)** : 판매자인 생산자와 구매자 간에 매매할 상품의 종류와 스펙, 납입시기 등을 사전에 합의하는 매매형태로 판매계약이라고도 한다. 유통계약은 현물시장과 마찬가지로 생산자가 생산에 필요한 자산을 소유하여 생산에 관한 의사결정을 하고 생산자는 생산물에 대한 대가로서 계약에서 합의한 가격을 받는다. 유통계약에서 지불방식은 생산물의 가격을 사전에 일정 수준에 고정하는 고정가격방식(flat price)과 기준가격을 정하여 여기에서 상품의 질, 생산성 등에 따라 가감하는 기준가격방식(basis price)이 있다. 유통계약에는 두가지 종류가 있는데 하나는 생산물의 생산과정에 대한 통제권이 여전히 판매자에게 남아있는 계약을 시장명세계약(market-specification contract)이라고 하고, 또 하나는 구매자에게 보다 많은 통제권을 부여하여 구매자가 사용할 투입요소(종돈, 사료 등)를 결정하고 생산과정을 점검하는 계약을 생산관리계약(production -management contract)이라고 한다.
- **생산계약(production contract)** : 구매자와 생산자의 사이에 생산할 상품의 종류와 질, 양, 납입시기 등을 사전에 정하는 합의이다. 판매계약과의 가장 큰 차이점은 생산물에 대한 소유권이 생산물이 판매자에서 구매자에로 이전되기 전부터 구매자에게 있다는 것이며, 이 거래에서 상품의 매매는 발생하지 않는다. 생산자는 토지와 시설, 노동력을 제공하는 한편, 기업은 생산에 필요한 투입재(종자, 사료, 비료 등)와 노우하우를 제공한다. 그대신에 생산자는 토지와 노동력 등 생산에 투입된 생산요소에 대해 계약에서 정한

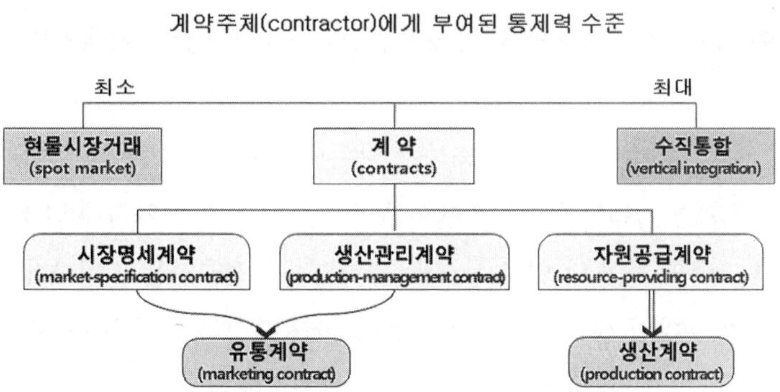

[그림 13-1] 통제수준에 따른 수직계열화의 유형

*자료 : Mighell & Jones(1963), "Vertical Coordination in Agriculture", Agricultural Economic Report, 19, USDA/ERS ; 윤병삼(2009)이 도식화한 것을 저자가 재구성함

방식(상대성적 또는 절대성적 방식 등)으로 대가(수수료)를 받는다. 이 계약은 자원공급 계약(resource-providing contract)이라고도 한다.

■ **수직통합(vertical integration)** : 기업이 농장과 가공 · 유통의 하류단계를 하나의 소유권하에 결합 하는 것이다. 기업이 소유하고 있는 직영농장에서 직원을 고용하여 가축을 생산하여 가공부문 등에 공급하며, 생산물의 이전은 계약이나 현물시장을 통하지 않고 내부 결정에 의해 이루어진다. 기업에 소속해 있는 직영농장 운영자 및 근로자는 생산을 위해 제공한 노동력(시간과 기술 등)에 대한 대가를 받는다.

■ **표 13-1** 축산물 거래의 4가지 형태

구 분	자산의 소유와 의사결정	지불방식
현물시장 (Spot Market)	생산자가 모든 자산을 소유하고, 생산의사 결정	생산자는 생산물에 대해 판매시점에 흥정된 시장가격 수취
유통계약 (Marketing Contract)	생산자가 모든 자산을 소유하고, 생산의사 결정. 단, 계약에 의해 생산물의 양, 질, 납입시기 결정	생산자는 생산전에 또는 생산기간 중에 합의한 생산물 가격 수취(고정가격 방식, 기준가격 방식 등)
생산계약 (Production Contract)	구매자가 자산과 생산에 대해 상당한 정도 의사결정. 단, 계약에 의해 생산물의 양, 질, 납입시기 결정	생산자는 생산에 제공된 서비스의 대가(수수료)를 수취(상대성적 방식, 절대성적 방식 등)
수직통합 (Vertical Integration)	동일 기업이 모든 자산을 소유하고 생산의사 결정	농장관리자는 생산을 위해 제공된 기술과 시간의 대가 수취

*자료 : MacDonald, James, et al.(2004), Contracts, Markets, and Prices : Organizing the Production and Use of Agricultural Commodities, Agricultural Economic Report No.837, USDA/ERS

3. 계열화 진전의 배경

축산업 가치사슬상의 상류에서 하류까지 몇 단계를 연결 · 조정 하려는 시도, 즉 계열화가 진전 되는 이유로는 현물시장에 대한 불만, 위험(risk)의 경감, 거래비용의 절감, 기술도입의 용이 등을 들 수 있다.

첫째, 축산물 현물시장이 제대로 기능하지 않는데 대한 불만족이다. 현물시장이 제대로 기능하지 않는 가장 큰 이유는 현물시장에서는 소비자의 기호가 가격에 반영되지 않는 경우가 있다는 것이다. 예를 들면 맛 있고 부드러운 쇠고기를 선호하는 소비자가 있어도 이 것이 가격에 반영되지 않는다면 생산자는 비용을 들여 이를 생산하고 싶은 동기부여가 되지 않는다. 현물시장이 작동하지 않는 두 번째 이유는 현물시장에는 품목에 따라 소수의 큰 구매자만 있거나 소비자의 기호가 다양하여 수요가 극소량 밖에 없는 경우가 있다는 것이다. 생산자가 특정의 구매자를 향한 농축산물을 생산할 경우 구매자가 그 생산물의 가격을 떨어트

려 구입 하려고 하여도 생산자는 다른 사람에게 팔 수가 없어 그 특정 구매자에게 울며 겨자 먹기 식으로 팔지 않으면 안되는 상황이 발생 하는 데 이를 '홀드업(hold-up)'의 문제라고 한다. 이 경우는 자산의 특수성(asset specificity)으로도 설명 되는데 이는 자산(축사 등)이 현재의 용도에서 타 용도로의 전환이 용이하지 않아 특정 구매자에게만 생산물을 판매하지 않으면 안되는 상태를 나타낸다. 따라서 자산특수성이 클 경우 생산자는 현물시장보다는 계약에 의한 계열화를 선택하게 된다. 이러한 '홀드업' 문제는 구매자인 기업측에도 존재한다. 기업이 생산자로부터 안정되게 농축산물을 공급을 받는 것을 전제로 가공 · 유통에 투자를 했을 경우 생산자가 보다 높은 가격을 제시하는 다른 업체에게 생산물을 판매하는 기회주의적 행동을 취하면 기업은 큰 손해를 보게 된다. 따라서 기업 자신이 생산부문에 계약을 통하여 진출하게 된다.

둘째, 경영상의 위험(risk)을 경감하기 위한 것이다. 현물시장을 이용하여 생산물을 매매하는 경우에 생산자가 직면하는 위험에는 가격위험과 생산위험(흉작 등)이 있다. 가격위험에는 판매하는 생산물과 구입하는 투입재의 가격위험이 있다. 생산위험은 자연조건 등 지역 전체에 영향을 주는 경우와 관리실패와 기기고장 등 특정농장에만 영향을 주는 경우로 나누인다. 현물시장을 이용하는 생산자는 가격과 생산 등에 관한 이러저런 위험에 노출되어 있을 뿐만 아니라 그것을 경감시키는 수단을 갖고 있지 않고, 또한 규모가 작아 커다란 위험을 부담할 수 없다. 반면 구매자인 기업은 비교적 규모가 커서 어느 정도의 위험을 감내할 수 있을 뿐 아니라 조달지역을 넓혀 상품을 다양화 하는 등 위험을 경감할 수 있는 수단을 가지고 있다. 그리하여 생산자는 어느 정도의 비용을 지불 하더라도 기업과 분담하여 위험을 경감 하려고 강구한다. 기업도 타기업에 대한 진입장벽을 만들고 소매단계에서 가격 차별화 실행, 투입재에 대한 독점적 가격 영향력을 피하여 시장지배력을 얻기 위하여 계열화를 시도하기도 한다.

셋째, 현물시장에 비해 거래비용을 경감 시키기 위한 것이다. 현물시장에서는 거래할 때마다 판매자와 구매자 모두 새로운 거래 상대방을 탐색하지 않으면 안된다. 특히 일부의 생산자만이 생산 한다든지 일부의 소비자만 구매를 원한다든지 하는 소위 차별화 된 상품의 경우 거래 상대방을 탐색 하는데 높은 비용이 든다. 또한 식품가공회사나 대형소매업체 등은 농축산물의 품질의 균일성과 안정된 공급을 확보할 필요가 있지만 상품에 대한 정보가 적어 규격화 되어 있지 않은 상품의 품질을 확인 한다든지 상품의 생산과정에 대한 정보를 확인 하는데 비용이 크게 들어간다. 예를 들어 돼지의 구매자는 육량, 물돼지(PSE; 제18장 참조), 미생물 잔류물질, 주사에 의한 결함 등 품질속성을 알기 원하지만 그 측정에는 비용이 많이 든다. 따라서 완벽하지는 않지만 특정한 품질속성을 갖는 돼지를 생산하도록 하는 계약은 그 비용을 줄여준다. 이와 같이 농축산물의 거래시에 상대를 탐색하는 일을 생략하여 거래비용을 낮추기 위한 것이 계약거래이다. 계약거래에 의해 생산자는 계획생산이 가능하고 구매자는 상품의 균일성과 안정공급의 확보가 가능하다.

넷째, 생산자에게 있어 기술의 도입이 용이하다는 점이다. 특히 생산계약은 구매자 측에서 새끼가축, 사료, 동물약품 등을 공급할 뿐만 아니라 구매자측에서 고용한 전문가가 농가에 대해 사양기술을 지도하기도 하고 연수회 등을 주최하는 경우도 많아 이를 통하여 신기술을 도입하여 생산성이 향상될 수 있다는 것이다.

이와 같이 계열화에 의한 계약생산은 현물시장과 비교하여 여러 가지 장점이 있지만 계약생산은 계약자체의 작성(때로는 불공정성의 문제 야기 등)과 계약이행을 강제 하는 등의 새로운 비용이 발생한다. 생산자는 이러한 비용을 비교해 가면서 어떤 거래형태를 선택할 것인가를 결정하게 되는 것이다.

제 2 절 한국 축산업의 계열화 과정과 현황

1. 계열화 과정

축산업이 발전하는 과정에서 축산선진국이나 개발도상국을 막론하고 생산기간이 짧고 자본회전율이 빠른 육계부문이 산업화 속도도 빠르고 계열화도 먼저 이루어졌다. 우리나라 양계산업에서 최초의 계열화 시도는 1950년대 후반 계란 부문으로 알려져 있는데 1960년대 들어 닭고기 소비가 크게 증가하면서 종계업과 부화업, 배합사료업, 동물약품 등 신규업종이 나타나기 시작 하였다. 1970~1980년대 양계산업의 계열화 과정은 개별 기업의 독자경영에서 부문별 통합경영으로 전환이 이루어지는 기간이었다. 계열화사업 초기에는 육계 부분에서 수급 불안으로 인한 육계 가격의 극심한 등락 현상, 계열주체의 경영 미숙, 사육 위탁농가의 공존의식 부족 등 많은 문제를 야기하기도 하였다. 1985년부터는 정부의 정책적인 지원을 바탕으로 계열화 사업이 본격적으로 진행 되었으며, 통합 경영체계는 1990년에 조합형태와 기업형태가 등장하면서 정착 되었다.

양돈의 계열화는 1980년대 들어 대규모 양돈장이 사육규모를 확대함에 있어 돈사 신축 등 투자비용 부담, 민원 발생, 분뇨처리 비용 등의 문제가 발생함에 따라 비육부분에 대한 위탁사육으로 시작 하였다. 1980년대 후반 UR파고 등 국제 경쟁력에 대한 관심이 커짐에 따라 양돈산업의 구조개선의 대안으로 일부 기업과 협동조합에 의해 계열화가 본격 추진 되었다.

정부에서도 1991년부터 정책사업으로 양돈 계열화 사업을 시행하기 시작하였다. 미국의 경우도 1950년대에 계열화가 촉진된 육계산업은 불과 5년사이에 거의 계열화 되었으나, 양돈은 1990년대 들어서야 계열화가 촉진되어 2000년에 계열화 비율이 75%로 증가 하였다. 이와 같이 양돈의 계열화가 육계에 비해 더디게 진전되는 이유는 돼지는 육계에 비해 사육주기가 길어 자본회전속도가 느린데다 시설투자 비용이 크기 때문이다.

축산계열화 주체는 크게 민간기업형과 협동조합형으로 나누어진다. 육우의 경우에는 계열화의 속도는 더디지만 전통적으로 협동조합의 유통 점유율이 높고 우유의 경우에도 서울우유를 중심으로 한 협동조합의 비중이 크다. 그러나 양계는 민간기업의 계열화 비중이 월등히 크고, 양돈은 협동조합이 비중이 크지는 않지만 어느정도 역할을 하고 있다.

2. 계열화 현황

2.1 육계

육계 계열화업체는 약 67개업체(농림축산식품부, 2016년 기준)로 계열화 비율이 94.1%이다. 이 중 도계장을 보유하고 있는 업체는 18개업체이고 나머지 40여개가 넘는 업체는 소위 유사인티 또는 유사계열업체라고 한다. 국내 육계산업은 계열업체 중심의 계열화 사업 체계에 의하여 시장이 주도 되고 있다. 2017년 업체별 시장 점유율 분포(자사 도계장의 도계물량 기준)는 21.7%에서 작게는 1%대에 이르고 있어서 겉으로는 독과점력을 행사 할 업체가 없어 보이지만 계열사까지 포함하면 5대 계열화업체의 비중은 76.6%(하림 34.1%, 동우 17.3%, 이지바이오 11.2%, 체리부로 8.4%, 사조 5.6%)에 이르고 있고 지속적으로 합병이

■ 표 13-2 육계 계열업체 계열화 수준

구분	원종계	종계	부화	사료	사육	도계	냉동창고	가공	유통	외식
목우촌	□	□	□	⦿	⦿	⦿	⦿	⦿	⦿	⦿
하림	⦿	⦿	⦿	⦿	⦿	⦿	⦿	⦿	⦿	⦿
올품	□	⦿	⦿	⦿	⦿	⦿	⦿	□	□	□
한강 CM	□	□	□	□	□	⦿	⦿	⦿	□	⦿
동우	□	⦿	⦿	⦿	⦿	⦿	⦿	⦿	□	□
체리부로	⦿	⦿	⦿	⦿	⦿	⦿	⦿	⦿	⦿	⦿
마니커	□	⦿	⦿	□	⦿	⦿	⦿	⦿	⦿	⦿
성화	□	⦿	⦿	□	⦿	⦿	⦿	⦿	□	⦿

주) 계열화 수준 : ⦿ 계열화, □ 미계열화

* 자료 : 강병규 외(2014), "육계 계열화사업 참여농가의 사육성과 평가 유형별 비교", 농협축산경제연구소

추진되고 있는 점을 고려하면 육계산업의 독과점력 행사 가능성은 높아 보인다.

주요 8개 계열화업체의 계열화 수준을 보자. 육계 계열화업체는 하림을 비롯한 민간기업이 차지하는 비중이 월등히 크고 조합형(목우촌)이 차지하는 비중은 아주 낮다. 육계 계열화업체 중에서 원종계장과 사료공장, 도계장, 대리점을 직접 보유 · 운영하는 업체는 하림과 체리부로 두 업체뿐이며, 나머지 계열화업체들은 사료회사와 OEM 방식을 통해 사료를 조달하고 있다. 도계장과 대리점 및 프랜차이즈치킨점 등 외식업체는 계열화업체가 대부분 보유하고 있다. 이와 같이 육계계열화업체는 종계업에서 판매까지 전과정을 커버하고 있는데, 사육부분은 거의 생산계약에 의하고 있다. 육계계열화업체의 조달물량 중 약 90%가 생산계약, 나머지 10%는 유통계약과 독립경영농가들로부터 구입한다. 유사인티는 농가에게 병아리와 사료를 공급한 후 일정체중 도달시 사육료를 주고 출하해 외부 도계장에서 임도계를 하거나, 생계로 외부업체에 판매한다.

2.2 양돈

양돈 수직계열화 수준은 20% 이내로 아직 독과점 행사력은 보이지 않는다. 양돈 수직계열화의 유형은 계열주체의 성격에 따라 기업형, 협동조합형, 농업회사법인형으로 크게 나누어 볼 수 있다.

기업형은 하림계열과 이지계열이 대표적으로 직영 및 계열사를 통하여 거의 수직통합에 가까운 형태이다. 그러나 원자재의 공급에서 계열주체는 계열사의 종돈장, 사료회사 등과 독립채산 형태로 관계를 맺고 있으며 직영 또는 계열사 도축장에서 도축 · 가공하여 브랜드육으로 판매한다.

협동조합형은 농협중앙회 또는 양돈조합 등이 구축한 양돈 공급사슬망을 중심으로, 주로 공동구매와 공동판매는 조합이 담당하고, 생산은 조합원 중에서 계열화에 참여한 농가가 담당한다. 다시 말하면 종돈 · 사료 · 약품 등 생산자재를 조합이 주도하여 공동구매로 단가를 결정하고 계열농가가 이를 유상으로 매입하여 규격돈을 생산하고 조합이 구매 · 판매하는 형태다. 협동조합형은 기업형과 농업회사법인형에 비해 계열화의 구속력이 다소 미약하여 규격돈의 출하 · 유통은 상대적으로 떨어지는 편으로 기업형에 대응하여 생산기반 확대와 차별화 · 브랜드화 대책을 강화하고 있다.

농업회사법인형은 종돈장 또는 양돈 생산확대를 목적으로 대규모 생산농가가 시작한 경우가 많은데 대체로 자본력이 부족하여 계열화가 불완전한 편이며, 확보한 돼지를 도축 · 가공업체와 장기 납품계약을 통해 판매하는 경우가 많으며 일부는 임가공하여 자체 브랜드로 판매하고 있다.

■ 표 13-3 양돈 계열업체 계열화 수준

		계열 농가수 (호)	상시사육 마리수 (천마리)	계열화 수준						
				사료	동물약품	종돈	생산	도축	가공	유통
기업형	선진	247	200.0	⊙	⊙	⊙	⊙	□	⊙	⊙
	팜스토리	92	95.7	⊙	□	□	⊙	⊙	⊙	⊙
	CJ	15	28.3	⊙	□	□	⊙	□	⊙	⊙
협동 조합형	목우촌	89	100.7	⊙	□	⊙	⊙	⊙	⊙	⊙
	도드람양돈	80	157.5	⊙	□	⊙	⊙	⊙	⊙	⊙
	부경양돈	52	138.4	⊙	□	⊙	⊙	⊙	⊙	⊙
	제주양돈	68	84.5	⊙	□	⊙	⊙	⊙	⊙	⊙
농업 법인형	다비육종	25	49.3	⊙	□	⊙	⊙	□	□	□
	해드림푸드	49	56.0	⊙	□	□	⊙	⊙	⊙	⊙

주) 계열화 수준 : ⊙ 계열화, □ 미계열화
* 자료 : 계열농가수, 상시사육마리수는 축산물품질평가원 브랜드 인증자료(2012)

제3절 한국 축산업의 계열화 쟁점과 발전방안

축산계열화 체계가 제대로 이루어 진다면 생산농가는 가축 · 가금의 가격진폭에 따른 위험을 회피할 수 있으므로 안정적인 소득을 보장 받고, 계열업체는 계약농가가 사육해 준 가축 · 가금을 확보하여 자체 가공장에서 가공하여 유통함으로써 자체 사육농장 없이도 이윤을 도모할 수 있어 이론상으로는 서로 '윈-윈'할 수 있는 방식이 될 수 있다. 그러나 계열화는 그 장점이 있는 반면에 몇가지 쟁점도 첨예하게 나타나 있다. 계열화 시스템에 대한 쟁점을 일반적인 공통쟁점과 사항별 쟁점으로 나누어 살펴보자.

1. 쟁점

1.1 일반적 쟁점 : 시장실패

1.1.1 정보의 비대칭성

육계 · 양돈 계열화업체와 농가의 계약시 상대방에 대해 갖고 있는 지식이나 정보가 완전하지 못하기 때문에 다양한 문제가 파생 될 수 있다. 정보를 가진 측은 정보를 갖지 못한 측에서 보면 바람직 하지 않은 행동을 취하는 경향이 있고, 반면 정보를 갖지 못한 측의 입장에서 볼 때 바람직 하지 못한 상대방과 거래를 할 가능성이 높아질 수 있다. 양측이 가격을 책정하거나 평가하는데 있어서 정보비용이 소요되고, 이러한 거래비용이 비합리적으로 높다면 거래는 발생하지 않고 시장실패가 존재하게 된다. 특히 계약 거래에 있어서 정보, 지식, 협상 측면에서 농가의 불리한 위치의 문제가 발생할 우려가 있다.

1.1.2 시장 지배력 행사

계열화는 계열화업체들의 시장 지배력 행사의 문제가 발생할 우려가 있다. 시장 지배력 행사의 문제는 다음 세가지로 정리 할 수 있다. 첫째, 시장진입을 억제한다. 양계 · 양돈산업의 수직 계열화 집중도가 커지면 커질수록 이 시장에 새로이 진입하려는 경우 원료 가축의 확보와 자금이 많이 소요되는 도축 · 가공 · 포장공장의 유지가 어렵고, 독립적 경영의 생산농가는 시장에 대한 접근성을 잃어 버리고 궁극적으로는 시장에서 퇴출 될 수 있다. 둘째, 가격경쟁을 제한한다. 계열화 주체들은 유통계약에 의한 정산시의 기본가격(basis)이 되는 현물시장에서의 가격이 높은 것을 원하지 않기 때문에 현물시장에의 참여가 소극적이어서 물량이 적은 현물거래시장에서 거래되는 가격은 균형가격과는 괴리가 있게 된다. 이 것을 소위 "얇은 시장(thin market)의 가격" 문제라고 한다. 셋째, 시장집중도가 커지면 가격 결정 등에서 독과점의 행사가 나타날 수 있다.

1.1.3 분뇨 처리

계열화는 생산농가의 집중도를 높여 대규모화를 유도함으로써 환경오염 문제를 야기한다. 환경보호에 대한 소비자들의 관심과 지식이 증가하면서 대규모 양계 · 양돈 농장에서 발생한 분뇨(manure)로 인한 잠재적 대기와 수질 오염 문제가 부각되고 있다. 계열화에 있어서 축산폐수와 분뇨의 처리는 그 계약 내용에 있어서 농가가 책임지는 경우가 많지만 최근 축산선진국에서는 정부가 계열화 주체를 그 책임 소재로 보는 경향이 늘어나고 있다.

1.2 사항별 쟁점

1.2.1 수수료 정산방식 논쟁

육계의 생산은 위탁사육농가와 계열화업체와의 생산계약에 의한 것이 대부분으로 계약농가는 기본사육수수료와 수수료 정산방식에 대해 불만이 많다. 육계 생산계약의 수수료 정산방식은 상대평가방식이 주류를 이루고 있으며, 일부 계열화업체에서는 절대평가방식을 채택하고 있다.

절대평가방식은 사전에 육계 생산성 달성 목표(예 : 사료요구율 1.8, 병아리 육성율 95%)를 설정하고 이를 초과 달성하면 기본사육수수료에 보너스를 더해 주고, 달성하지 못하면 페널티를 물리는 방식이다. 기본사육수수료는 2017년의 경우 보통 kg당 140원 정도로 알려져 있다. 사료요구율(Feed Conversion Ratio: FCR)은 가축체중 1kg을 증체시키기 위하여 필요한 사료의 양으로 가축사육의 생산성을 나타내는 대표적인 지표이며, 사료요구율의 반대가 사료효율(Feed Efficiency Ratio : FER)이 된다. 병아리 육성율은 일정기간에 있어서 하나의 병아리무리 중에서 생존율(기간 종료시의 마리수/기간 개시시의 마리수×100)을 말한다.

상대평가방식은 같은 그룹에 속한 농가들과 경쟁한다고 하여 토너멘트 방식이라고도 하는데 육계사육농가를 특정한 하나의 그룹으로 하고, 사료요구율 등 육계 생산성을 기준으로 해 성적이 좋은 농가로부터 서열을 매기고 같은 그룹의 평균 생산성(예 : 상하위 10% 제외한 수치)을 초과하면 보너스를 지급하고, 미달하면 페널티를 물리는 방식이다. 상대평가방식에 있어서 수수료지불액의 개념은 다음과 같이 정리 할 수 있다.

- 수수료 지불액 = 출하시 닭의 총중량 × 단위 중량당 보수액
- 단위 중량당 보수액 = 기본사육수수료 + (동시기 출하농가의 평균 생산비용 − 해당농가의 생산비용)
- 생산비용 = 병아리 비용 + 사료 비용 + 의약품 비용 + 기타 비용

상대평가의 경우 위탁사육농가들은 수수료 지불액을 많이 받기 위해 생산비용을 낮추고(병아리 폐사율과 사료요구율을 낮추고 1마리당 중량을 크게 함), 출하시 닭의 총중량을 크게 하여야 하기 때문에 사육농가 간 경쟁을 통한 생산성 향상이라는 측면에서 장점이 있다. 장기간 개선되지 않던 육계의 평균 사료요구율(당시 2.0 수준)이 2000년에 상대평가방식이 도입된 후 떨어졌다고 한다. 또한 상대평가는 정산비용을 고정시키지 않고 평균치로 하기 때문에 그룹내 전원이 받는 공통 쇼크(기술혁신, 기후이변, 질병 등)가 성적에 영향을 미칠 수 있는 위험이 제거된다. 그러나 상대평가에 대한 위탁사육농가들의 불신 · 비판도 높다. 그것은 그룹내의 공모를 막기 위하여 위탁사육농가의 집하시기, 즉 상대평가그룹을 계열주체가 결정 하지만 농가가 속한 상대평가그룹이 바뀔 경우 받는 보수가 달라진다는 점, 앞에서 설명하였듯이 계열화업체가 제공하는 생산자재의 품질에 따라 성적이 달라질 수 있다는 점 등이다. 또한 생산비용은 계사규모 및 시설근대화와 높은 상관관계가 있기 때문에 시간이 경과하면 자금력이 약한 농가는 탈락하게 된다.

양돈 계열화사업에서는 육계와 달리 유통계약과 생산계약이 병존하여 있다. 유통계약의 경우 가격정산방식은 비육규격돈에 대해 계열화에 속하지 않은 일반농가와 마찬가지로 지급률(제9장 참조)에 의한 방식과 도축후 도매시장 등급별 경락가를 기준으로 등급판정 결과에 따라 매매가를 결정하는 방식이 있다. 생산계약의 경우에는 육계의 절대평가제 방식과

유사한 단위무게당 기본사육비와 사료요구율, 폐사율 등의 기준을 정하고 그 성적에 따라 인센티브와 패널티를 적용하는 방식이 널리 적용되고 있고 일부는 여기에 도축후 등급을 반영하여 가감하기도 한다. 또한 드물게 마리당 고정 수수료를 지급하는 경우도 있다. 양돈계열화업체와 계열농가 사이에도 지급률제의 등급제로의 전환과 도축장까지의 운송비 부담, 사육성적 평가에 따른 인센티브 적용 등의 문제로 논쟁이 있다.

1.2.2 병아리, 새끼돼지의 품질에 대한 분쟁/ 종돈의 통일 미흡

육계산업은 계열화 진전으로 많은 발전을 이루었지만 발전과정에서 종계 생산성에 대한 계열업체의 투자가 많이 이루어지지 않아 병아리 품질이 계약농가와 계열업체 간 분쟁의 가장 큰 요인으로 작용하여 왔다. 2013년 2월부터 시행되고 있는 '축산계열화사업에 관한 법률'에 의해 자재의 품질기준을 설정 · 고시하고 계열업체로 하여금 이를 준수하게 하고 분쟁이 발생한 경우에 분쟁처리절차를 규정해 놓았지만 지금까지 법의 적용사례가 거의 없다.

양돈의 경우도 돼지 폐사가 발생하는 경우 계열농가는 자돈과 사료의 저품질이 폐사의 원인이라고 하고, 계열업체는 계열농가의 사양관리 미비, 시설 노후화 등이 원인이라고 주장하여 분쟁 발생 소지가 된다. 또한 양돈계열농가에 보급되는 모돈(F1)이 동일 종돈장에서 사육된 것이 아니고 여러 종돈장에서 확보함으로써 농가에 의한 생산성을 저하 시키는 요인으로 작용하고 품질 균일화, 방역 등에서도 문제가 발생하고 있다.

1.2.3 업체 부도시 안전장치 미흡

AI, 구제역 등의 발생과 경쟁의 가속화로 중소 계열화업체의 재무상태가 열악해지고 그 결과 일부 업체가 도산하는 문제가 발생한다. 그러나 이 과정에서 계약농가가 사육수수료를 받지 못하는 상황이 발생하지만 양계, 양돈 공통적으로 이를 해결할 수 있는 법적 방안이 없다는 것이다. 특히, 유사계열화업체의 경우 사육 농가와 표준계약서 사용을 기피하고 심지어 계약서를 작성하지 않는 경우도 있다.

2. 발전방안

2.1 시장실패를 보정하기 위한 정부의 역할 증대

양계 · 양돈 산업의 수직계열화는 정부가 시장 지배력 문제, 정보의 비대칭 문제 등으로 인한 사회적 후생의 손실과 자원의 잘못된 배분을 방지하고 있는지를 확보하도록 요구되고 있다. 미국의 경우 1921년 제정된 '패커와 가축시장에 관한 법률(Packers and Stockyard

Act: P&S Act)'에서는 패커가 가격을 조작하거나 통제하는 행위, 또는 공급량을 의도적으로 조절하여 독점을 유도하는 행위의 금지 등의 내용을 명시하고 있다. 또한 가축시장 등의 현물시장 거래비율이 저하됨에 따라 투명성 높은 가격형성이 어려워지는 이른바 얇은시장(thin market)의 문제가 나타남에 따라 식육패커의 가격정보를 공개하여 생산자가 식육의 가격과 공급량에 대한 정보를 획득하도록 함으로써 공정한 시장경쟁을 촉진하기 위해 1999년에 '가축거래 정보의 보고의무에 관한 법률(Livestock Mandatory Reporting Act)'을 제정하였다. 이 법에 의하여 일정규모(최근 5년간 소 연 12만5천마리 도축) 이상의 패커들이 자신들이 조달한 소, 돼지, 양의 거래량과 거래가격 그리고 이의 도축후 도매가격을 미농무성에 주 단위로 보고하도록 의무화하고 있으며, 미농무성은 이를 종합하여 농무성 웹사이트를 통하여 공개하고 있다. 2002년 농업법(Farm Bill)에서 패커와 가축시장에 관한 법률을 개정하여 이 법의 적용을 양돈 계열주체(Swine Contractors)에도 확대 적용하였다.

우리나라도 '축산계열화사업에 관한 법률'을 제정하여 2013년 2월부터 축산 계열화업체와 계열농가간의 분쟁 해결을 위한 분쟁조정위원회 설치, 농가협의회 구성, 표준 계약서 채택 등이 시행되고 있다. 그러나 이 법에 의해 농식품부에 축산계열화사업 분쟁조정위원회가 설치됐지만, 지난 5년간 분쟁조정위원회에 회부된 안건은 단 1건뿐이었다. 따라서 이 법의 적용 효율성을 전반적으로 더 높임과 동시에 추가적으로 미국에서 양돈계열화업체가 사육농가에게 제시하는 각종 계약서 형태를 공개하는 소위 '양돈계약 도서관(Swine Contract Library)'과 같이 계열화업체와 농가 간의 계약서 형태의 (무기명)공개의 전면적 도입과 종계 · 부화업 등도 법 적용대상으로 확대 하는 것도 검토될 필요가 있다. 이와 함께 계열화업체의 거래를 투명하게 하기 위하여 축산계열화사업에 관한 법률과는 별도로 미국과 같이 계열화업체에 대한 거래정보의 보고의무를 규정하는 법이 필요하다는 지적도 꾸준히 제기되고 있다.

2.2 사항별 발전방안

2.2.1 종계 생산성 향상 및 종돈 통일

종계의 생산성 향상을 위해 종계장의 구조조정과 시설 현대화가 필요하고, 종계 및 병아리의 품질 제고를 위해 종계 위탁사육을 계열업체 직영체제로 전환 시킬 필요가 있다. 종돈 통일은 사양관리와 규격돈 표준화의 기초가 되므로 양돈 계열화는 체계적인 종돈 생산기반이 전제가 된다. 안정적인 종돈의 공급을 위해서는 선진화된 종돈개량 프로그램을 도입하고, 주기적인 혈통유입을 통한 종돈 개량이 뒷받침되어야 하며 특히 외부에서 종돈을 매입하는 경우에는 GGP의 혈통이 단일화되고 안정된 종돈장에서 구입되어야 한다.

2.2.2 사료 품질보증제 및 병아리 이력제 실시

배합사료 원료의 대부분을 수입에 의존하고 있어 국가별로 원료곡물의 품질이 상이하기 때문에 균일한 사료품질을 유지하기가 어렵다. 사료품질의 불균일성은 생산제품의 품질에도 영향을 주지만 양계 · 양돈 계열화 농가의 사육성적 평가시에 분쟁을 야기하기도 한다. 양계 · 양돈 계열농가가 사료의 품질에 대한 정확한 정보를 알 수 있도록 사료 품질보증제의 실시가 필요하다. 병아리의 품질 보장을 위해 종계장과 부화장을 연결하는 병아리 이력추적 시스템을 구축하여 질병 및 분쟁 발생시 역추적이 가능하도록 해야 하고, 육계농가에 입식되는 병아리의 품질 균일성을 확보하기 위해 동일 축사 내에는 동일 종계군 병아리를 입식하도록 하여야 한다.

2.2.3 계열업체 부도시 안전장치 마련

계열화업체의 부도 발생시 채무변제 우선순위 설정에서 농가의 사육수수료가 우선 변제될 수 있는 법적인 제도가 마련 되어야 한다. 계열화업체 부도시 계약농가에서 사육 중인 육계, 돼지를 처분함에 있어서 농가의 사육수수료를 우선 변제 하도록 하거나, 일정규모 이상의 계열화업체들은 의무적으로 기금을 조성토록 하여 부도가 날 경우 이 기금에서 우선 변제하는 방식 등이 검토될 수 있다.

〈기획〉계열사 편법 계약, 표준계약으로 막아야

육계 계열화사업자의 편법 계약이 농가 피해로 이어질 수 있다는 우려가 제기되면서 계열회사와 사육농가의 계약에 대한 관심이 모아지고 있다. 최근 발생한 계열화업체 A사의 부도사태와 관련해 계약사육농가들은 50억원에 가까운 사육비를 지급받지 못했다. 계열사의 부도가 가장 큰 원인이지만 계열사의 편법 계약으로 구제조차 어렵게 됐다는 것이다. A사와 사육농가의 계약 사이에는 B영농조합법인이 존재한 것으로 드러났는데 A사는 B영농조합법인을 통해 농가와 계약을 체결하고 사육비를 지급해왔던 것이다. 따라서 계약사육농가는 A사와 계약을 맺고 있다고 믿고 있었지만 실제로 B영농조합법인과 계약을 맺고 있었으며 A사 부도로 미지급된 사육비 역시 A사가 아니라 B영농조합법인으로부터 지급받아야 하는 구조가 된 것이다. 이러한 계약구조를 놓고 사육농가들은 계열사가 책임을 피하기 위해 마련한 편법이라고 주장한다.

이에 따라 최근에는 사육비의 일부를 적립, 계열사가 부도처리 되더라도 사육농가가 사육비를 보전 받을 수 있도록 하자는 주장이 제기되고 있다. 또한 표준계약서가 계열사의 모범사업자 지정에 가산점을 부여함에 따라 작성률이 높아지고 있지만 일부 계열사에서는 신규 계약농가에 대해서만 표준계약서를 체결하고 있어 표준계약서를 전면 의무화해 계약관계를 명확히 하고 농가의 권익이 보장될 수 있도록 해야 한다는 목소리가 높아지고 있다.

(자료원 : 농수축산신문, 2016.2.16. 기사편집)

제4절 외국의 축산 계열화 사례

1. 미국

미국은 양돈산업에 앞서 육계산업에서 계열화가 먼저 진척되었다. 세계적으로 육계 계열화가 축산에서 가장 빨리 진전되는 이유는 육계의 높은 번식력 · 산육능력, 계획생산의 가능, 짧은 생산기간, 종란 · 초생추의 대량수송이 가능하다는 점 때문이다. 미국은 1950년대 초반 대규모 사료회사들이 주도하여 생산계약을 통하여 육계 계열화를 추진 하였는데, 1960년대부터 도계 및 가공기업들이 종계와 사료부분까지 진출하여 육계 계열화에 참여하기 시작하였다. 1970년대 들어 육계산업의 불황으로 인하여 사료회사들이 육계 계열화 부분을 도계 및 가공기업들에게 매각하기 시작하였다. 1980~1990년대에 도계 및 가공기업들의 육계 생산시설의 직접 소유가 팽창하기 시작하여 2000년대에 타이슨푸드, 필그림스프라이드, 골드키스트, 퍼듀 등 상위 4개기업의 시장집중도는 2005년에 약 75%까지 높아졌다.

양돈산업은 1970~1980년대에 패커와 사료회사를 중심으로 생산계약을 시도하기 시작하였는데, 사료회사는 사료판매를 안정적으로 하기 위해서 패커는 도축 · 가공장 가동율을 높이고 가공돈육의 품질을 높이기 위해 계약을 사용하기 시작하였다. 1990년 이전까지 미국의 양돈농가는 대부분 규모가 1,000마리 미만의 농장이었으나, 1990년대 들어 양돈기술의 급속한 발전과 생산방식의 변화, 패커의 대규모화 등으로 양돈농가의 규모화와 수직계열화가 급격히 진전 되었다. 생산방식의 변화는 집중사육(confinement) 돈사, 올인올아웃(all-in/all-out)에 기초한 3-site 생산방식, 성별 분리 및 단계별 사육(split-sex/phase feeding) 방식, 인공수정(AI) 방식 도입 등이다. 올인올아웃 시스템이란 생육 기간이 같은 돼지를 동시에 수용했다가 다음 단계의 방으로 동시에 이동시키는 방식을 말하는데, 농장을 모두 비운 상태에서 소독과 일정기간의 휴지기를 거치기 때문에 농장에 내재해 있는 질병인자들을 제거할 수 있다는 장점이 있다. 성별 분리 사육을 하지 않을 경우 암퇘지에 비해 거세돈은 사료만 많이 먹고 지방을 많이 생산함으로써, 결과적으로 고기의 품질을 저하시키고 사료의 낭비를 초래한다.

당시의 양돈 유통계약의 형태는 공식가격방식, 원가가산방식, 가격안정대방식으로 분류된다(Buhr & Kunkel, 1999). ①공식가격방식(Formula Price)은 충분한 구매자와 판매자가 있는 현물시장에서 결정된 가격에 기초하여 판매가격이 결정되는 가장 일반적인 협약 방식이다. ②원가가산방식(Cost-Plus)은 주요 사료원료인 옥수수와 대두가격의 변화와 표준화된(평균) 생산비를 기초로 한 최저가격을 설정하여 이를 기준으로 거래한다. ③가격안정대방식(Price Window)은 가격 결정 메카니즘을 제외하면 원가가산 방식과 비슷하다. 일반적으로 최고가격(ceiling price)과 최저가격(floor price)이 미리 정해지고 시장에서 돼지 가격이 최고와 최저 내에서 형성되면 돼지는 시장가격으로 교환되고 최고보다 높거나 최저보다 낮으면 패커와 생산자는 미리 정한 비율(50:50 또는 60:40)로 그 가격 차를 나누어 부담한다. 최근 스미스필드, 타이슨푸드, JBS스위프트, 카길 등 상위 4개 돼지고기패커(CR4)의 시장 점유율은 60% 이상으로 이중 1위인 스미스필드가 절반을 점유하고 있다.

육우의 경우는 수직계열화가 많이 진전되지 못하고 있는데 그 이유는 소가 돼지, 닭보다 훨씬 많은 사육공간이나 초지 등이 요구되고, 모든 유통단계를 통합하는데 훨씬 많은 자본이 소요될 뿐 아니라 투입된 자본의 회수기간이 길기 때문이다.

패커와 가축시장에 관한 법률(Packers & Stockyards Act ; P&S ACT, 1921)

'패커와 가축시장에 관한 법률'은 1920년에 패커들의 반경쟁적 관행이 문제가 되었을 때 그 보완책으로 1921년에 제정 되었다. 이 법은 다양한 형태의 패커와 유통기관들의 불공정하고 독점적인 관행으로부터 가축생산자들을 보호하기 위한 것이다. 이 법의 집행은 미 농무성 산하의 GIPSA(Grain Inspection, Packers and Stockyards Administration)의 한 부서인 P&SP(Packers and Stockyards Program)에서 관장하고 있다. P&SP의 역할은 계약 당사자들의 분쟁을 조사 · 조정하는 일과 패커 등의 관련법규 준수여부를 감독하는 일이다.

(1) 법률 주요 내용

- 등록과 채권 유지(Registration and Bonding) : 공공 가축시장은 P&SP에 의해 조건을 갖추었다는 통지가 되고 가축시장 소유자는 이를 공고함으로써 업무가 시작된다. 가축시장 소유자, 시장종사자(위탁상, 시장서비스 제공자 ; market agency), 중간수집상(dealer)은 등록 하여야 한다. 또한 연간 가축 매입액이 50만 달러 이상인 패커나 시장종사자 그리고 중간수집상들에게 별도의 지불보증 채권(최소 1만 달러)을 유지하도록 하여 이들이 도산하여 미지급금이 발생할 경우 채권 지급 가능한도 내에서 지급하도록 되어 있다.
- 저울과 계량(Scales and Weighing) : 법의 적용을 받는 패커와 가축시장은 정확한 저울을 설치 · 유지하여야 한다. 모든 저울은 적어도 일년에 두 번 검사되어야 한다.
- 서비스와 요금(Services and Rates) : 공공시장의 운영자들은 합리적인 서비스와 합리적이고 비차별적인 요금을 제공하여야 한다. 가축시장에서의 일체의 서비스에 대한 요금표는 공표되어야 한다.
- 신속 지불(Prompt Payment) : 가축을 구입하는 패커, 시장 종사자, 중간수집상은 판매자에게 구입후 다음날까지 금액 전부를 신속하게 지불을 하여야 한다. 즉각 도축하는 가축에 대하여는 소유권 이전 시에 판매자에게 수표로 지불하여야 한다. 도체등급에 의해 구입하는 경우에는 도체값이 결정된날에 판매자에게 수표로 지불 하여야 한다.
- 법정 신탁(Statutory Trust) : 연간 가축 매입액이 50만불을 넘는 패커나 연간 구입액이나 계열계약액이 10만불을 넘는 가금계열업자(live poultry dealers)는 생산자에 대한 지불을 위하여 현금 구입 가축(외상 매입 제외), 육류 등 보유 축산물의 재고 또는 보유 축산물로부터 발생된 미수금, 수익금 등에 대하여 법정 신탁을 하여야 한다. 이 신탁 재산은 파산신청시 파산자산에 포함되지 않아 미지불된 생

패커와 가축시장에 관한 법률(Packers & Stockyards Act ; P&S ACT, 1921) (계속)

산자는 신탁재산에 대한 우선권을 갖는다.

- 회계와 기록(Accounting and Recording) : 법의 적용을 받는 개인들 또는 기업은 반드시 업무와 관련된 정확하며 완벽한 회계, 기록 등을 유지하여야 한다. 이 같은 회계와 기록들이 P&SP 직원에 의해 조사 된다.

(2) P&SA의 처리절차

- P&SA의 위반으로 손실이나 충격이 있다고 믿을만한 이유를 갖고 있는 생산자는 지역 감독관 또는 미농무부장관에게 직접 불만민원을 제기할 수 있음
  - 자주 제기되는 불공정행위의 예 : 체중중량의 속임, 거래가축의 지불 지연, 가축 소유권의 혼동, 가축의 사칭 등
- P&SA위반행위 고발에 대하여 법적 절차에 의하지 않고 위반행위의 단순한 시정 시도를 하여 양자가 합의하면 정식조치를 취하지 않고 수용 처리
- 합의되지 않으면 P&SP/USDA의 행정재판소에서 고소인의 청문절차를 거쳐, 행정재판관이 결정하게 되고 이에 불복하면 USDA Judicial Officer에게 항소할 수 있음
- P&SP는 위반이 밝혀지면 해당행위의 정지 명령, 위반자에 대한 대리인 · 중개인 등의 영업정지를 명하거나 과태료(최고 2만불)를 부과할 수 있음
  - 체중중량 사기 같은 형법 위반이 밝혀진 경우에는 법무성에 넘김
- 행정재판소의 판결에 불복하면 연방지방법원 나아가 연방대법원에 제소 가능

(3) GIPAS의 연혁

- 1921 : 미농무성(USDA)의 독립된 기구로서 Packers & Stockyard Administration으로 출범
- 1977 : P&SA가 USDA의 AMS(Agricultural Marketing Service)에 소속
- 1980 : P&SA는 원래대로 다시 독립된 기관이 됨
- 1994 : 1976년에 설립된 Federal Grain Inspection Service와 통합하여 Grain Inspection, Packers and Stockyards Administration(GIPSA)으로 됨
  - 5개 지역사무실(GIPSA 본부 2, 조지아 아틀란타 1, 콜로라도 오로라 1, 아이오아 디모인 1)이 있음

2. 유럽

유럽은 협동조합의 발달, 환경 규제 등으로 축산계열화가 기업 중심의 미국과는 달리 협동조합 중심으로 발달되어 있으나, 유럽국가 대부분이 미국과 같이 육계 부문의 계열화가 가장 빠르고 양돈과 육우 부문이 그 뒤를 따르고 있다. 양계 부문의 계열화에서는 영국, 스페인, 프랑스 등이 발전되어 있고, 양돈부문의 계열화에서는 영국, 프랑스, 네덜란드, 덴마크 등이 앞서 나가고 있다.

유럽국가중 양돈계열화가 잘 되어있는 대표적인 나라가 덴마크이다. 덴마크는 인구 540만의 작은 나라이나 2016년 기준 양돈농가수 3,769호, 양돈 사육마리수는 1,273만8천마리로

EU-28에서 독일, 스페인, 프랑스 다음으로 사육규모가 크다. 돈육 수출량은 54만9천톤으로 미국(237만4천톤), 캐나다(131만9천톤), 브라질(83만2천톤) 다음으로 세계 제4위를 차지하고 있다. 또한 덴마크는 돈육생산량의 80%를 수출하는 전형적인 돈육 수출국으로 수출은 EU내부와 EU외부의 일본과 미국 등에 하고 있는데 그 비율은 6 : 4 수준이다. 덴마크 돈육산업은 덴마크 베이컨 · 식육위원회 (Danske Slagterier: DS)의 주도하에 발전되어 왔다. DS는 돈육산업을 구성하고 있는 모든 주체들의 의견을 수렴하고 중재하는 강력한 리더십을 가진 의사결정 기구로서의 역할을 하고 있다. 데니쉬크라운이 DS 지분의 97.1%를 소유하고 있어 DS의 운영에 결정적인 역할은 데니쉬크라운이 하는 셈이다. 2009년에 데니쉬농업 · 식량위원회(DAFC)가 설립되면서 DS는 DAFC에 통합 되었다.

덴마크 돈육산업은 1970년대 이래 급격한 규모화가 진행되어 1970년 60개이던 도축장이 2009년 9개로 통폐합되었고, 도축협동조합 역시 1970년 54개에서 2004년 2개로 통합 되었다. 이 과정에서 10% 미만의 시장 점유율을 차지하고 있는 티칸을 제외한 모든 도축협동조합들이 데니쉬크라운 협동조합으로 통합 되었는데 2015년에는 티칸도 데니시크라운에 합병되었다. 데니쉬크라운의 조합원은 1만3,500명, 직원 2만2,500명이다(위키피디아, 2014년 현재)

데니쉬크라운 협동조합의 조합원이 되기 위해서는 출자금을 납부하고 협동조합은 조합원과 출하계약을 맺는다. 계약에 따라 조합원은 조합이외의 다른 곳에 돼지를 판매할 수 없고 협동조합은 이를 판매할 의무를 진다. 조합원은 데니쉬크라운 협동조합의 DanBred 프로그램에 의한 종돈으로부터 자돈을 공급받아 사육하여 조합에 출하 하는데 특별한 사육 프로그램은 요구되지 않으나 위생기준, 항생제 사용억제 등에서 조합과 약속한 사양기준을 준수하고 있다. 생산량은 조합원이 자율적으로 결정하지만 가격결정에 관한 권한은 협동조합에 위임하고 결정된 가격은 조합원에게 동일하게 적용하고 있다. 데니쉬크라운 이사회는 세계시장에서의 돈육제품 가격에 기초해서 다음 주에 생산자에게 지불되는 기준가격(base price)을 설정한다. 조합원 농가는 도축후 기준가격에서 중량과 지육률에 따라 가감된 가격을 지불 받는다. 조합원들은 도축장으로부터 등급, 중량, 지육률, 품질 등에 대한 정보를 제공 받아 고품질 돼지 생산을 통한 인센티브 확보에 노력하고 있다. 데니쉬크라운은 자회사로 ESS Food를 소유하고 있는데 이는 세계 각국에 사무소를 가지고 있는 유통 · 무역 회사이며, 가공식품 전문회사인 Tulip Food의 운영으로 다양한 브랜드 제품별로 특화 마케팅을 하고 있다.

이와 같이 덴마크 돈육산업은 돈육산업 공급사슬 전체에 걸쳐 계열화가 잘 이루어져 있어 이를 통해 균일하고 우수한 품질의 돼지고기를 생산할 수 있는 프로세스를 갖추고 있다. 특히 구매자 맞춤형 돼지고기의 생산이 가능하도록 맞춤형 품종의 개발 및 계열농장의 계약

생산체제, 도축 · 가공 라인의 정비가 완벽하게 되어 영국 수출용 베이컨용 돈육 및 비거세 돈육 제품, 독일 시장에서 인기가 높은 중량돈, 최고 수준의 식품안전 기준을 만족시키는 고가의 일본 수출용 돈육의 생산이 각각 가능한 체계를 갖추고 있다.

■참고문헌■

- 강병규 외(2014), 육계 계열화 사업 참여농가의 사육성과 평가 유형별 비교, 농협축산경제연구소
- 박흔동 외(2010), 덴마크 돈육산업의 가치사슬경영 사례 연구, 식품유통연구27(4)
- 우병준 외(2015), 축산계열화 사업 성과와 과제, 한국농촌경제연구원
- 윤병삼(2009), 육계 및 양돈산업의 수직 연계의 동기와 유형 차이에 관한 연구, 농업경영정책연구 36(4)
- 정민국 외(2010), 축산 계열화의 평가와 발전 방안, 한국농촌경제연구원
- 조광호 외(2005), 양돈 계열화 사업 현황과 발전방안 연구, 양돈수급안정위원회
- 최형규(2013), 양돈 수직계열 주체의 지원과 통제가 계열농가의 재계약 의도에 미치는 연구, 박사논문, 안양대학교 일반대학원
- 한국육계협회 홈페이지(www.chicken.or.kr)
- 金成각(2013), 韓國ブロイラー産業における垂直的協約の展開と課題, フードシステム研究第19卷4號
- 星野妙子編(2008),『ラテンアメリカの養鶏ーインテグレーション』調査研究報告書 , アジア經濟研究所
- Buhr, B.L. & Kunkel, P.L.(1999), A guide to swine marketing contracts, St. Paul, MN: University of Minnesota, Department of Applied Economics
- Hayenga, M. L., T. Schroeder, J. Lawrence, D. Hayes, T. Vukina, C. Ward & W. Purcell(2000), "Meat Packer Vertical Integration and Contract Linkages in the Beef and Pork Industries : An Economic Perspective", USDA/ERS
- Lowe, M. & Gereffi G.(2008), "A value Chain Analysis of the U.S. Pork Industry", Report prepared for Environment Defense Fund, Duke University
- MacDonald, James, et al. (2004), Contracts, Markets, and Prices: Organizing the Production and Use of Agricultural Commodities, Agricultural Economic Report No. 837, USDA/ERS

- McBride, D. W. & Nigel. K(2007), "The Changing Economics of U.S. Hog Production", ERR-52, USDA
- Mighell, R. L. & L. A. Jones(1963), "Vertical Coordination in Agriculture", Agricultural Economic Report, 19, USDA/ERS
- 미국농업법 센터(nationalaglawcenter.org) 〉 Packers & Stockyards Act : Overview

제 14 장 선물시장

축산업은 한편으로는 자본과 운용비용이 가속적으로 늘어나는데 비해 다른 한편으로는 불안정한 판매, 불규칙한 날씨 조건과 가축 사이클에 의한 생산의 가변성으로 경영위험이 늘어나고 있다. 가격변동은 가축이 비육단계에 들어 갔을 때 수익성 있는 수준에 있다가 이 가축들이 시장 출하단계에 이르렀을 때 손실로 이어지는 경우가 빈번하게 발생한다. 그러므로 생산자들은 위험을 염두에 두고 가격위험을 통제하거나 최소화 할 수 있는 수단들을 반드시 고려하여야 할 필요성이 증가하고 있다. 선물시장은 이러한 목적을 위해 사용될 수 있는 여러 가지 방안중의 하나로 축산물에 있어서 선물시장(futures market)은 생산자들이 위험관리 전략을 향상시키기 위한 방안으로서 1970년대부터 그 관심이 증대하였다. 이 장에서는 선물시장의 개념, 구조 및 운용과 함께 선물시장을 이용하여 위험을 회피하기 위한 실제 헷징의 예를 설명 하였다, 그리고 우리나라의 돈육선물시장을 다루었다.

제 1 절 선물시장의 개념

물건을 사고 파는 거래에는 현물거래, 선도거래와 선물거래가 있다. 현물거래(spot contract)는 매매계약과 동시에 물건의 인도 및 대금의 결제가 이루어지는 일반적인 거래를 뜻하는 반면, 선도거래(forward contract)는 현재의 시점에서 미래의 일정시점에 물건과 대금을 교환하기로 약속한 거래를 말한다. 한편, 선물거래(futures contract)는 선도거래와 형식은 유사하지만 이러한 선도계약을 거래단위, 정산일, 정산방법 등의 항목을 표준화 시켜 거래소에서 상장하고, 누구나 거래에 참여할 수 있도록 한 거래이다.

우리나라에서는 무, 배추 등의 소위 밭떼기 거래가 선도거래의 형태로 볼 수 있다. 이 때의 선도거래는 무, 배추가 아직 자라고 있으나 가격이 떨어질 것을 우려한 농가가 수확전에 산지유통상인에게 미래 일정한 시점에 일정가격으로 인도할 것을 약속하는 거래이다. 그러나, 만약 배추 가격이 계약시의 가격보다 더 오르면 농가 입장에서는 산지 유통상인에게 파는 것보다 시장에 내놓는 것이 이익이라고 생각하여 계약이 지켜지지 않을 가능성도 그만큼 커질 것이며, 산지 유통상인 입장에서는 그 반대의 경우도 생각할 수 있다. 그래서 정부 혹은 금융기관 등이 선도거래를 공식화, 표준화하여 거래소에서 거래가 이루어지도록 제도화함으로써 계약 불이행의 위험이 없는 거래로 만들고자 하는 것이 선물거래라고 이해하면 된다.

제 2 절 선물시장의 구조와 운용

오늘날의 거래소 형태를 갖춘 최초의 선물거래소는 1848년 미국의 시카고에 설립된 시카고상품거래소(CBOT)라고 할 수 있다. 처음에는 곡물만 거래되었으나 금, 은, 동 그리고 원유 등 많은 상품으로 확대되었고, 축산물의 선물거래는 시카고상업거래소(Chicago Mercantile Exchange : CME)가 대표적이다. 선물시장은 선물을 거래하는 시장으로, 선물거래는 미래의 일정시점에 수량, 규격, 품질 등이 표준화되어 있는 특정 대상물(=기초자산)을 계약 체결시에 정한 가격으로 매매 하기로 약속하는 거래이다. 축산업에 있어 선물거래는 어떤 특정한 미래의 날자에 합의된 금액으로 계약서에 명기된 가축의 수량과 품질의 구입 또는 판매가 될 것이다. 선물시장에서는 파는 사람이나 사는 사람이 서로 상대를 찾는 노력을 할 필요가 없고, 선물거래소가 여러 가지 계약조건을 명시하므로 거래자는 단지 계약가격에 대해서만 매입 또는 매도하게 된다. 여기서 매입 또는 매도라고 하는 것은 단순한 표현일 뿐 선물계약은 주식이나 증권과 달리 실제 매매되는 것이 아니고 이러한 기초자산으로부터 파생된 소위 파생상품(deriative)의 성격을 가지고 있다. 파생상품이란 기초자산의 가치변동에 따라 그 가격이 파생적으로 결정되는 금융상품을 말하는데 선물, 옵션, 스왑의 형태가 있다. 기초자산에는 금융자산(주식, 채권, 외환 등)과 현물자산(원유, 옥수수, 쇠고기, 돼지고기, 금속, 다이아몬드, 금 등)이 있다.

1. 선물시장의 구조

1.1 거래소(exchange)

선물거래는 반드시 조직화된 거래소에서 자격이 있는 회원들만 거래하거나 또는 이들을 통한 위탁거래를 통하여 거래된다. 거래소는 정형화된 거래규칙과 표준화된 선물상품을 개발해 조직화된 거래를 할 수 있도록 지정된 거래장소를 제공한다.

1.2 회원(member)

선물시장의 거래는 회원들에게 제한되어 있다. 회원의 자격은 거래소마다 차이가 있는데 거래소 회원은 자기거래 및 고객의 위탁거래를 수행하게 된다. 우리나라 선물거래소의 회원은 증권사, 자산운용사, 선물사 등이다. 비회원들 즉, 우리들 대부분은 선물거래를 하기 위해서는 거래소 회원에게 위탁하여야 한다.

1.3 청산소(clearing house)

선물거래는 불특정 다수가 참여하기 때문에 선물거래의 참여자가 안심하고 매매하기 위해서는 모든 거래의 계약이행(결제)을 보증할 제3자가 필요하다. 이런 역할을 하는 기관이 청산소이다. 선물상품거래에서 매수자와 매도자가 직접 거래하는 것이 아니라 청산소가 매도자에게는 거래 상대방인 매수자가 되어주고, 매수자에게는 매도자가 되어줌으로써 거래상대방의 결제이행능력 여부에 대하여 염려할 필요 없이 안심하고 매매를 할 수 있다. 한국거래소가 청산소의 기능도 수행한다.

1.4 고객(customers)

선물시장의 이용자는 크게 헤져와 투기자로 구분된다.

- **헤져(hedger)** : 위험전가가 목적인 참여자로서, 현물가격의 변동위험을 선물시장을 이용해 관리한다. 헤지의 본래목적은, 이익을 얻으려는 것보다는 보유자산의 가격변동에 따른 손해를 최소화 하려는 것이다. 헤지에는 매도헤지와 매입헤지가 있다. 예를 들어, 내가 현재 현물을 보유하고 있다면, 가격 하락 위험에 직면하게 되므로 선물매도를 통해서 가격 하락에 따른 위험을 회피하려는 것이며, 이를 매도헤지라 한다. 반대로 어떤 상품을 보유하지 못하고 장차 구입하고자 하는 사람은 가격 상승 위험에 직면하게 되므로 선물을 매수함으로써 그 위험을 회피하려고 하는데 이것을 매수헤지라고 한다. 축산물의 매도헤져로는 가축사육농가가 있으며, 매입헤져로는 가공 · 유통업자, 수입업자 등이 있다.
- **투기자(speculator)** : 투기자는 선물거래의 대상이 되는 자산을 직접 소유하거나 사용하는 실수요자가 아니며, 다만 선물상품 가격변동의 위험을 부담하는 대가로 선물의 가격

변동으로부터 이익을 얻으려 투자하는 사람이다. 투기자는 현물과 연계한 헤져가 선물을 매도 또는 매수하고자 할 경우 거래상대방의 역할을 수행하여 선물시장의 가격형성을 원활히 하고 유동성을 제고하는 역할을 한다. 투기자들은 개인 투자자이거나 거래소의 회원이다.

2. 선물거래의 운용

2.1 거래계좌의 설정과 위탁증거금(customer margin)의 납부

선물을 거래하고자 하는 고객은 선물거래소의 회원사에 계좌를 개설하여야 하고, 거래소 회원을 비롯한 모든 거래자는 일정 규모의 현금 또는 현금등가물을 증거금(margin)으로 청산소에 예치해야 한다. 거래소 회원이 자신 또는 고객의 미결제 약정을 성실하게 이행하겠다는 증거로 청산소에 예치하는 금액을 거래증거금이라 한다. 고객이 거래소 회원사에게 신규의 매도 또는 신규의 매수를 위탁할 때에는 위탁금액의 일정률(대개 위탁계약금액의 10% 이내)에 해당하는 금액을 위탁증거금으로 회원사에 납부한다.

2.2 거래 체결

거래소 회원사는 고객으로부터 위탁 받은 주문을 접수하여 위탁증거금의 충족여부 등 주문의 적격 여부를 점검한 후 거래소에 전달한다. 이때 거래자간에 매매가 결제되는 것이 아니고 매도자는 거래소가 매수하고 매수자는 거래소가 매도하는 결제 구조를 가지게 된다.

2.3 일일정산(daily settlement)

선물거래는 선도거래와 달리 매일 거래가 이루어지고 그에 따른 가격이 형성된다. 즉, 선물계약 체결 후 일일 정산에 의해 손익이 매일 투자자의 계좌에 반영되어 계산된다. 일일정산으로 인해 선물거래자들은 만기시점 뿐만 아니라 만기 이전 언제라도 당초 매입한 선물계약을 다시 판매하는 반대거래(reversing trade or offsetting trade)를 통해 손익을 실현함으로써 쉽게 거래를 청산할 수 있다.

2.4 최종 결제제도

선물을 거래한 후 만기일까지 반대거래를 하지 않으면 선물거래자는 최초의 계약대로 거래를 이행해야 한다. 그러나 대부분의 선물거래자들은 만기일 이전에 반대거래를 통해 선물계약상의 의무를 이행하여 선물거래를 마감한다.

제3절 가축 및 축산물 시장에서의 선물시장 활용

1. 위험

선물시장이 어떻게 축산분야에 도움을 줄 수 있는가에 대한 이해를 위해서는 먼저 위험(risk)이 무엇인가에 대한 이해가 필요하다. 위험은 내키지 않는 지출의 기회로 정의 될 수 있다. 가축이나 사료의 가격에 의해 생산자가 결과적으로 금전적으로 불리할 수 있지만 또 유리 할 수도 있어 결과를 설명하는 용어로서는 위험보다 불확실성이라는 용어가 더 정확할 수 있다. 그럼에도 불구하고 선물거래에서 위험이라는 용어가 보편적으로 사용된다. 왜냐하면 우리들 대부분은 예상 밖 수입의 증가는 부담없이 받아 들일 수 있는 반면에 특별히 파산을 가져올 수 있는 수입의 감소는 훨씬 예민한 문제가 된다. 그러므로 우리는 잠재적인 손실의 가능성과 그 정도를 줄일 수 있는 수단에 집중하여야 한다는 측면에서 위험이라는 용어를 더 받아들이기가 쉽다.

가축 생산자들은 같은 시기에 태어난 새끼들을 자기의 번식군에 포함시키거나 비육을 개시할 때에는 수익을 기대하고 하는 일이다. 그러나 예상하지 못한 사건들이 예상된 기대수익을 감소시킬 수 있고 결과적으로 손실을 가져올 수 있다. 예를 들어 가축가격 하락, 사료비용 증가, 생산량(분만율 또는 증체율) 감소, 폐사 발생 등이 단일하게 또는 복합적으로 나타나기도 한다. 이러한 위험을 회피하여 선물시장에서 기대수익을 안정적으로 가져 가고자 하는 것이 헷징이다.

2. 헷징의 예

헤지(hedge)의 사전적 의미는 '울타리'로 우리말로 풀어보면 위험을 제거한다는 의미를 갖는다. 헷징(hedging)은 현물포지션에서 발생하는 가격변동 위험을 선물시장에서 현물포지션과 반대의 포지션을 취함으로써 상쇄시켜 피하는 것이다. 현재 현물을 보유하고 있고, 미래에 현물을 불확실한 가격으로 팔아야 하는 상황에 있으면 현물포지션은 매입 포지션을 보유하고 있는 것이 되고, 선물시장에서는 매도 포지션을 취하면 된다. 이 때 현물 포지션을 매입 포지션이라고 하는 것은 자산을 현물시장에서 매입하여 보유하고 있고, 미래에 보유자산을 매도하려 한다는 의미이다. 만약 보유자산의 가격이 하락하면 매입 포지션이므로 현물시장에서는 손실을 보지만, 선물시장에서는 매도 포지션이므로 하락한 가격으로 반대매매(=매입)하면 되므로 이익을 보게 된다. 즉, 현물시장에서 보유자산의 손실이 선물시장의 이익으로 상쇄되는 것이다.

헷징을 통한 위험회피의 기본적이고도 단순한 예를 들어보자. 비육돈 생산농가가 생체중이 30kg되는 자돈을 30마리 구입하여 약 20주후에 100kg의 비육돈이 생산될 것을 기대한다고 가정하자. 생산농가는 약 20주 후에 약간의 편차를 두고 3,000kg의 비육돈을 팔게 될 것이다. 이 때 생산농가가 가격변동을 회피하기 위하여 예상판매가격을 kg당 4,000원으로 안정시키고 싶다고 한다면 기대수입은 1,200만원이 된다. 따라서 농가는 자돈을 구입한 날 선물시장에서 비육돈 3계약(거래단위는 1계약당 1,000kg으로 가정)을 매도한다. 만약 20주 후에 kg당 3,200원(20% 하락)으로 떨어지면 현물시장에서는 240만원의 손실(3,000×3,200-3,000×4,000 = −2400,000원)을 보게 된다. 그러나 선물시장에서 kg당 4,000원에 매도 하였으므로 20주 후에 생산농가는 선물계약을 kg당 3,200원에 반대매매(=매입)함으로써 선물시장에서 선물계약을 이행한 것이 되고, 240만원의 이익을 얻게 되어 현물포지션에서의 손실 240만원을 상쇄하게 된다. 그렇게 되면 생산농가의 실제 수입은 비육 개시때 목표로 한 기대수입 1,200만원을 달성하게 되어 가격 하락의 위험을 회피하게 되는 것이다.

■ 1,200만원(선물가치) + 960만원(현물 가격) − 960만원(선물비용) = 1,200만원

한편, 현물시장에서 가격이 상승한다면 투기자는 기대수익을 올릴 수 있지만 생산농가는 가격상승의 기회를 활용하지 못하게 된다. 만약 20주 후에 비육돈 가격이 kg당 4,300원(7.5% 상승)으로 올라가면 선물포지션에서 90만원의 손실이 나지만 현물포지션에서 90만원의 이익이 나서 상쇄된다. 따라서 생산농가의 기대수익은 가격이 하락할 때와 마찬가지로 1,200만원이 된다. 이 때 생산농가는 돼지가격의 불확실성을 제거하기 위하여 기대손실을 감수하는 것이다. 결국, 생산농가는 매도헷지를 함으로써 기대수입을 고정시키는 효과를 얻게 된다. 만약 생산농가가 이익을 얻는 것이 목적이라면 헤져가 아니고 이미 투기자가 되는 것이다.

■ 1,200만원(선물가치) + 1,290만원(현물 가격) − 1,290만원(선물비용) = 1,200만원

이 예는 시장참여 비용과 자본가치(수수료, 증거금에 대한 이자는 별도 부담하여야 함)는 무시하고 단순화 한 것이지만 선물시장이 생산자에게 유용할 수 있다는 것을 보여준다. 그러면 판매가격이 하락할 때 생산자가 선물시장에서 얻는 돈이 어디에서 오는지 궁금할 수 있다. 얻는 자가 있으면 잃는 자가 있기 마련이다. 생산자와 반대 포지션을 취하는 두 개의 그룹이 있다. 하나는 육류 가공업자나 유통업자 등(매입 헤져)이고 또 하나는 투기자이다. 육류가공업자나 유통업자의 경우 가격 상승의 위험을 회피하기 위하여 비육돈 선물계약을

매입한다. 즉, 이들은 돈육을 kg당 4,000원에 구입할 것을 기대하는 것이다. 그리고 현물시장에서 비육돈을 구입하는 시점이 됐을 때 선물계약을 매도하게 된다. 앞의 예와 마찬가지로 비육돈 가격이 kg당 3,200원으로 떨어졌다고 하자. 이들은 선물계약을 kg당 3,200원에 반대매매(=매도)함으로써 선물계약을 이행한 것이 되어 선물포지션에서 240만원의 손실이 나게 되지만 현물시장에서 가축을 구입하는 비용이 240만원이 이익이 나서 선물 포지션에서의 240만원 손실을 상쇄하게 된다(최종 가치는 비육돈 구입은 비용이므로 항상 -가 됨). 따라서, 육류 가공업자나 유통업자의 순비용은 1,200만원이 된다.

■ −1,200만원(선물비용) − 960만원(현물 가격) + 960만원(선물가치) = −1,200만원

만약 가격이 kg당 4,300원으로 올라간다면 육류 가공업자나 유통업자의 순비용은 1,200만원이 된다.

■ −1,200만원(선물비용) − 1,290만원(현물 가격) + 1,290만원(선물가치) = −1,200만원

육류가공업자나 유통업자 입장에서 장래 현물가격이 떨어지면 손해이고 올라가면 이익이지만 육류 가공업자나 유통업자의 선물매입 목적이 구입가격을 kg당 4,000원에 고정시키는 것에 있음을 감안 한다면 결국 위험을 회피한 것이 된다. 이와 같이 선물을 이용한 헤지의 목적은 미래의 불확실한 현물가격을 현재 시점에서 고정시키는 것이지, 보다 많은 이익을 얻기 위한 것이 아니라는 점을 유의하여야 한다. 선물거래에서 어느 한쪽이 매도자가 되면 거래상대방인 다른 쪽은 매입자가 되므로 거래당사자간의 손익관계는 항상 반대로 나타나게 되어 손익의 합은 항상 0이 되는 제로섬게임(zero-sum game)이다.

제 4 절 한국 돈육 선물시장

1. 현황

우리나라에서 상품 선물거래는 금과 돈육을 대상으로 이루어지고 있다. 돈육 선물(Lean Hogs Futures)은 2008년부터 한국거래소 파생상품시장에서 거래되고 있다. 돈육선물은 돼지가격의 변동위험을 회피하기 위하여 사전에 약속된 미래의 특정시점에 1계약당 1,000kg에 해당하는 돈육 대표가격을 사거나 팔 것을 약정하는 선물거래이다. 실제 돼지를 사고 파는 것이 아닌 돈육의 가격을 거래대상으로 하는 선물거래이다.

1.1 거래대상 및 거래단위

돈육선물의 거래대상은 돈육 대표가격(축산물품질평가원 공표)이며 거래단위는 1계약당 돈육도체 1,000kg이다. 거래단위를 계약당 1,000kg(13~14마리에 해당)으로 하는 이유는 양돈 농가의 1회 평균 출하두수(20~30)마리를 고려하여 출하규모에 상응하는 헤지거래를 용이하게 하기 위해서다.

1.2 호가 가격단위 및 최소가격변동금액

돈육 선물에 대해 매수 · 매도의 주문을 할 수 있는 호가가격단위는 5원이다. 가격의 표시는 원/kg이므로 예를 들면 kg당 3,500원, 3,505원, 3,510원, ... 등이다. 돈육 선물의 거래가 1계약당 1,000kg이므로 최소가격변동금액은 5,000원(5원x1,000)이 된다. 가격 1단위가 움직이면 계약당 5,000원의 손익이 발생하게 된다.

1.3 상장 결제월

돈육선물의 상장결제월은 최근 연속 6개월이다. 예를 들어 7월말 현재 8, 9, 10, 11, 12월 그리고 1월물이 상장되어 거래되다가 8월물의 거래가 종료되면 내년 2월물이 신규 상장된다. 결제월을 6개로 설정하여 최장 거래기간을 6개월로 하는 이유는 비육돈의 평균 생육기간이 6개월임을 감안하여 헤지수요를 충당 할 수 있도록 하기 위함이다.

1.4 최종거래일 및 최종결제일

최종거래일(T)은 각 결제월의 세 번째 수요일이며 최종결제일은 최종거래일로부터 기산하여 세 번째 거래일(T+2일)이다. 돈육 가격은 보통 휴일 직후인 월요일에는 수요 증가로 가격이 평균 대비 높게 형성되고, 주 후반에는 수요가 감소하여 가격이 낮게 형성된다. 이에 따라 돈육가격이 주의 평균가격에 근접하는 수요일을 최종거래일로 정한 것이다.

1.5 최종결제 방법 및 최종결제가격

돈육선물의 최종결제는 현금결제방식으로, 최종결제일에 실제 돈육도체를 주고 받는 대신 최종결제가격인 돈육 대표가격과의 차이를 정산하여 수수함으로써 선물거래를 종결하게 된다. 최종결제가격은 최종거래 다음 날 축산물품질평가원이 공표하는 돈육 대표가격인데, 이는 각 결제월의 세 번째 수요일이 최종 거래일이므로 보통 해당 주 평균가격에 근접하는 화요일과 수요일의 2일간 평균가격이 최종결제가격으로 사용된다.

2. 평가

한국거래소의 돈육선물시장은 2008년 7월 미국과 독일에 이어 당시 세 번째로 개장되었다. 그러나 한국거래소에 의하면 돈육 선물거래 실적은 개장 첫해인 2008년에 1만 6,258건이 거래 되었으나 이후 2011년에 5,981건으로 급감 하였고 2012년에는 단 11건만 거래 되었다. 2013년에는 68건이 계약 되었으나 같은해 6월 이후 거래실적이 전무한 실정이다. 이에 따라 한국거래소는 기본예탁금(신규투자자가 계좌에 의무적으로 넣어야 하는 자금) 인하, 거래 증거금율 인하와 선물거래의 단기적 유동성을 증가시키기 위해 직접 자신의 계정으로 돈육 선물거래에 참가하는 선물거래소의 회원사를 늘리는 등 여러 차례 활성화 대책을 동원하기도 하였으나 5년이 넘는 동안 선물시장이 제 구실을 못하고 있다.

돈육 선물시장은 현물시장의 규모가 상당히 커야 하고 가격 변동성이 커야 하며, 돼지고기가 표준화 · 규격화 되어 있다는 선물시장으로서 기본요소는 갖추고 있으나 거래가 부진한 상태이다. 그 이유로는 첫째, 양돈농가들의 입장에서 선물시장이라는 금융상품에 대한 이해도가 떨어지고, 돈가 사이클이 계절변동의 형태를 갖고 있어서 현물시장에서의 가격변동이 어느 정도 예측이 가능하기 때문에 가격 위험관리 인식이 부족하기 때문이다. 선진국의 경우에도 생산자들에 의한 선물시장 이용은 활발하지 못한데, 그 것은 생산자들의 고령화, 이해 부족 등에 관계가 있다고 한다. 또한 육가공업체와 육류유통업체의 헷징수요도 당초 예상보다 제한적이다. 투기자들도 돈육 선물시장 거래량이 부족하고 시세차익을 얻기도 어려우므로 돈육 선물시장에 투자할 매력을 느끼기 힘들다는 것이다

그러나 돈육 선물시장의 존재는 양돈농가의 수입 안정화라는 공공 목적이 가장 크다. 양돈농가의 경영위험 회피와 다양한 출하시장 확보라는 측면에서 특히 사료가격이 급등하거나 구제역 등 전염병으로 가격이 불확실한 때(이 경우 투기자의 참여도 기대됨) 등의 경우에 선물시장에 의해 예측 불가능한 위험을 예방하는 효과가 여전히 존재한다.

■ 참고문헌 ■

- 알란 마르쿠스(Alan J. Marcus)(2015), 투자론Investments, 12th. 남상구 외 공역, 한국맥그로힐
- 한국거래소(2008), 돈육선물의 활용
- J. H. McCoy and M. E. Sarhan(1988), Livestock and Meat Marketing, An avi Book
- W. Lesser(1991), Marketing Livestock and Meat in the U.S., Food Products Press

제 15 장 축산물 유통경로 및 비용

축산물이 생산농가로부터 소비자에 이르기까지 거치게 되는 과정은 꽤 복잡하다. 여러 단계에 걸쳐 형태가 바뀌어 유통 되는데 각 과정에서 비용이 소요되고 여기에 참여하는 중간상인들의 이윤이 발생한다. 축산물 산지가격이 오르거나 내릴 때 마다 모두가 가장 궁금해하는 것이 바로 유통마진인데 유통마진에 대해서 생산자, 소비자, 유통업체가 생각하는 개념이 다르기도 해 오해를 빚기도 한다. 정책당국도 유통단계를 축소하여 유통마진을 줄여 소비자 가격을 안정시키려는 노력을 하고 있다. 그러나 유통의 원활화를 위해 수집, 중계, 분산기능을 담당하는 중간상들을 배제할 수 없는 것도 사실이다. 물론 이들의 역할을 협동조합, 가공업체나 대형소매점이 전후방 계열화를 통하여 대신하려는 시도는 활발히 이루어지고 있다. 이 장에서는 축종별 유통경로를 파악하고, 이에 따른 품목별 유통비용을 살펴보았다.

제 1 절 유통경로

*이하 %는 국내산총유통물량 대비임

1. 소

1.1 생산 및 출하단계

소 생산농가는 직접 또는 협동조합 계통출하, 산지수집상 등을 통한 간접거래로 식육포장처리업체에게 28.6%를 출하하고 있으며, 직접 또는 협동조합 계통출하 등을 통해 도매시장 · 공판장 경매에 54.2%를 출하하고 있다. 소 생산농가와 산지수집상 중개 등을 통한 소매업체와의 직거래는 17.2%로 슈퍼(중소슈퍼+SSM+하나로마트) 6.1%, 정육점 4.1%, 대형마트 2.1%, 백화점 1.0%, 일반음식점 2.8%, 단체급식소 1.0% 등이다.

1.2 도매단계

식육포장처리업체는 65.3%(농가로부터 직접 확보 28.6%+경매 확보 36.7%)를 확보하여 취급한다. 식육포장처리업체의 도매물량 65.3%는 정육점 16.1%, 대형마트 13.7%, 슈퍼 13.6%, 일반음식점 11.9%, 단체급식소 6.8%, 백화점 2.9% 등으로 공급된다. 경매물량(54.2%)중 식육포장처리업체가 확보한 물량을 제외한 나머지 17.5%는 도매시장 중도매인들이 확보하여 정육점, 일반음식점, 슈퍼, 대형마트 등에 공급한다(이는 소매단계의 각 소매점 유형의 경매 물량에 해당됨).

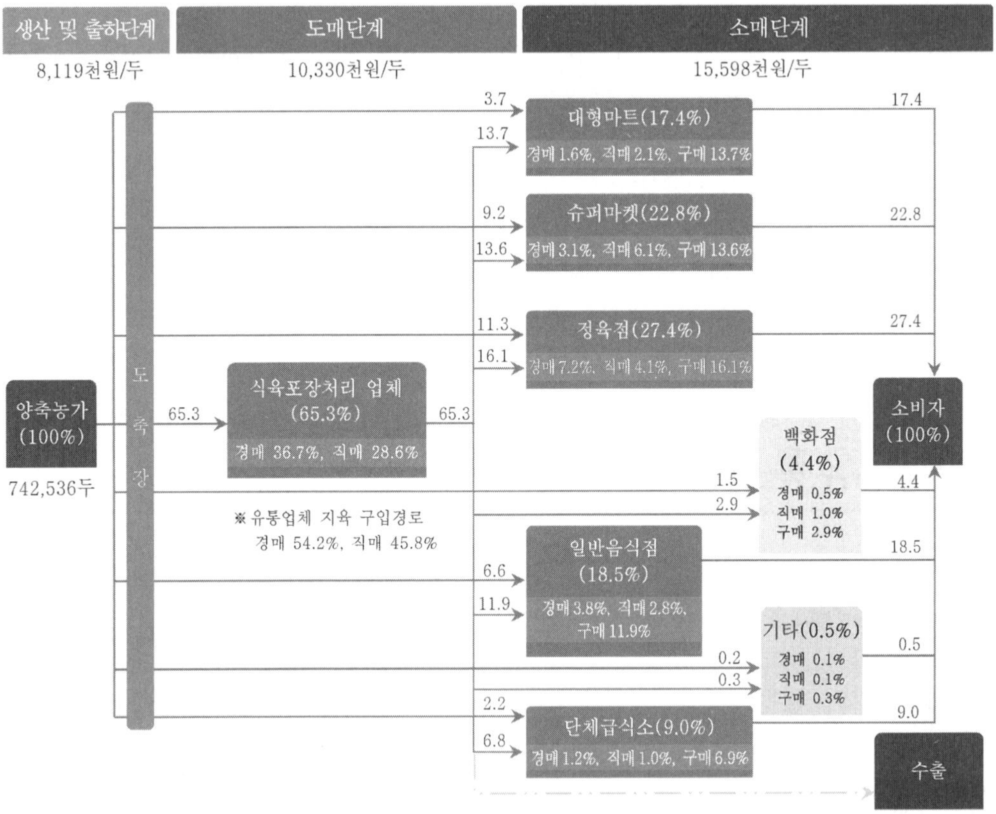

[그림 15-1] 쇠고기 유통경로

주1) 우시장 큰 소 거래, 가축거래상인 중개, 도축제경비 등 물류에 해당하는 경로는 생략
주2) 도축형태에 따른 경매와 직매 구분
주3) 유통단계별 가격은 해당 유통단계의 경로별 비율을 반영한 가중평균값
*자료 : 축산물품질평가원(2018), 2017 축산물 유통실태조사

1.3 소매단계

소매업체 쇠고기 유통물량은 정육점 27.4%, 슈퍼 22.8%, 일반음식점 18.5%, 대형마트 17.4%, 단체급식소 9.0%, 백화점 4.4% 이다. 국내산 쇠고기를 소비자가 직접 구매하여 가정내에서 소비하는 비중이 72.0%, 외식 등 가정밖에서 소비하는 비중이 27.5%이고, 쇠고기 가공식품 소비는 0.5%이다. (참고 : 일본의 2011년 기준 쇠고기 소비는 가정내 33%, 가정밖 62%, 가공용 5%이다. 단, 수입산 포함)

2. 돼지

2.1 생산 및 출하단계

돼지 생산농가는 식육포장처리업체에게 86.5%를 출하하고 있는데 계약에 의해 직접 출하하는 것이 대종이고 협동조합 계통출하, 산지수집상 등을 통하여 식육포장처리업체에게 출하 하기도 한다. 도매시장 · 공판장 경매에 8.4%를 직접 또는 협동조합 계통출하 등을 통해 출하한다. 소매업체와 직접거래는 5.1%로 대부분 정육점과 거래하고 있다.

2.2 도매단계

도매단계에서 식육포장처리업체가 취급하는 물량이 92.7%(직접 확보86.5%+경매 확보 6.2%)로 절대적인 비중을 차지하고 있다. 식육포장처리업체의 도매물량 92.7%는 대형마트 22.6%, 정육점 18.6%, 2차가공업체 등 18.4%, 일반음식점 14.9%, 슈퍼 11.9%, 단체급식소 5.4% 등으로 공급된다.

2.3 소매단계

소매업체 돼지고기 유통물량은 정육점 25.9%, 대형마트 22.6%, 2차가공업체 등 18.4%, 일반음식점 14.9%, 슈퍼 11.9%, 단체급식소 5.4%, 백화점 0.9% 등이다. 국내산 돼지고기를 소비자가 1차 가공품형태로 직접 구매하여 가정내에서 소비하는 비중이 61.3%, 외식 등 가정밖에서 소비하는 비중이 20.3%, 2차 가공품 형태로 18.4%를 소비하고 있다. (참고 : 일본의 2011년 기준 돼지고기 소비는 가정내 47%, 가정밖 28%, 가공용 25%이다. 단, 수입산 포함)

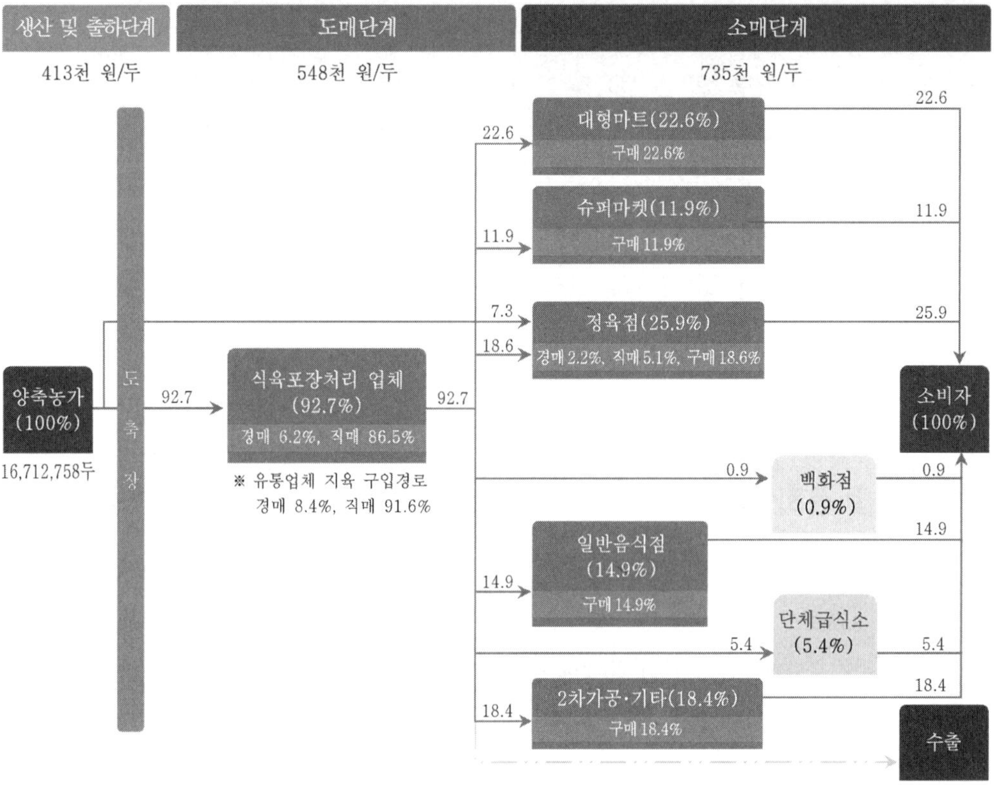

[그림 15-2] 돼지고기 유통경로

주1) 도축형태에 따른 경매와 직매 구분
주2) 유통단계별 가격은 해당 유통단계의 경로별 비율을 반영한 가중평균값
*자료 : 축산물품질평가원(2018), 2017 축산물 유통실태조사

3. 닭

3.1 생산 및 출하단계

육계 생산농가(위탁사육농가)는 94.1%를 계약에 의하여 계열화업체에게 인도한다. 닭고기의 약 5.9%만이 양계농가가 직접 생산하여 출하하는데 주로 가축거래상인을 통하여 식육포장처리업체에게 출하한다.

3.2 도매단계

도매단계는 계열화업체가 거의 전유통물량(94.1%)을 담당하고 있는데 자체 대리점에 39.0%를 공급하고 일반음식점(프라이드치킨 프랜차이즈 + 패스트푸드 식당 등) 26.7%, 대형마트 9.5%, 식육포장처리업체 6.4%, 단체급식 6.2%, 2차가공업체 3.9%, 슈퍼 1.4% 등을 공급하고 있다. 이 중 중간도매상 성격의 계열화업체 대리점은 41.2%(계열화업체 확보 39.0%+식육포장처리업체 확보 2.2%)의 물량을 슈퍼 10.3%, 일반음식점(주로 중소식당) 9.9%, 정육점 6.0%, 단체급식소 5.4%, 닭 전문판매점(주로 전통시장 내 소재) 4.5%, 2차가공업체 등 0.1% 등을 공급한다. 계열화업체가 아닌 식육포장처리업체는 12.3%(자체 확보 5.9%+계열화업체 확보 6.4%)를 취급하고 있는데 주로 식품서비스 산업(단체급식소 6.1%, 일반음식점 1.9%)에 공급하고 있으며 일부 소매판매점 및 2차가공업체에 공급한다.

3.3 소매단계

소매업체의 닭고기 유통물량은 일반음식점 38.5%, 대형마트 14.8%, 단체급식소 17.7%, 슈퍼 11.9%, 정육점 6.2%, 닭전문판매점 5.3%, 2차가공 등 4.9%, 백화점 0.7%이다. 국내산 닭고기를 소비자가 1차 가공품형태로 직접 구매하여 가정내에서 소비하는 비중이 38.9%, 외식 등 가정밖에서 소비하는 비중이 56.2%, 2차 가공품 형태로 4.9%를 소비하고 있다. (참

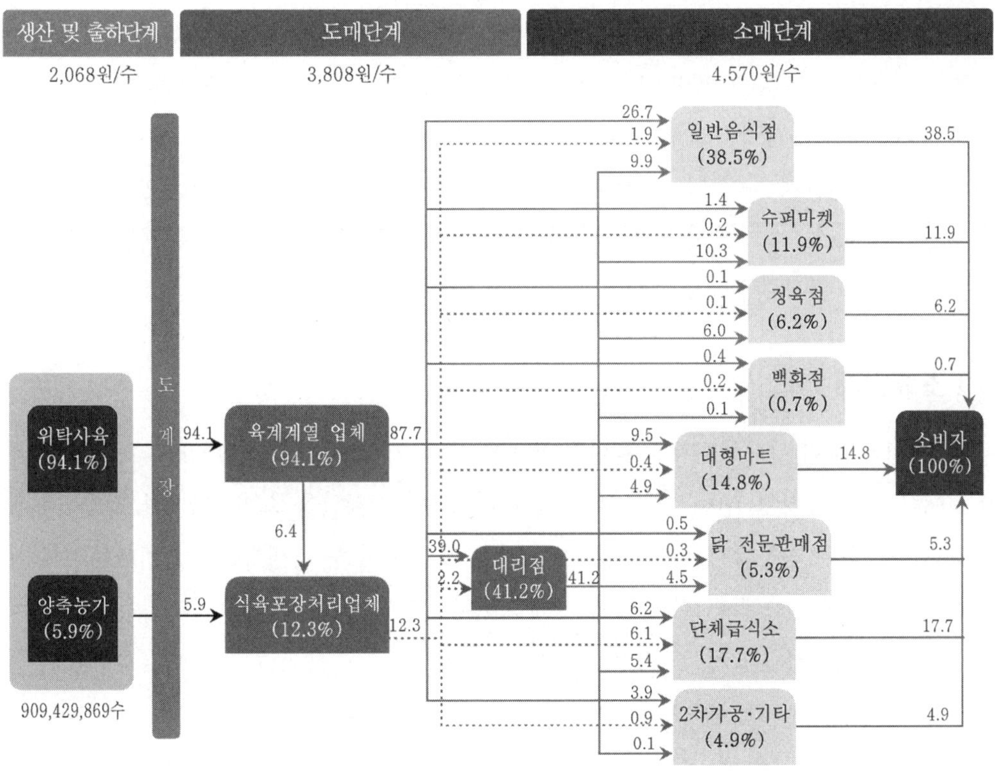

[그림 15-3] 닭고기 유통경로

주1) 도매단계는 업태성격에 따른 분류가 아닌 비용발생 관점에서 구분
주2) 유통단계별 가격은 해당 유통단계의 경로별 비율을 반영한 가중평균값
*자료 : 축산물품질평가원(2018), 2017 축산물 유통실태조사

고 : 일본의 2011년 기준 닭고기 소비는 가정내 38%, 가정밖 56%, 가공용 6%이다. 단, 수입산 포함)

4. 계란

4.1 생산 및 출하단계

계란 생산농가는 식용란수집판매업체에게 73.6%(GP센터 출하 63.3%+비GP센터 출하 10.3%)를 출하하고 식품유통업체(계란 브랜드업체, 난가공업체 등)에게 17.9%를 출하한다. 계란 생산농가가 소매업체와 직접 거래하는 물량은 8.5%이다.

4.2 도매단계

GP센터는 생산농가로부터 확보한 물량(63.3%) 중 비GP센터(산지유통인)와 식품유통업체에게 일부 판매하고 51.3%의 물량을 담당하는데 대형마트 24.9%, 슈퍼 9.5%, 단체급식소 7.8%, 2차 가공업체(가공식품제조업체, 제빵제과업체 등) 5.8%, 일반음식점 1.8%, 백화점 1.5% 등을 공급한다. 비GP센터는 17.1%의 물량을 대형마트 4.8%, 슈퍼 4.0%, 2차가공업체 등 3.9%, 단체급식소 2.6%, 일반음식점 1.7% 등을 공급한다. 식용란수집판매업체(GP센터 등)와 소매단계 사이에는 도매상과 중간도매상이 있다. 식품유통업체는 23.1%의 물량을 대형마트 8.8%, 슈퍼 5.6%, 2차가공업체 등(자체 가공포함) 4.1%, 일반음식점 2.6%, 단체급식소 1.8% 등을 공급하고 있다.

4.3 소매단계

소매업체의 계란 유통물량은 대형마트 40.9%, 슈퍼 21.0%, 2차가공 등 15.7%, 단체급식소 13.5%, 일반음식점 7.0%, 백화점 1.9% 이다. 국내산 계란을 소비자가 1차 가공품형태로 직접 구매하여 가정내에서 소비하는 비중이 63.8%, 외식 등 가정밖에서 소비하는 비중이 20.5%, 2차 가공품 형태로 15.7%를 소비하고 있다. (참고 : 일본의 2011년 기준 계란 소비는 가정내 50%, 가정밖 22%, 가공용 28%임)

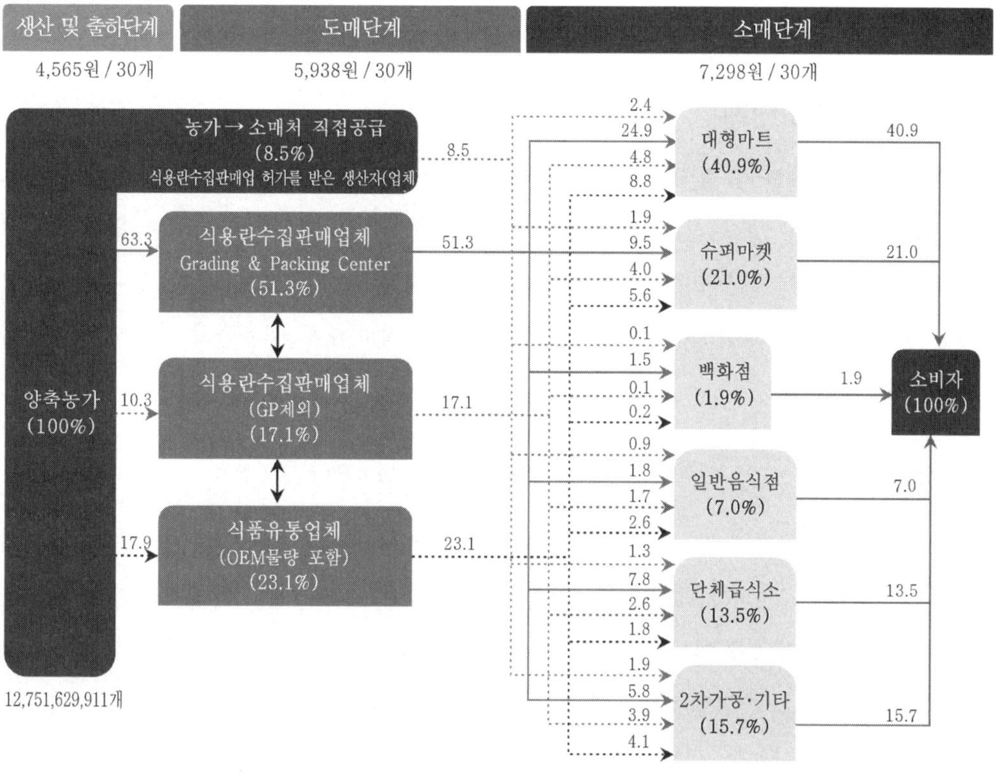

[그림 15-4] 계란 유통경로

주1) 도매단계는 업태성격에 따른 분류가 아닌 비용발생 관점에서 구분
주2) 유통단계별 가격은 해당 유통단계의 경로별 비율을 반영한 가중평균값
*자료 : 축산물품질평가원(2018), 2017 축산물 유통실태조사

■ 표 15-1 한국, 일본의 축산물 소비장소별 비율

(단위 : %)

		1차 가공용 소비		2차 가공용 소비
		가정 내	가정 밖	
쇠고기	한 국	72.0	27.5	0.5
	일 본	33.0	62.0	5.0
돼지고기	한 국	61.3	20.3	18.4
	일 본	47.0	28.0	25.0
닭고기	한 국	38.9	56.2	4.9
	일 본	38.0	56.0	6.0
계란	한 국	63.8	20.5	15.7
	일 본	50.0	22.0	28.0

주) 한국은 국내산(2017년), 일본은 국내산+수입산(2011년) 대상
*자료 : 축산물품질평가원(2018), 2017 축산물유통실태조사
全農홈페이지(https//www.zennoh.or.jp), 日本の食料を考える2013, 食肉と鶏卵の流れ

5. 우유

5.1 생산 및 출하단계

낙농가에서 생산한 우유는 낙농진흥회, 가공조합(서울우유 등), 유업체에 의하여 집유된다. 낙농진흥회를 통한 집유(24%)는 낙농진흥회와 계약을 맺은 낙농가의 원유를 낙농진흥회 지정 집유조합에서 집유하여 유가공업체에 판매한다. 가공조합(38%) 및 유가공업체(30%)는 가공조합의 조합원 농가 및 자체 계약낙농가에서 주로 집유하고 나머지는 낙농진흥회로부터 집유한다.

5.2 도매단계

유가공업체 및 가공조합은 시유와 유제품을 생산하여 대리점 84%, 중간벤더(식자재업체 등) 10%, 소매점 직접판매(대형마트 등) 6%를 공급한다. 도매단계는 대리점 위주의 구조로 되어 있는데 대리점에서 대형마트, 중소슈퍼, 가정배달, 학교급식으로 나가는 구조가 가장 많으며, 그 다음으로 중간벤더를 통해 편의점으로 유통된다. B2B 판매(아이스크림 · 음료 · 과자 · 빵제조업체, 단체급식업체 등)도 있지만 비중은 잘 알려져 있지 않다.

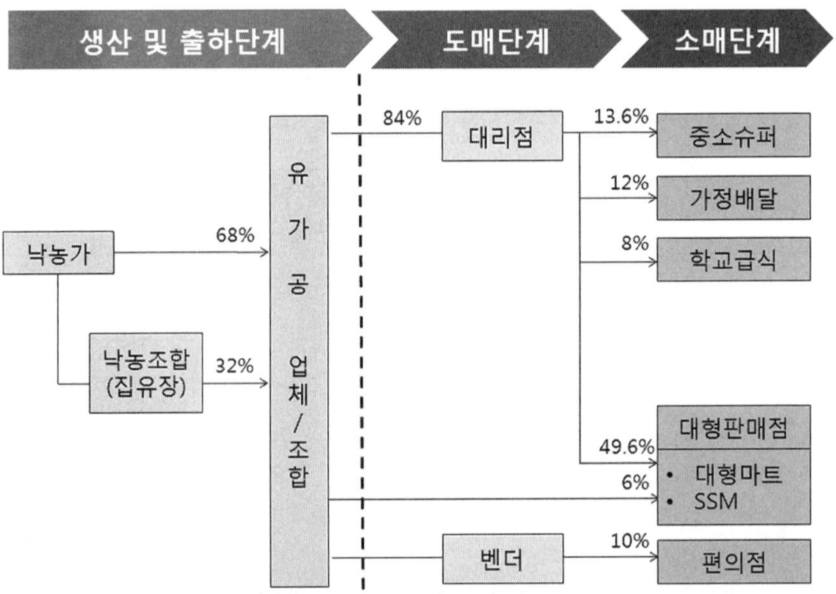

[그림 15-5] 우유 유통경로

*자료 : 낙농산업 선진화 대책 보도자료(2013년6월7일, 농림축산식품부) 참조 저자가 작성

5.3 소매단계

소매업체의 시유 유통물량은 대형유통업체 55.6%, 중소슈퍼 13.6%, 가정배달 12.0%, 편의점 10.0%, 학교급식 8.0% 등이다. 가정배달은 각 제조업체가 운영하는 보급소 영업망을 통해 우유를 각 가정에 직접 공급하는 것이다.

6. 오리

6.1 생산 및 출하단계

오리 생산농가는 닭과 마찬가지로 94.0%를 계약에 의하여 계열화업체에게 인도한다. 식육포장처리업체에게는 산지수집상을 통하여 6.0%를 출하한다. 계열업체는 주로 계약생산을 통해 필요한 물량을 확보하지만 산지시장에서 생축을 구입하는 경우도 있다. 오리는 경매시장이 형성되어 있지 않기 때문에 생산자가 직접 도압장에 출하하는 경우는 거의 없다.

6.2 도매단계

계열업체는 94.0%의 물량을 통오리의 경우 대리점에 40.4%를 공급하고, 소매점 직판은 53.6%(식육포장처리업체 32%, 대형마트 · 백화점 · 슈퍼마켓 · 정육점 11%, 일반음식점 · 급식 11%)이다. 계열업체의 대리점은 중간 도매상 역할을 담당하는데, 대리점의 반출 경로는 대형 유통업체를 제외하고 계열업체의 직판 경로와 거의 유사한 형태를 가지고 있다. 식육포장처리업체의 반출경로도 계열업체의 직판과 거의 유사하다.

6.3 소매단계

소비지 판매처는 정육점, 대형마트, 슈퍼마켓, 백화점과 외식부분인 음식점, 단체급식 등으로 구분된다. 오리 유통경로는 [그림 15-3] 닭고기 유통경로와 유사하다.

7. 벌꿀

벌꿀의 유통경로는 천연꿀, 사양꿀 여부에 따라 다르다.

7.1 천연꿀

농가에서 생산된 꿀은 소비자로의 직거래 판매비중이 80%로 가장 많고, 다음으로 유통업자 15%, 농협 5%순으로 파악된다. 유통업자는 꿀을 소분하여 소매점에 판매하거나, 식품가

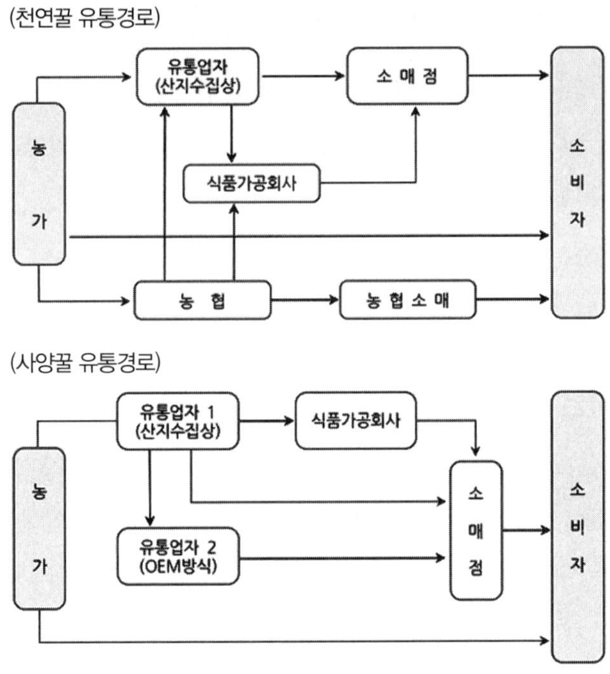

[그림 15-6] 벌꿀 유통경로

*자료 : 한재환(2014). 세계 및 국내 양봉산업 동향. 세계농업. 한국농촌경제연구원

공회사에 직접 판매한다. 농가에서 꿀을 수매한 농협은 하나로마트 등 농협소매점을 통해 소비자에게 판매 하거나, 일부는 식품가공회사에 납품한다.

7.2 사양꿀

농가에서 유통업자에게 판매하는 비중이 약 90%, 소비자에게 직거래 하는 비중은 10% 수준이다. 천연꿀과 마찬가지로 유통업자는 꿀을 대부분 소분을 하여 소매점에 판매하거나, OEM 방식으로 대형마트나 백화점 등에 납품하기도 하고, 일부는 식품가공회사에 납품한다.

제 2 절 유통마진과 유통비용

소매정육점이 직접 소를 구입하여 판매하거나 소 생산농가가 소매유통까지 담당한다고 가정하자. 가축시장에서 직접 소를 구매하여 판매하는 정육점의 경우 소를 의뢰도축 하여 지육으로 가져와 보통 보름정도 냉장고에 보관하며 소비자에게 판매를 한다. 소 값이 상승기에 있다면 오늘 구매한 소를 다음날 비싸게 판매할 수도 있지만 반대의 경우도 많고, 판매과정에서 오랜 시간 보관에 따른 물류비 증가 등 시시각각 변하는 여러 리스크가 있다. 여기에서 유통상인들은 생산자나 소비자가 하기 힘든 상품의 탐색, 수송, 가공, 보관, 분산이라는 기능을 담당함으로써 일정한 비용을 상품에 붙여 판매하게 되는 것이다.

유통마진과 유통비용은 생산자, 가공업자, 유통업자, 소비자 모두가 관심있는 사항이지만 아주 많은 오해가 있는 사항이기도 하다. 생산자들은 생우의 100g당 가격이 900원인데 등심 소매가격이 100g당 8,000원 한다면 그 정당성에 의문을 가질 수 있다. 소비자들은 보통 소매가격이 오르면 생산자의 수입이 많이 늘어날 것이라고 생각하는 경우가 많다. 또한 유통인들은 산지가격과 소비지가격 사이에 존재하는 유통비용에 포함되는 가공비용과 이를 위한 인건비, 물류비 등 제반경비를 전부 이윤이라고 봐선 곤란하다고 주장한다. 따라서 유통마진을 계산하는 방법의 정확한 이해가 이러한 오해들을 정리하는 첫 번째 발걸음이 된다.

1. 유통마진과 유통비용의 개념

소비자가 식육을 구입할 때 지출액은 두 가지로 구성되는데, 첫째는 생산농가에 대한 지출이고, 둘째는 유통과정에 종사하는 유통업체에 대한 지출이다. 이 때 유통업자에 대해 지불되는 부분을 유통마진이라고 하며, 이 유통마진은 소비자가 식육에 대해 지불한 금액과 생산농가가 수취한 금액과의 차이가 된다. 따라서 유통마진은 유통단계에 종사하고 있는 모든 유통기관들에 의해서 수행된 효용증대 활동과 기능에 대한 대가의 총액이라고 할 수 있다. 유통마진(margin)에는 유통기능 수행에 따른 비용(Costs)과 유통단계에 종사하고 있는 유통기관들의 이윤(Profits)이 포함된다. 이와 같이 원래의 유통비용은 유통마진에서 이윤을 제외한 순수한 비용을 의미하며, 직접비용과 간접비용으로 구분할 수 있다. 직접비용은 수송비, 포장비, 하역비, 저장비, 가공비 등 직접적으로 유통을 하는데 지불되는 비용이며, 간접비용은 점포임대료, 자본이자, 통신비, 제세공과금 등과 같이 식육상품 유통을 하는데 간접적으로 투입된 비용이다.

유통마진과 유통비용은 이렇게 구분이 되는 개념이지만 유통마진이라고 하면 사람들이 상인들의 이윤으로만 생각하는 경향이 있어 유통마진의 개념을 유통비용으로 사용하기도 한다. 이 책에서도 유통비용을 이윤을 포함한 것으로서 유통마진과 같은 개념으로 사용한다. 따라서, 유통비용(율) 또는 유통마진(율)을 수식으로 표현하면, 다음과 같다.

- 유통비용(=유통마진) = 직접비용 + 간접비용 + 이윤

- $\text{유통비용률} = \dfrac{\text{유통비용}}{\text{소비자 지불가격}}$

예를 들어 한우농가가 600kg 한우성우를 600만원에 팔았는데 중간 유통단계를 거쳐서 최종 소비자가 소매단계에서 1,100만원을 지불 하였다고 하자. 이 경우 총유통비용은 소비자 지불가격(1,100만원)에서 농가 수취가격(600만원)을 제외한 500만원이 되는데 여기에는 이윤이 포함된다. 유통비용률 또는 유통마진율은 유통비용(500만원)을 소비자지불가격(1,100만원)으로 나누어 산출한 45.5%가 된다. 축산물의 유통비용률에 영향을 주는 요인에는 가공도 및 저장 여부, 상품의 부패성, 계절적인 요인 등이 있으며, 유통단계가 많거나 중간상인들의 이윤이 과다한 경우에도 유통비용률이 높게 된다. 결국 축산물 유통구조의 개선문제는 단순히 유통단계를 인위적으로 단축하려고 하기보다 유통구조가 담당하고 있는 가격결정과 가격발견 기능, 정보 제공 및 위험분산 기능의 정상적 작동과 특정단계에서 과도한 이윤이 발생하지 않도록 공정경쟁 시스템을 만드는데 중점을 두어야 한다.

2. 주요 품목별 유통비용

우리나라에서는 미국과 같은 국가 전체의 식품유통비용(food marketing bill)은 추계되지 않고 있다. 미국 농무성에서 발표하는 식품유통비용은 소비자들의 식품에 대한 총지출에서 총농가수취액을 공제하여 산출한 것이다. 대신, 우리나라에서는 농축수산물의 품목별 유통비용이 한국농수산식품유통공사에 의해 매년 조사되고 있다. 이중 축산물의 경우는 2012년부터 축산물품질평가원으로 이관되어 조사되고 있다.

주요 축산물(쇠고기, 돼지고기, 닭고기, 계란)의 유통비용률은 45.8%로 조사 되었다. 품목별로 유통비용률을 살펴보면 쇠고기 48.0%, 돼지고기 43.7%, 닭고기 54.8%, 계란 37.5%로서 계란은 2015년 51.8%, 2016년 47.3%에서 계속 떨어졌다. 유통비용 중 이윤은 쇠고기

■ 표 15-2 유통비용률(2017년 기준)

(단위 : %, %p)

구분	생산비용	유통비용률						
		계	유통비용			단계별 비용		
			직접비	간접비	이윤	출하	도매	소매
쇠고기	52.0	48.0	9.1	13.6	25.3	1.6	12.6	33.8
돼지고기	56.3	43.7	10.1	23.4	10.1	1.2	17.0	25.4
닭고기	45.2	54.8	15.3	15.3	24.2	0.1	38.1	16.6
계란	62.5	37.5	11.1	20.8	5.6	4.6	14.3	18.6
가중평균	**54.2**	**45.8**	**10.5**	**18.9**	**16.4**	**1.5**	**18.0**	**26.3**

주)품목 합산 가중평균값은 품목별 유통액을 적용하여 산출
*자료 : 축산물품질평가원(2018), 2017 축산물유통실태조사

25.3%p 〉 닭고기 24.2%p 〉 돼지고기 10.1%p 〉 계란 5.6%p이다. 축산물의 단계별 유통비용은 소매단계가 가장 높은 경향을 보이고 있으나, 닭고기는 도매단계 유통비용이 가장 높은 것으로 나타났다.

1990년대부터 2000년대까지 쇠고기의 유통비용은 계속 확대 되어 왔는데 2000년대에 쇠고기 산지가격은 연간 5.5%씩 상승한 반면 소비자가격은 7.0%씩 상승하였고 유통비용 상승률은 연간 31.7%였다. 그러나 2010년 이후 2016년까지 쇠고기 산지가격의 연간 상승률은 6.4%였으나 소비자가격 상승율은 2.4%로 유통비용의 상승률은 3.9%로 크게 낮아졌다. 돼지고기도 1990년대 이후 2000년대까지 유통비용이 계속 증가 하였는데 2000년대 돼지고기의 산지가격 상승률은 연간 7.9%였으나 소비자가격 상승률은 10.4%였다. 이에 따라 유통비용 상승률은 연간 12.2%였다. 2010년 이후 2016년까지 돼지고기의 산지가격과 소비자가격 상승률은 2000년대보다 크게 감소하여 각각 4.7%와 1.9%로 낮아졌는데 소비자가격 상승률이 더 떨어짐으로써 연간 유통비용 상승률도 1.1%로 크게 낮아졌다.

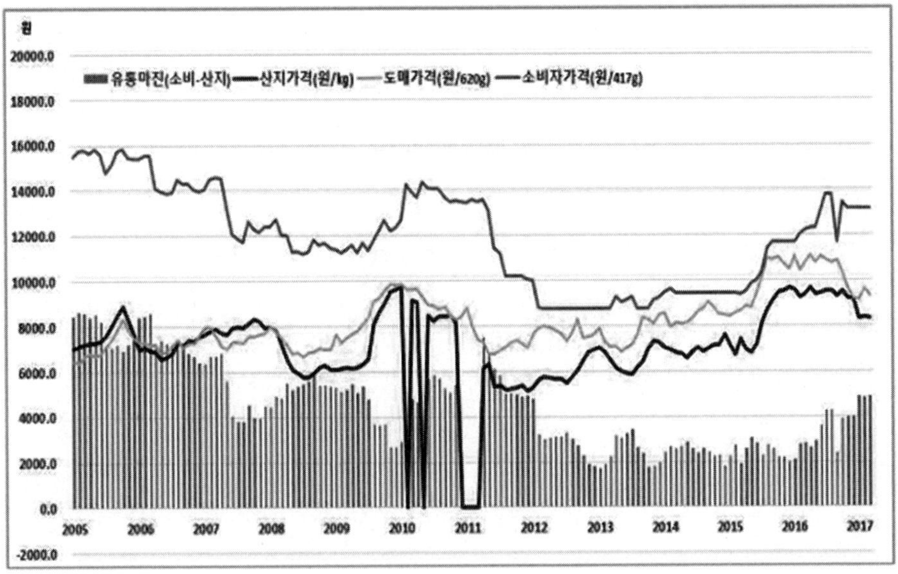

[그림 15-7] 쇠고기 유통단계별 가격 및 유통비용

주) 농림축산식품부의 지육률(62.0%)와 정육률(41.7%)를 반영하여 산지가격으로 환산하여 비교함

*자료 : 장재봉 외(2017). 수입축산물 유통구조 현황. 건국대학교/기획재정부 ; 한국농수산식품유통공사, 농협중앙회

■ 참고문헌 ■

- 김동환 · 김병률 · 김재식(2011), 농산물유통론, 농민신문사
- 박찬욱(2017), 실전유통론, 청람
- 유철호(2004), 축산물 수급과 유통, 한국농촌경제연구원
- 이카페피아 : 축산유통종합정보센터(www.ekapepia.com)
- 장재봉 외(2017), 수입축산물 유통구조 현황, 건국대학교/기획재정부
- 축산물품질평가원(2018), 2017 축산물유통실태조사
- 한국비지니스정보(2013), 대한민국 유통지도, 어바웃어북
- J. H. McCoy and M. E. Sarhan(1988), Livestock and Meat Marketing, An avi Book

제 4 부

축산물 유통조성 및 물류

제 16 장 등급제도

슈퍼마켓에서 쇠고기를 사고자 하는 소비자를 가정해 보자. 어떤 사람은 맛이 좋은 쇠고기를 사고자 하고 어떤 사람은 지방이 적은 쇠고기를 사려고 한다. 만약 슈퍼마켓 판매대에 있는 쇠고기에 아무 것도 표시되어 있지 않다고 가정하면 이 두 소비자는 자신들이 원하는 쇠고기를 찾을 때 까지 뒤적거려야 한다. 반대로 쇠고기에 등급이 매겨져 있다면 이에 따라 자신이 원하는 제품을 선택할 수 있어 탐색 시간과 비용을 줄일 수 있을 것이다. 등급판정을 개인기업에 맡길 경우 그 나라에 하나의 등급기준이 정하여져 있다 하더라도 객관적 판정의 문제, 판정비용 부담능력의 차이가 제기될 수 밖에 없어 등급제도는 실효성을 거두기 어려울 것이다. 따라서, 축산물등급판정은 대부분의 나라가 정부 또는 공공기관이 등급기준을 정하고 판정하여 시장거래 참여자들의 신뢰를 얻음으로써 작동되고 있다. 이 장에서는 축산물 등급제도의 연혁과 목적, 현행 등급기준과 판정제도 그리고 그 과제와 발전방향을 다루었다.

제 1 절 연혁과 목적

1. 연혁

축산물의 등급화(grading)는 축산식품을 시장에서의 선호도 및 그에 따른 가치화와 연계하여 특정한 속성에 근거하여 몇 개의 그룹으로 분류하는 것을 의미한다. 따라서 등급화가 실효성을 갖기 위해서는 동일한 등급 내에 포함된 축산물은 객관적으로 동일한 품질 특성을 가져야 하고, 등급 간에는 구매자가 쉽게 구별할 수 있는 이질적 특성이 존재하여야 한다. 쇠고기 등급제도는 미국은 1927년, 유럽은 2차대전 후에 각국이 개별로 시행하였으나 1975

년 EU 기준으로 단일화 되었고, 일본은 1964년부터 시행하였다. 원래 미국에서 등급제도는 가축 생산자들이 중간상인들이 생산자와 소비자들을 착취한다고 생각하여 이를 방지하기 위하여는 식육 거래에 관한 가격정보의 확보가 필요하고, 확보된 가격정보는 균일한 규격과 동일한 용어를 상용할 때에만 비교검토가 가능하다는 사실을 발견하고 추진한 것이다. 반면 유럽에서는 도매상인들의 구매규격에 맞춰 등급제도가 발달 하였다. 축산물등급판정은 EU는 품목 대부분이 의무화 되어있고, 미국과 일본의 경우는 자율로 되어 있으나 등급판정율은 90% 이상으로 높은 편이다.

우리나라에서 가축시장의 생체거래에는 등급기준이 설정되어 있지 않다. 가축시장에서 거래는 거래당사자 간 혹은 중개상인에 의한 노우하우에 의하여 이루어지고 있다. 그것은 등급(육량 및 육질) 등에 영향을 미치는 체형(체장, 체고 등), 비육도, 체중 등을 눈으로 보아 이에 대한 시장가치를 종합 고려한 판단일 것이다. 지육의 등급판정제도는 1995년에 소와 돼지에 대해 실시 되었다. 소와 돼지만 등급판정이 의무화되어 있으며 나머지 품목은 원하는 경우에만 판정을 받는 자율화제도로 되어 있다. 등급판정사업은 국내 쇠고기의 품질향상과 시장개방 이후에도 국내산 쇠고기가 수입쇠고기와의 경쟁에서 밀리지 않는 경쟁력을 확보하는데 기여를 하였다는 평가를 받고 있다. 소와 돼지고기에 머물렀던 등급판정 업무는 닭고기와 계란 그리고 오리고기까지 그 대상 품목이 확대됐으며 최근에는 벌꿀 등급제 실시를 위한 절차를 진행 중에 있다. 축산물등급판정업무는 농림축산식품부 산하 공공기관인 축산물품질평가원에서 담당하고 있다.

2. 목적

각 나라마다 등급제를 시작한 이유는 다르지만 등급제는 가축 생산자로부터 최종 식육의 소비자까지 식육의 품질을 나타내는 동일한 용어를 제공할 뿐만 아니라 식육의 거래시 공통적인 품질의 기준을 제공한다. 좀 더 구체적으로 설명하면 등급제도는 축산물 시장에서 가격 효율성(pricing efficiency)과 운영 효율성(operational efficiency)을 높이는데 그 초점이 있다(제3장 참조).

첫번째로 가격의 효율성은 가격 시스템이 구매자가 기꺼이 지불하려는 상품의 가치를 측정할 뿐만 아니라 이 것을 정확하고 속도있게 유통경로를 통하여 생산자에게 반영시키는 것과 관련이 있다. 소비자가 기호와 요리용도 등에 따라 특정한 품질의 고기에 대해 가격을 더 지불하거나 덜 지불하려는 의지와 능력을 암시하면 이 정보는 생산자들에게 전달되어 생산의사결정과 가축개량에 반영되어야 한다. 즉, 등급화는 소비자로부터 생산자에게로 어떤 특

식육검사합격인

축산물 등급판정인

[그림 16-1] 식육검사합격도장과 등급판정도장

*자료 : 축산물품질평가원

성을 가진 육류를 생산할 것인가에 대한 신호 전달을 촉진하여 주는 역할을 한다. 또한 유통업자에게는 육량과 육질에 따른 적정한 구매지표를 제공하여 준다.

두 번째로 운영 효율성은 반드시 총비용의 감소라기보다는 오히려 단위당 유통비용의 감소에 있다. 등급화는 등급비용이 들기는 하지만 등급이 없으면 거래시 일일이 검사와 탐색을 해야 하는 것과 비교할 때 구매자와 판매자 모두의 거래비용 감소가 가능하다. 또한 등급화는 판매자들의 제품의 차별화를 위한 판촉비용을 줄일 수 있고, 이렇게 절약된 비용은 소비자에게로 돌아갈 수 있다.

도축장에서의 등급판정과 식육검사는 구별된다. 식육검사는 식육의 안전성 확보 즉, 병든 소 판별, 도축 · 가공공정에서의 위생 확보, 불순물 혼입 방지 등과 관계 되어 있으며(제17장 참조), 등급판정은 식육검사에서 합격된 가축의 도체를 대상으로 육량, 육질 등을 판정하는 별개의 독립된 활동이다. 소, 돼지는 도축단계에서 생축검사, 도축 후의 해체검사 등에 합격되어야 검사원에 의해 식육검사합격도장(원모양 ; 해당지자체명+일련번호)을 받고, 축산물품질평가사에 의해 등급판정을 받아 등급판정도장(네모 모양 ; 육질+육량등급표시)을 받은 후 도축장에서 반출된다.

제 2 절 | 현행 등급기준과 판정 제도

등급판정에 있어서 등급(grade) 부여를 위해 어떤 기준을 선택할 것인가, 육류의 경우 지방이 없는 것에서 많은 것까지 연속적인 상태에서 경계를 어떻게 구분지을 것인가 하는 점 등은 매우 복잡하고도 어려운 작업이다. 등급이 근거하고 있는 어떤 속성들은 직접적으로 평가될 수 있고 어떤 것은 단지 간접적으로 소위 지표(indicators)들을 통해서 평가될 수 있다. 또한 등급기준에 대한 요구는 생산자, 도매업자, 소매업자, 2차 가공업자, 소비자 모두 다를 수 있다. 생산자는 등급이 각 등급별로 공정한 가격을 받을 수 있도록 해 주느냐 하는데 관심이 있는 반면, 소비자는 그들의 기호에 따라 지불해야만 하는 가격에 상당하는 제품을 획득할 수 있느냐에 주로 관심이 있다. 또 소매업자는 소매단계에서 최고의 가치를 생산하는 도체를 원하는 반면, 도매업자는 도체에서 생산되는 고기의 양과 종류에 가치를 두게 된다. 그러므로 일반적으로 등급제는 모든 사람들이 만족하는 것이 아니고 또 만족시킬 수도 없는 것이다.

육류의 품질을 평가하는 구성요소로서는 관능적 성질, 위생 및 안전성, 영양가 등이 있지만 소비자들은 일반적으로 식품을 구입하거나 소비할 때 감각기관을 이용하여 평가할 수 있는 품질요소들을 고려한다. 즉, 풍미(flavour : 맛, 냄새 등이 종합되어 느껴지는 것), 다즙성(juiciness : 육즙이 지속적으로 느껴지는 것), 연도(tenderness : 고기의 연한 정도) 등과 같은 맛을 좌우하는 요소로 묘사되는 특성들에 기초하여 고기를 선택하는데, 이 것을 관능적 평가라고 한다. 그런데 이들 풍미, 다즙성, 연도 등의 특성은 바로 관찰할 수 없는 것이기에 소비자들은 등급판정제도에 기초하여 제품을 선택하는 것이다. 그러므로 각 등급은 시장에서 명확한 품질의 구분기준이 되기보다는 풍미, 다즙성, 연도 등에 대한 설명 기능을 하는 것으로 볼 수 있고, 각 등급의 차이는 이들 특성들의 차이를 표시해 주는 언어가 된다.

1. 소도체

쇠고기의 등급은 육질등급(quality grade)과 육량등급(yield grade)으로 나누어 진다. 육질등급은 맛의 정도를 추측할 수 있는 요인들을 일정기준에 의해 검사하여 구분한 것으로 근내지방도, 육색, 지방색, 조직감, 성숙도에 따라 1^{++}, 1^{+}, 1, 2, 3 및 등외등급으로 판정한다. 이와 같은 육질등급의 평가요인들은 쇠고기 육질과 관련이 큰 외관적으로 나타나는 특징들로서 육질이 연하고 풍미가 좋은 쇠고기는 근육내 지방이 고르고 섬세하게 잘 분포되고 육색은 밝은 선홍색, 지방색은 백색, 근섬유가 가늘며 근육의 탄력성이 좋은 조직감을 나타낸다는데 근거하여 결정된 것이다. 우리나라 소 지육의 품질등급은 일명 마블링(Marbling)이라 불리는 근내지방도를 강화하는 방향으로 변화하여 왔으며, 여기에 추가적으로 육색 및 지방색, 조직감, 성숙도 등이 육질등급 판정시 고려되는 요인들이다. 등급판정은 도축후 24시간 냉장상태가 지속된 상태에서 냉도체 판정을 하는데 주요국별 선호부위에 따라 판정을 위한 절개부위의 차이가 있다. 우리나라는 2분할 도체의 13번 갈비뼈와 1번 요추사이를 절개하여 판정하는데 미국은 12번과 13번 갈비뼈 사이, 일본은 6번과 7번 갈비뼈 사이를 기준

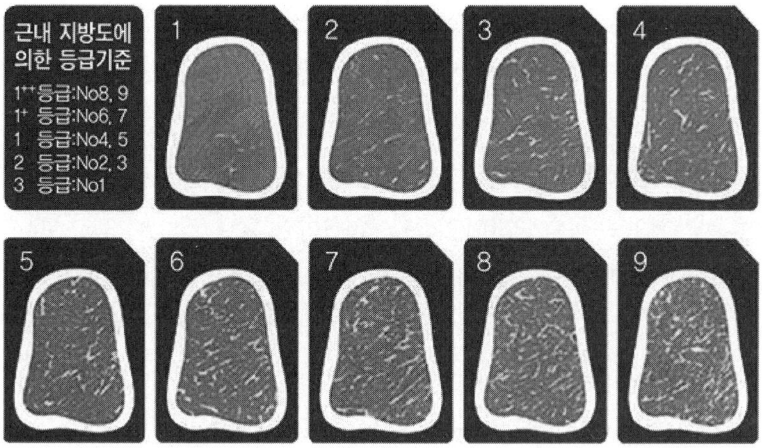

[그림 16-2] 근내지방도에 의한 쇠고기 등급기준

*자료 : 이카페피아 : 축산유통종합정보센터(http://www.ekapepia.com)

으로 평가한다

- **근내지방도(marbling)** : 근내지방도는 쇠고기를 단면으로 절개하였을 때 살코기 속에 박혀있는 지방층을 말한다. 고기의 근내지방은 오랫동안 고기의 연도에 매우 중요한 역할을 하는 것으로 간주되어 왔으며, 다즙성과 풍미에 유익한 효과를 갖는 것으로 알려졌다. 따라서 돼지고기나 양고기에서 보다 맛을 중요시하는 쇠고기에서는 지방의 긍정적인 효과를 강조하여 근내지방도는 육질등급에서 중요한 변수로 고려된다. 근내지방도 판정기준은 근육 내 지방의 퍼져 있는 정도를 No.1~No. 9까지 구분한 것이다.
- **성숙도(maturity)** : 나이의 정도를 나타내는 것으로 소의 실제 나이를 아는 것이 쉽지 않기 때문에 연골의 골화현상(가축의 연령이 늘어감에 따라 점차 굳어져서 단단해 지는 현상) 등의 생리학적인 요인들로 추정한다. 성숙도를 중시하는 이유는 고기의 풍미, 다즙성, 연도 등 고기를 씹었을 때 느껴지는 요인들이 그 동물의 연령과 관계가 있기 때문이다. 성숙도 판정기준은 왼쪽 2분도체의 천추 가시돌기에서 연골의 골화정도 등을 판단하여 도체의 생리적인 나이가 어린 것부터 늙은 순으로 No. 1~No. 9까지로 구분한다.
- **조직감(firmness)** : 배최장근(등심 부위)단면의 보수력(water holding capacity)과 탄력성을 말한다. 고기의 보수력은 고기가 수분을 머금고 있는 힘을 말하는데 흔히 육즙이라고 한다. 조직감 판정기준은 수분 침출 정도, 고기결의 섬세도와 근육조직의 탄력성 등을 No. 1~No. 3까지 구분한다. 즉, 수분이 알맞게 침출되고 탄력성이 좋으며 결이 곱고 섬세하며 고기의 광택이 좋고 지방의 질이 좋은 것을 No.1로 판정한다.

- **육색** : 가축이 성숙할수록 육색이 짙어지고 거칠어 진다. 쇠고기의 가장 이상적인 육색은 선홍색(bright cherry red)이다. 스트레스를 받은 소는 소비자들이 구입을 꺼려하는 암적색(dark red)의 고기가 생산되어 등급판정시 나쁜 품질로 분류된다. 육색 판정기준은 미홍색, 선홍색, 암적색의 순으로 그 정도가 옅은 것부터 짙은 순으로 No.1～No.7까지 구분하며, 이상적인 육색은 중간인 No.3～No.5이다.
- **지방색** : 지방의 흰색～연노랑색 범위는 정상이다. 종종 눈에 띄는 미황색 또는 황색지방은 늙은 소나 여름철 청초를 먹고 자란 소에서 생산된 고기일 가능성이 많으며 자칫 고기가 질기거나 풋내가 나는 경우가 있다. 지방색 판정기준은 흰색에서 황색, 옅은 색부터 짙은 색순으로 No.1～No.7 까지로 구분하며, 우윳빛을 보이는 낮은 번호가 이상적이다.

소 도체등급판정 기준과 절차(2018년 6월 기준)를 살펴보면, 근내지방도를 우선하여 이에 따라 예비등급을 부여하고 성숙도, 육색, 지방색, 조직감 등이 등급부여의 부차적 판단기준으로 작용한다. 근내지방도는 절개부위의 등심 단면적의 마블링의 퍼짐 정도를 판단하여 1번부터 9번까지 부여되는데 3등급(1번), 2등급(2,3번), 1등급(4,5번), 1^{+}등급(6,7번), 1^{++}등급(8,9번)으로 예비판정 한다. 그리고 육색 1번 또는 7번, 지방색 7번, 조직감 3번, 성숙도 8번 또는 9번인 경우, [표 16-1]의 기준에 의거하여 조정해야 할 해당 항목수에 따라 예비등급에서 조정하여 최종등급을 판정한다. 참고로 미국은 쇠고기의 육질등급을 Prime, Choice, Select, Standard, Commercial, Utility, Cutter, Canner 등 8개 등급, 일본은 5, 4, 3, 2, 1 등 5개등급으로 표기한다.

육량등급은 도체에서 얻을 수 있는 고기량(%)을 쇠고기 생산량과 관련이 깊은 도체중량, 등지방두께, 등심단면적을 측정하여 쇠고기 생산수율을 추정하는 방식으로 등급을 결정토록 하고 있다.

■ **표 16-1** 소도체 육질등급 최종판정기준

구분	등급 하향조정 해당 항목수			
	1개	2개	3개	4개
1^{++}	1등급	2등급	3등급	3등급
1^{+}	1등급	2등급	3등급	3등급
1등급	2등급	3등급	3등급	3등급
2등급	3등급	3등급	3등급	등외
3등급	3등급	3등급	등외	등외

*자료 : 농림축산식품부, 축산물 등급판정 세부기준(농림축산식품부 고시 제2017-22호)

[그림 16-3] 소 도체 등급판정 모습

*자료 : 이카페피아 : 축산유통종합정보센터(http://www.ekapepia.com)

■ 육량기준지수 (%) = 68.184 − (0.625 × 등지방두께, mm) + (0.13 × 등심 단면적, cm^2) − (0.024 × 도체중량, kg)

※ 단, 육용종 소 (한육우)의 경우 육량기준 지수에 3.23을 가산함.

육량등급기준은 A(육량기준 지수 67.2 이상), B(육량기준 지수 63.3~67.2), C(육량기준 지수 63.3 미만), 등외로 구분한다. 소 도체의 비육상태가 좋거나 나쁠 경우에 이 등급에서 하나씩 높이거나 낮춘다. 축산법 및 축산물위생관리법에 의거하여 식육포장처리업체(포장육)와 식육판매업체(정육)는 쇠고기 등심, 안심, 채끝, 양지, 갈비 등 5개 대분할 및 소분할 부위에 대해 부위별 · 등급별로 구분 · 판매해야 한다. 미국은 육량등급이 1, 2, 3, 4, 5로 구분되어있고 일본은 A, B, C로 구분되어 있다.

2. 돼지도체

세계적으로 돼지의 등급은 육질보다 정육 함량에 집중되고 있다. 돼지는 지방이 많은 동물로 인식되어져서 정육함량이 주된 관심사로 강조되어 왔고, 돼지고기는 쇠고기에서와 같이 질적 차이가 크지 않다고 인식되어 왔다. 왜냐하면 돼지는 소와는 달리 출하월령의 변이가 크지 않을 뿐만 아니라, 급여사료의 차이가 적고, 품종적 특성도 비육돈은 3원교잡종(제8장 참조)을 이용하기 때문이다. 돼지는 비록 색깔, 고기의 물기, 연조직, 연성지방 등과 같은 품질변수가 가끔 고려되기는 하였지만 쇠고기와 달리 상대적으로 육질이 덜 중요하다고 인식되어 왔다.

우리나라 돼지등급판정은 돼지고기의 육질정도와 도체중 · 등지방두께 및 외관 등을 종합적으로 고려하여 1^+등급, 1등급, 2등급, 등외로 구분한다. 돼지도체 품질평가 기준 및 방법

■ 표 16-2 돼지도체 1차 등급판정 기준

1차 등급	인력판정				기계판정		
	박피도체		탕박도체		탕박도체		
	도체중(kg)	등지방두께(mm)	도체중(kg)	등지방두께(mm)	도체중(kg)	등지방두께(mm)	수율(%)
1⁺	이상 미만 74 – 83	이상 미만 12 – 20	이상 미만 83 – 93	이상 미만 17 – 25	이상 미만 83 – 93	14.0이상	56.0이상
1등급	71 – 74	10 – 23	80 – 83	15–28	80 – 98	12.0	54.0
	74 – 83	10 – 12	83 – 93	15–17			
	74 – 83	20 – 23	83 – 93	25–28			
	83 – 88	10 – 23	93 – 98	15–28			
2등급	1⁺ · 1등급에 속하지 않는 것		1⁺ · 1등급에 속하지 않는 것		1⁺ · 1등급에 속하지 않는 것		

*자료 : 농림축산식품부, 축산물 등급판정 세부기준(농림축산식품부 고시 제2017-22호)

(2013.7.1일 개정 · 시행)은 도체중량과 등지방두께 범위에 의해 1차 판정하고 외관과 육질에 따라 최종등급을 부여한다. 돼지도체 1차 등급판정 기준은 [표 16-2]와 같다.

돼지도체 1차 등급판정은 돼지를 도축한 후 2분할된 좌반도체에 대하여 도체중량과 등지방두께를 측정하여 판정한다. 2차 등급판정은 외관(비육상태, 삼겹살상태, 지방부착상태), 육질(지방침착도, 육색, 육조직감, 지방색, 지방질), 결함을 종합하여 판정 한다. 등외등급은 정상 규격돈의 돼지에 비하여 체중이 과다(박피100kg이상, 탕박의 경우 110kg 이상) 하거나 육색(No.1, 7)과 지방색(No.6,7)의 표준에 따라 설정되어 있다. 최종적으로 1차 판정 결과와 2차 판정결과 중 가장 낮은 등급을 택하여 1⁺, 1, 2, 등외등급으로 판정한다. 축산법 및 축산물위생관리법에 의거하여 도매단계(지육)에서는 1⁺, 1, 2, 등외등급 등 4개 등급으로 표시해야 하며, 이후 소매단계(정육)에서는 자율적으로 등급 표시 및 구분 판매를 하되 관련법령을 준수해야 한다.

미국의 경우 돼지도체 등급판정은 품질은 적합, 부적합으로 구분하며, 적합한 도체는 U.S. No.1, 2, 3, 4로 세분되고 부적합한 도체는 utility 등급을 받게 된다. utility 도체는 주로 육가공품 원료로 사용되며 일반소비자에게는 신선육으로 판매하고 있지 않다. 일본은 등급판정기준은 우리와 유사하고 등급은 극상, 상, 중, 병, 등외로 되어 있다.

3. 닭도체 및 오리도체

닭도체 및 오리도체의 등급판정은 품질등급과 중량규격으로 구분한다. 닭도체 및 오리도체의 품질등급판정은 롯트의 크기에 따라 적정수의 표본을 무작위로 추출하는 표본판정방

이상육 보상기준 마련 시급

최근 이상육 발생 급증으로 육가공업체의 어려움이 가중되고 있다. 이는 올 봄 김포 소재 돼지농가에서 A형 구제역 발생에 따라 백신 추가접종 및 2회 접종이 의무화된데 따른 것. 이에 돼지고기 이상육 발생이 크게 증가해 제 가격을 받지 못하고 반품이 증가하는 한편, 목심 판매 급감으로 가공업체에 큰 피해가 발생하고 있는 것으로 알려졌다. 돼지 두 마리 중 한 마리에서 이상육이 발생할 만큼 심각하다는 게 육가공업계 관계자들의 전언이다. 한우의 상황도 별반 다르지 않다. 돼지처럼 심각한 것은 아니지만 종종 목심과 등심, 살치살 등의 인기부위에서 화농이 발견된다고 관계자들은 입을 모았다. 게다가 경매 후 발골과정에서 근출혈, 근염 등 사고육이 발견되는 경우도 100마리당 1~2마리 꼴로 발생하고 있는 것으로 알려졌다. 발골 과정에서 이상육 발견 시 육가공업체가 해당 공판장에 신고하면, 공판장이 해당 조합이나 개인에게 연결해 주는 구조인데, 가령 100만원의 피해가 발생하더라도 20~30만원 정도 밖에 건지지 못하는 경우가 다반사라는 것이다. 전문가들은 그 이유로 이상육 매뉴얼의 부재를 지목했다. 근출혈, 근염 등 이상육의 기준과 이에 따른 보상기준이 전무하다는 것이다.

(자료원 : 축산경제신문, 2018.6.29. 기사편집)

법 적용을 원칙으로 한다. 롯트란 등급판정 신청자가 등급판정 신청을 위하여 닭 · 오리의 도체를 품질수준, 중량규격, 종류 등의 공통된 특성에 따라 분류한 제품의 무더기를 말한다.

닭도체 및 오리도체의 품질평가항목은 신선도, 외관, 비육상태, 지방부착, 잔털 · 깃털, 외상, 변색, 뼈의 상태, 이물질 등이다. 등급의 종류는 품질등급으로 1^+, 1, 2로 구분되어 있고 중량범위는 5~30호(예 : 11호는 1,051~1,150g)로 되어 있다. 품질평가 대상은 도체 및 부분육으로 구분한다.

4. 계란

계란의 등급판정은 품질등급과 중량규격으로 구분한다. 품질등급은 닭도체 및 오리도체의 경우와 같이 롯트의 크기에 따라 무작위로 표본을 추출하는 표본판정방법을 적용한다. 세척한 계란에 대해 외관검사, 투광 및 할란검사를 거쳐 1^+, 1, 2, 3등급으로 구분하여 판정한다. 외관검사는 전체적으로 모양, 난각의 상태, 오염 여부 등 계란 외부상태를 본다. 투광검사는 난황의 위치와 퍼짐 정도, 난백의 투명도, 기실(계란 안의 공기 주머니)의 깊이 등을 본다. 할란검사는 계란을 깨뜨려 노른자의 평평함, 진한 흰자위(농후 난백), 묽은 흰자위(수양 난백)의 이취 · 변색과 퍼져있는 정도, 이물질의 크기 및 호우단위을 측정한다. 호우단위는 계란의 무게와 농후난백의 높이를 측정하여 산출한 값을 말한다. 각 등급은 파각란 허용범위(1등급 9% 이하, 1^+등급 7% 이하)를 충족해야 한다.

규격등급은 왕란(68g이상), 특란(68g미만~60g 이상), 대란(60g미만~52g이상), 중란(52g 미만~44g이상), 소란(44g 미만)으로 구분된다.

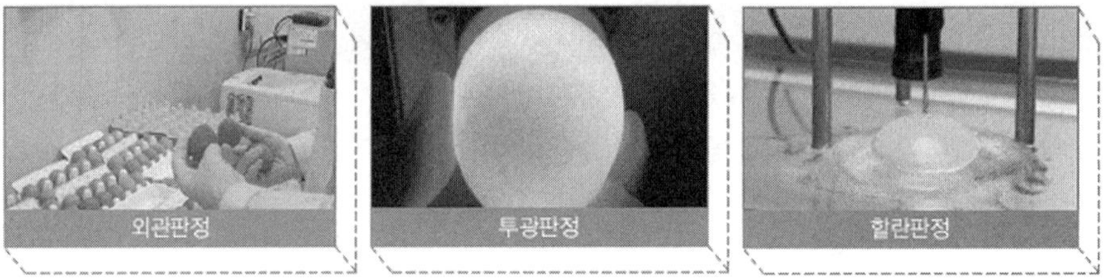

[그림 16-4] 계란 등급판정

*자료 : 이카페피아 : 축산유통종합정보센터(http://www.ekapepia.com)

5. 벌꿀

벌꿀 등급판정은 2018년 현재 시범사업으로 시행하고 있다. 등급판정 대상이 되는 꿀은 천연꿀(탄소동위원소 -23.5‰ 퍼밀 이하)이어야 하며 품질검사기관(농협축산연구원)에서 분석하여 검사한 결과에 합격되어야 하며 고유식별번호(이력번호)가 표시되어 있는 드럼단위로 신청한다. 등급판정절차를 보면 등급판정을 원하는 업체가 등급판정 대상 꿀의 생산이력현황(밀원별 생산량, 채밀일자, 이동경로, 먹이 종류 등)을 등록하고 시료채취를 하여 품질검사를 의뢰하면 축산물품질평가원에서는 수분, 당비(과당/포도당 비), 향미, 색도 등을 기준으로 판정한다. 등급의 종류는 1^+(Premium)등급, 1(Special)등급, 2(Standard)등급이 있다.

제 3 절 과제와 발전방안

첫째, 등급판정 기준의 문제이다. 각 나라마다 도체의 품질을 결정하는 등급 기준은 다를 수 있는데, 도체등급은 도체의 특성을 객관적으로 평가하여 그 나라의 여건이 요구하는 상품적 가치 개념에 따라 도체를 분류하는 기준이어야 한다. 따라서, 도체의 평가는 과학적 · 객관적인 판단을 바탕으로 하여야 하며, 도체등급기준은 그 나라의 소비성향이나 축산업 여건을 합리적으로 반영할 수 있도록 설정되어야 한다. 도체의 특성은 객관적으로 정의되는 불변의 개념인데 비하여, 도체의 상품가치는 시장의 수요와 공급 균형에 의하여 형성되는 시세에 따라 시간적, 지역적으로 달라질 수 있다. 최근에는 현행 등급판정 기준에 대하여 개정이 필요하다는 목소리도 많이 나오고 있다. 그것은 현행 마블링 위주의 등급제가 건강을 우선시하는 소비자의 니즈를 제대로 반영하지 못하고 있고, 소비자들이 싫어하는 지방을 생산하기 위해 비싼 사료가 많이 투입되는 장기 비육을 고집할 필요가 있느냐는 것이다. 반면 현행 등급기준을 변경할 경우 한우 고기와 수입 쇠고기의 차별화가 이뤄지지 않음으로써 한우 산업의 경쟁력이 약화 될 것이라는 반론도 만만치 않다. 결국 등급제의 개편은 시대의 트렌드에 따른 소비자 선호도 등을 감안하여 생산자와 유통경로상의 대다수 유통기관들이 상대적으로 만족해 하는 공통분모를 찾아야 하는 것이다.

둘째, 등급판정의 범위와 다양성에 관한 문제이다. 현재의 등급판정은 소, 돼지의 경우 도축장에서 도축된 각 개체를 대상으로 판정이 이루어 지고 있는데, 도축단계에서 뿐만 아니라 1차가공 · 포장단계에서의 소위 품질공정평가도 확대해 나가야 한다. 품질공정평가는 식육포장처리업체의 가공 · 포장처리 방식, 이력제 준수 여부, 부위별 가공물량 등을 일체로 검증하여 가공 · 포장시스템과 부위에 대한 대외적인 거래 공신력을 얻도록 하여 학교급식 등 단체급식 수요자들이 이용할 수 있도록 하는 것이다. 미국농무성(USDA)에서는 대량육류 구매자(중앙 및 지방정부기관, 학교, 고급식당, 호텔, 기타 푸드서비스산업 종사자 등)가 육류의 부위, 부위의 크기 및 무게, 등급, 정형상태(지방트리밍 두께 등) 등의 스펙을 정하여 신청하면 이를 역경매에 붙여 낙찰된 공급자의 가공장에서 스펙을 확인한 후 출하하도록 하는 IMPS(Institutional Meat Purchase Specification) 프로그램을 운용하고 있다. 이를 품질공정평가사업에 응용할 수 있을 것으로 보인다. 또한 앞으로는 생산 · 도축 · 가공공정 등 일련의 공정에 대해 품질관리 적정성을 평가 후 인증하는 소위 패커시스템 품질공정평가 프로그램도 검토될 필요가 있다.

셋째, 업체 자율등급판정제도의 확대 문제이다. 이 것은 축산물품질평가원에서 일정기준을 충족시키는 업체를 대상으로 판정기준과 요령을 교육 시켜 업체가 자율 평가토록 하고 축산물품질평가원에서는 그 과정이나 결과를 모니터링하여 이에 따른 조치를 취하는 제도이다. 이는 등급판정 수요에 비해 품질평가원이 절대적으로 부족한 계란 등에 우선 적용할 수 있다. 그러나, 이 제도는 업체 자율판정의 신뢰도를 구축하는 것이 관건이다.

넷째, 등급에 대한 이분법적 사고방식의 문제이다. 지금까지 등급에 따라 무의식적으로 사용하여 온 품질이 좋고 나쁘다는 이분법적 사고방식에서 벗어나 이제는 저지방 부위를 감안한 고른 소비촉진을 위해 소비자의 기호나 사용목적에 맞게 등급제도를 수평적인 개념으로 전환할 필요가 있다.

■ 참고문헌 ■

- 김계웅 외(2013), 동물자원학개론, 선진문화사
- 국가법령정보센터, 축산물 등급판정 세부기준[농림축산식품부 고시 제2017-22호]
- 미국농무성 홈페이지(www.usda.gov) 〉 AMS 〉 Grades & Standards 〉 IMPS
- 이무하(1995), 식육생산 사슬을 통한 식육품질의 이해, 선진문화사
- 축산물품질평가원(2016), 한국의 축산물유통
- J. H. McCoy and M. E. Sarhan(1988), Livestock and Meat Marketing, An avi Book
- W. Lesser(1991), Marketing Livestock and Meat in the U.S., Food Products Press

제 17 장 안전성과 품질관리

우리가 식용을 목적으로 사육하는 가축도 생명체인지라 사육중 질병이 발생한다. 가축질병중 전염병은 같은 축종간 혹은 이를 넘어 타축종간에도 전파가 되어 막대한 손실을 가져다 주기도 한다. 또한 국제 교류가 증대하고 있어 가축의 전염병은 국지적인 것에 그치지 않고 세계적으로 급속히 확산 되기도 한다. 이에 따라 오늘날 가축의 방역과 국경에서의 가축 · 축산물에 대한 검역과 검사는 국가의 중대한 관심사가 되어 있다. 또한 축산물은 가축의 사육시기 뿐만 아니라 도축되어 소비자의 식탁에 오르기까지 안전성이 보장되지 않으면 안된다. 따라서 각국 정부에서는 축산물의 생산에서부터 소비자의 식탁에 이르는 모든 과정(Farm to Table)까지 그 위생관리와 안전성 확보를 위한 여러 가지 조치를 시행하고 있다. 나아가서 이러한 국가의 기본규제 외에 현대의 축산물 판매제도에는 식육의 안전성과 품질을 추가적으로 보증하는 국가인증시스템이 있고 이를 통하여 판매를 촉진하려는 많은 노력이 이루어지고 있다. 이 장에서는 가축질병 방역 및 검역 그리고 축산물의 유통단계별 안전성 확보를 위한 조치들을 다루었다. 이와 함께 소비자에게 안전성과 품질에 대한 안심을 추구하는 농식품 국가인증제도에 대해서 다루었다.

제 1 절 가축질병 검역 및 방역

1. 가축질병

가축질병(animal disease)은 일반질병과 전염병으로 구분한다. 가축전염병은 전세계적으로 140여종이 존재하는데 새로운 질병이 계속 출현하고 있다. 특히, 구제역, 고병원성 조류인플루엔자(HPAI) 등 외래질병은 전염력이 강하고 치사율이 높아 발병시 심각한 피해가 발생하게 된다. 가축전염병에는 사람과 동물 사이에서 함께 옮겨져 전염되는 결핵균, 탄저, 부루셀라증, 살모넬라균증, 뉴캣슬병, 구제역 등 인수공통전염병 약 90여종이 있다.

우리나라는 가축전염병 중 65종을 법정 전염병으로 정하여 관리하고 있다. 법정전염병이란 전염성 질병의 전파력이 급속하고 사람에게도 전파되어 축산업을 포함한 식육산업 전반에 큰 피해를 줄 뿐만 아니라 사회전반에 불안을 가져온다고 판단하여 국가에서 법률로 정하여 대책을 강구하는 질병을 말한다. '가축전염병예방법'은 가축의 법정전염병을 과거 피해의 정도, 치사율, 전염력 등에 따라 제1종(구제역, 돼지열병, 뉴캣슬병 및 고병원성 조류인플루엔자 등 15종), 제2종(브루셀라, 소해면상뇌증, 돼지오제스키병, 가금티푸스 등 24종), 제3종(저병원성 조류인플루엔자 등 5종)으로 구분한다. 만약 오랫동안 발병이 안되거나 치료제가 많이 개발이 되거나 면역성이 강한 품종이 나오는 경우 혹은 그 병에 자주 걸리는 가축의 사육두수가 감소한 경우 이 순위는 변경이 되거나 법정전염병에서 빠지기도 한다.

2. 동물과 축산물의 검역 및 검사

가축전염병은 국경을 넘어 전파되고 있어 각 국가는 국경검역과 검사를 강화하고 있다. 수입동물과 수입축산물의 검역(quarantine)은 가축전염병예방법에 의하여 외국으로부터 수입하는 동물, 식육, 축산가공품 등을 통하여 가축전염병이 국내로 잠입하는 것을 방지하기 위하여 실시하는 검사를 말하며, 수입축산물의 검사(inspection)는 '수입식품안전관리특별법'에 의하여 축산물의 식품으로서의 안전성을 확인하기 위하여 실시하는 검사를 말한다. 수입동물의 검역과 수입축산물의 검역 · 검사는 통관절차가 끝나기 전에 공무원인 검역관 및 검사관에 의하여 행하여 지는데 그 절차는 다음과 같다.

- **수입동물 및 수입축산물 검역절차** : ①수입동물이 들어오면 선 · 기상에서 수입금지구역 경유 및 운송중 이상 유무, 수입위생조건 이행여부 등을 조사 한다. 그 다음은 수입동물을 하역하여 검역시행장까지 운송 · 계류하여 검역신청서 기재사항 및 첨부서류 심사 등 역학조사를 한다. 역학조사후 임상검사 및 정밀검사(미생물학적 · 병리학적 · 혈청학적 검사)를 하여 합격, 불합격 여부를 판단한다. ②수입축산물도 마찬가지로 선 · 기상 검사 후 하역하여 검역시행장에서 콘테이너 상태, 검역물 포장상태 확인과 견본추출에 의한 현물검사를 한다. 필요시 구제역, AI 등에 대한 정밀검사를 하여 합격, 불합격 여부를 판정한다.
- **수입축산물 검사절차** : 식육과 축산가공품에 대하여 대상에 따라 서류검사, 현장검사, 정밀검사 및 무작위표본검사를 한다. ①서류검사는 신고서류 등을 검토하여 그 적합여

부를 판단하는 검사이다. ②현장검사는 수입축산물을 개봉, 해동, 절단하여 제품의 성질 · 상태 · 맛 · 냄새 · 색깔 · 표시 · 포장상태 및 과거 정밀검사 이력 등을 종합하여 그 적합여부를 판단하는 검사이다. ③정밀검사는 물리적 · 화학적 · 미생물학적 방법에 따라 실시하는 검사로 서류검사 및 현장검사를 포함하며 최초로 수입하는 축산물, 국내외에서 유해성 물질이 함유된 것으로 알려져 문제가 제기된 축산물 등을 대상으로 한다. ④무작위표본검사는 필요하다고 인정되면 물리적 · 화학적 · 미생물학적 방법으로 실시하는 검사이다.

수입동물 검역 및 수입축산물 검역 · 검사 결과 합격하면 수입신고확인증을 교부받아 통관하게 되고, 만약 한 가지라도 통과하지 못할 시에는 부적합 판단을 받아 수입신고확인증을 받을 수 없고, 바로 반송 또는 소각, 매몰처리가 된다. 검역당국에서는 수입 신고된 동물과 축산물의 검역과 더불어 불법휴대 축산물 탐지를 위한 공 · 항만에서 위험노선에 대한 검역 탐지견 투입 및 개봉검사, 해외여행 축산관계자의 출입국시 신고 · 소독 등을 강화하고 있다.

3. 가축방역

국내 가축전염병 방역(animal disease control)은 가축전염병예방법에 의하여 이루어지는데 가축전염병의 예방과 사후 방역이 있다. 가축전염병 예방을 위하여 소독과 예방약 공급, 예찰(시료검사, 임상예찰 및 혈청검사), 백신접종 등을 실시하고 있다. 예찰은 농가가 발병이 의심되는 경우 의뢰하는 경우와 시 · 도 가축위생연구소(명칭은 보건환경연구원, 동물위생시험소, 축산위생연구소 등 다양)와 가축방역지원본부 등에 의한 주기적 모니터링이 있다. 현재 방역정책은 과거의 사후적인 살처분, 매몰 중심에서 사전 대응체계 구축에 중심을 두고 있다.

가축전염병 사후 방역은 전염병 발생시 즉각적인 역학조사 및 분석을 통해 발생원인을 규명하고 전파 · 확산을 방지하기 위한 것이다. 가축 전염병 발생시에는 우선 사육자 또는 검진한 수의사는 가축방역당국에 의무적으로 신고해야 하고, 해당 지자체는 발생농가에 대한 가축이동제한명령을 내림과 동시에 축사내 소독을 실시하며 외부차량의 진입을 금지한다. 다음 단계로 발생가축을 전량 도살처분하고 발생농가 및 인근지역 가축에 대하여 혈청검사를 실시하며 감염경로에 대하여 역학조사를 실시한다. 최근에는 축산시설에 출입하는 가축 · 분뇨 · 사료 등을 운반하는 차량을 등록하고 무선인식장치(GPS단말기)를 장착, 그 출입정보를 수집 및 분석 · 관리할 수 있는 체계를 구축 하였다. 또한 정부는 가축전염병이 전국으로 퍼져 국가경제에 심각한 피해가 발생할 수 있다고 판단할 때 일정 지역 내 축산물 및

[그림 17-1] 가축방역 현장

*자료 : 농림축산검역본부 홈페이지(https://www.qia.go.kr/animal/prevent/ani_protect.jsp)

가금류, 관련 축산업 종사자 및 차량의 이동을 일시 제한하는 가축 이동중지명령(스탠드스틸)조치를 할 수 있다.

가축질병 검역 및 방역과 관련하여 기본적인 것은 사육환경의 꾸준한 개선과 농가들의 방역 생활화인데 몇가지 더 정리해 보자.

첫째, 방역조직의 문제이다. 국내 가축방역체계는 농림축산식품부와 그 산하기관인 국립농림축산검역본부와 자치단체가 담당하고 있으며 법정단체로 가축위생방역지원본부 등이 있다. 그러나 지방자치제 실시 이후 각 지자체에 대한 중앙정부의 행정력이 약화돼 신속한 방역업무의 전개가 어렵고 여기에 지자체 방역인력이 많이 부족하여 그 충원이 필요하다. 이에 수의사 면허가 있는 사람을 보충역으로 편입시켜 공무원으로 임명하여 3년간 종사후 군복무를 마친 것으로 보는 공중방역수의사제도 도입 등을 통해 방역인력 충원에 노력하고는 있다.

둘째, 정부 중심의 방역체계로 농가 · 농장별 자율 방역의식이 부족한 상황이다. 가축질병 발생시 확산 차단을 위하여 농가들의 신속한 자발적 신고체계와 소독, 백신접종 등 차단방역을 평시 생활화 하여야 한다.

셋째, 사전 백신접종의 문제이다. 살처분이 바이러스 확산을 막을 최고 수단이기는 하지만 조금은 유연하게 적용해야 할 필요성이 있다. 가장 피해가 큰 구제역은 발생시 살처분을 포기하고, 사전 백신접종 정책으로 전환하였는데 가금류의 경우도 AI에 대비한 사전 백신정책이 강구될 필요가 있다.

제2절 유통단계별 위생 · 안전성 검사

우리나라 축산업은 그동안 국가경제와 동반 성장하였지만 아직까지 사육부터 소비까지 여러 단계에 잠재적인 안전성 위해요인이 산재하여 있다. 오늘날 소비자들의 축산물 선택기준도 과거의 가격위주에서 안전성을 더 중시하는 방향으로 전환하고 있다. 따라서, 사육단계부터 소비까지 각 단계별 위해성을 빈틈없이 차단하기 위한 체제 구축과 조치가 필요하다.

축산물 안전성 검사는 사전 위생관리 뿐만 아니라 사후 위생관리의 일환으로도 이루어진다. 현재 국내에서 시행되고 있는 축산물의 위생 · 안전성 관리를 위한 주요 조치들은 '축산물위생관리법', '사료관리법', '동물용의약품등 취급규칙' 등에 의하여 시행되고 있다.

1. 투입단계

사료의 품질과 위생 및 안전성을 확보하기 위해 옥수수 등 배합사료원료의 수입단계에서 발생하기 쉬운 아플라톡신 등의 곰팡이독, 잔류농약, 방사능오염 등의 검사를 실시하고 있고, 제조단계에서도 국립농산물품질관리원이 수입원료를 사용한 배합사료공장을 출입하여 배합사료의 검사 및 지도를 행하고 있다. 사료에 관한 공정규격 · 제조기준을 통하여 사료내 유해물질(중금속, 곰팡이 독소, 잔류농약, 방사능 물질, 살모넬라 · 세균 및 대장균군 등)과 허용기준을 설정하여 사료제조업자와 사료판매업자가 이를 준수토록 함과 동시에 국립농산물품질관리원에서 검정을 하여 안전성을 확보하고 있다.

2005년부터 배합사료공장에 대해 HACCP적용 지정제를 도입 하였고, 2011년 7월부터 배합사료에 항생제 사용을 전면 금지 하였다. 사료제조 공정에서 사료의 품질저하 방지 등을 위하여 첨가하는 보조사료 종류를 정하고 있는 한편, 가축의 먹이에 첨가하는 동물용의약품에 관해서는 적정사용의 관점으로부터 필요한 약품을 지정하고, 이 중 20%는 수의사의 처방에 의해서만 사용토록 하고 있다.

2. 생산 · 출하단계

생산단계에서의 안전성 확보를 위하여 생산농가가 사육기간 동안 취하여야 할 조치는 동물약품 오 · 남용 방지, 사료의 위생관리 강화, 가축의 출하 전 절식과 휴약기간 준수 등이다. 가축의 출하 전 절식(fasting)이란 출하 전 12시간 이상 사료와 물을 급여하지 않는 것을 말하는 것으로, 도축시 가축의 장에 있는 사료 잔여물과 분변에 의한 오염방지, 도축 폐기물 감소를 위한 것이다. 휴약기간은 가축에 동물약품 투여후 약물이 축산물에까지 잔류되지 않도록 기준농도 이하로 배출되기까지 필요한 시간을 말하는데 그 기준은 약품의 종류, 투여동물, 투여방법(주사, 음수, 사료첨가 등)과 투여량 등에 따라 상이하다.

가축과 축산물에 대한 출하단계의 안전성 검사는 다음과 같다. 첫째, 국내 도축장에 출하 하고자 하는 가축 · 가금 등에 대해서 출하 전 생체잔류검사를 실시한다. 출하 전 생체잔류검사는 출하 전 생산농가가 출하예정가축군(소 · 돼지 · 양은 출하예정물량의 10% 이상, 닭 · 오리는 0.1% 이상)의 오줌 또는 혈청 시료를 채취하여 시 · 도 가축위생연구소 등에 의뢰하여 실시하는 잔류물질 검사이다. 항생물질, 설파제 등을 검사 하는데 양성판정시 휴약기간 준수 후에 출하토록 조치하고, 합격 가축은 도축 후 식육잔류물질검사를 한 것으로 간주한다.

둘째, 식용을 목적으로 하는 닭 · 오리 및 메추리의 알에 대해서 검사관이 산란계 농가(또는 집하장)에서 농가당 20개 알을 무작위 선정토록 하여 혼합한 후 이물질, 변질 · 부패란, 미생물(살모넬라균), 잔류물질(테트라싸이클린계, 퀴놀론계, 설파제 등) 검사를 실시한다. 이물질 및 변질 · 부패란은 해당농가로 하여금 제거하도록 지도한다. 식용란 미생물검사 결과 살모넬라균 검출시에는 가공 · 가열처리하지 아니하고 그대로 사람이 섭취하는 용도로 공급되지 않도록 조치한다.

셋째, 젖소는 가장 많이 발생하는 질병인 유방염 감염 가능성이 있는 농가(우선검사대상 : 체세포수 검사결과 4등급이상, 50만이상/ml))를 선정하여 유방염 검사를 한다. 집유장에서는 의심농가의 착유 전두수에 대한 체세포수(젖소의 유방의 건강상태를 나타내는 지표로 건강할수록 체세포수가 적음), 임상증상 유무를 검사하여 시 · 도 가축위생연구소에 의심시료를 의뢰하고, 시 · 도 가축위생연구소에서는 그 결과를 집유장에 통보한다.

3. 도축 · 집유단계

우리나라에서 생산되는 모든 식육은 전문수의검사관의 도축검사를 받아 생산되고 있다. 도축검사의 목적은 병들거나 건전하지 않은 식육을 소비자들이 소비하지 않게 하고, 도축과정중에 위생적인 상태를 유지 하여 사람들의 건강을 보호 하고자 하는 것이다. 도축검사는 생축을 대상으로 하는 생체검사(antemortem inspection), 도축 후의 해체검사(postmortem inspection) 및 실험실 검사로 구분된다.

①생체검사는 도축 2시간전에 가축의 자세, 거동, 영양상태, 호흡상태, 피부, 털 등을 임상검사 하는 것으로 질병유무 및 결함을 식별하여 도축에 적합한지 여부를 판정하는 것이다. 기립불능 소 및 인수공통전염병, 가축전염병, 인체에 위해를 끼칠 우려가 있다고 판단되는 질병에 걸렸거나, 강제로 물을 먹였거나 먹였다고 믿을 만한 역학조사 및 정밀검사결과나 임상증상이 있는 가축은 도축 금지된다. ②도축 후 해체검사는 생체검사에 합격한 가축으로부터 생산된 식육에 대하여 머리, 내장, 지육 등을 대상으로 육안검사 하는 것으로 병변 등 이상이 발견 되면 전부 또는 부분 폐기 한다. ③실험실 검사는 생 · 해체 검사결과 정밀

생체검사

해체검사

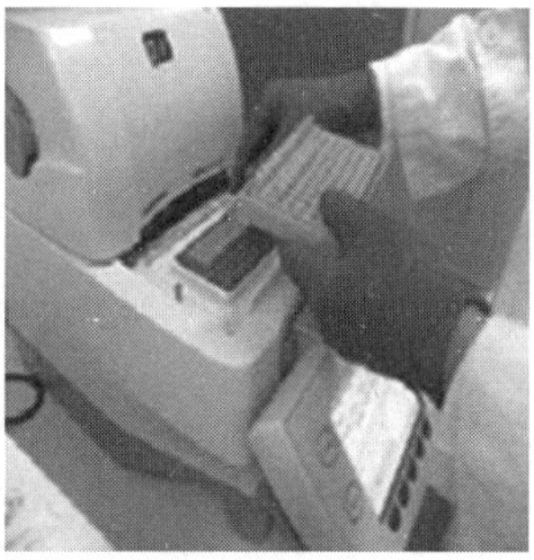
실험실 검사

[그림 17-2] 검사관에 의한 도축검사 모습

*자료 : 충북 축산위생연구소 홈페이지(ilvr.chungbuk.go.kr)

검사가 필요한 경우에 잔류물질검사와 미생물검사를 통하여 식육의 안전성을 확보하는 것이다. 잔류물질검사는 도축 시 도체의 신장, 간, 근육 등을 채취하여 항균제(항생물질, 합성항균제), 농약, 호르몬 등 식육 내 유해물질의 잔류여부에 대해 실시하는 검사이다. 기준 초과 농가에 대하여 잔류방지 개선대책 지도, 과태료 등이 부과된다. 미생물검사는 도축장, 식육포장처리업체, 축산물판매장에서 실시하는 것으로 대장균 수, 일반세균 수 등의 권장기준 충족 여부 검사(모니터링 검사)와 국내외적으로 문제되는 병원성 미생물(예 : 대장균 O157:H7 등)을 대상으로 하는 검사(탐색조사)가 있다. 권장기준을 초과할 경우 해당 도축장의 위생관리기준, 도축장시설기준, 도축장 영업자 및 종업원 준수사항 등의 이행 여부를 점검하고 위반사항이 있을 경우 관련규정에 따라 조치한다. 실험실 검사에서 불합격한 도체는 전부 또는 부분 폐기한다.

합격한 도체는 품종별로 합격검인(한우 : 적색, 육우 : 녹색, 젖소 · 돼지 : 청색)과 등급판정(닭은 요청시) 후에 등급판정인(적색)을 한 후 도축검사증명서와 축산물등급판정확인서를 발급하여 출고한다. 집유 단계에서의 원유검사는 원유검사실시기관(시 · 도 가축위생연구소 등)에서 우유 및 산양유에 대해 유지방, 세균 수, 체세포 수 등 유대정산 관련 항목에 대하여 위생등급 및 잔류물질 검사를 실시한다.

4. 가공단계

축산물의 1차가공 단계에서 식육포장처리업체는 축산물위생관리법에 의한 위생관리기준에 따라 영업자 및 종업원이 지켜야 할 자체위생관리기준(SSOP)을 작성 · 운영하여야 한다. SSOP는 작업장 및 제조시설 관리기준과 제조공정 및 종업원에 대한 위생관리기준으로 나누어진다. 일정규모 이상의 식육포장처리업체에 대해서는 HACCP이 적용되고 있고 행정기관에서는 식육포장처리장에 대해서 식육 중 미생물검사를 무작위 모니터링검사 한다.

2차 가공품에 대한 안전성 검사 조치로 축산물가공품(식육 · 유 · 알 가공품)에 대한 이화학적검사, 정밀정량검사, 미생물검사 등을 실시하여 가공기준 및 성분규격기준 적합여부를 확인한다. 검사항목은 세균수, 대장균군은 공통이고 유가공품, 식육가공품, 알가공품 별로 정하여져 있다.

5. 유통 · 판매단계

유통 · 판매단계의 안전성관리는 운반, 보관, 판매장 등으로 나누어 볼 수 있다. 축산물운반 차량은 수시 세척 · 소독 하여야 하고, 도축장에서 반출된 소 · 돼지 등 가축의 식육은 매단 상태, 포장한 상태 또는 위생용기에 넣은 상태 중 하나에 해당하는 방법으로 운반하여야 한다. 또한 축산물 운반 시 냉동차량을 이용하여 콜드체인(cold chain)을 준수 하여야 한다. 축산물 보관시 보존온도는 별도로 정한 경우를 제외하고는 냉동 -18℃ 이하, 냉장 0~10℃로 유지하여야 한다. 따라서 축산물 판매업자는 식육을 냉장 · 냉동실에 보관 하여야 하며 지육상태로 판매장 안에 걸어 놓아서는 안된다. 축산물 판매장에 대해서는 식육 등을 대

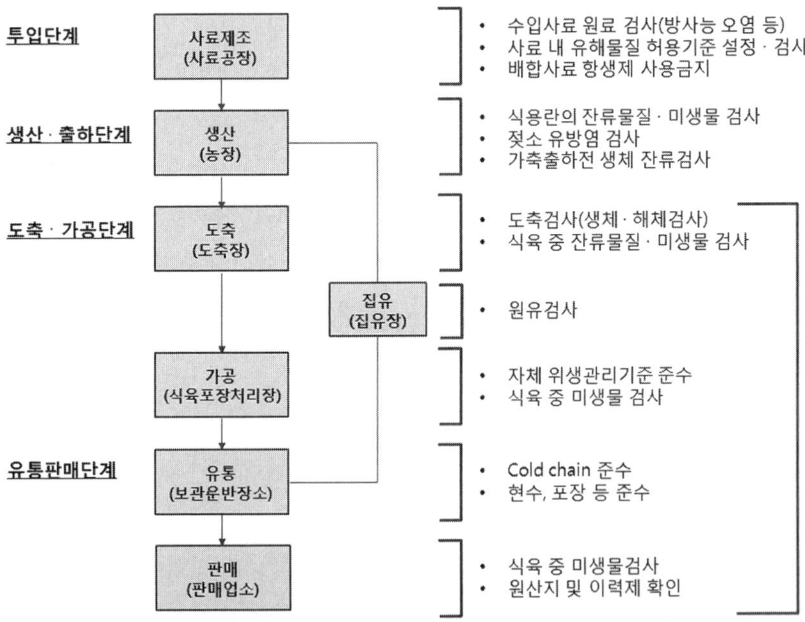

[그림 17-3] 축산물 유통단계별 안전성 검사체계

*자료 : 황윤재 외(2014), 축산물 안전성 검사 개선방안 연구, 한국농촌경제연구원 ; 저자가 일부 수정

상으로 무작위 미생물 모니터링 검사와 정보에 의한 기획수거를 실시하여 성분규격, 식중독균, 유해잔류물질 등을 검사한다. 위반시 행정처분 및 회수 · 압류 · 폐기 한다.

제3절 안전성 및 고품질 표시제도

각국에서는 농축산물에 대해 식용으로서 최소한의 안전성과 품질을 확보하기 위해 제 2절에서 본바와 같이 유통단계별 기본적인 규제를 한다. 각국은 이와 더불어 추가적으로 안전성과 품질을 관리하는 제도를 개발하여 도입하기 시작하였는데 이를 이 책에서는 안전성 및 고품질 표시제도라고 하였다. 우리나라에서 의무적으로 실시하고 있는 축산물 표시제도에는 원산지 표시제도, 축산물 이력제가 있다. 또한 농가단계에서 안전하고 우수한 축산물을 생산하도록 유도하기 위해 국가가 인증해주는 국가농식품인증제의 성격으로 HACCP, 친환경축산물인증제도, 동물복지농장인증제, 지리적표시제를 실시하고 있다. HACCP은 도축장 등에 대한 의무적용에서 나아가 사료 · 농가 · 보관 · 운반 부문에 대한 자율적 적용을 확대해 나가고 있다.

1. 원산지표시제

농축산물의 원산지표시제(indicate system of origin)는 외국의 농축산물이 국내 농축산물로 둔갑하여 판매되는 부정유통을 방지하고 허위표시행위 등을 단속하여 국내 농축산물 생산자 보호와 소비자의 알 권리를 충족시키기 위하여 도입된 제도이다. 원산지표시제도는 1991년부터 수입농산물을 대상으로 시행된 이래 1996년 국내 가공품까지 확대 되었다. 우리나라는 농축수산물에 대한 음식점에서의 원산지표시제도도 도입되어 있다.

축산물의 원산지 표시방법은 국산 또는 국내산과 수입산(수입국가명)으로 구분한다. 수입한 돼지를 국내에서 2개월 이상 사육한 후 국내산으로 유통하거나, 수입한 닭 또는 오리를 국내에서 1개월 이상 사육한 후 국내산으로 유통하는 경우에는 국내산으로 표시하되, 괄호 안에 수입국가명을 함께 표시한다. 또한 원산지가 다른 돼지고기 또는 닭고기를 섞은 경우 그 사실을 표시하여야 한다.

[원산지 표시 예시]

- 쇠고기 : 국내산(한우고기), 국내산(젖소고기), 국내산(육우고기), 국내산(육우고기, 호주), 수입산(쇠고기, 미국)

• 돼지고기 : 국내산(돼지고기), 수입산(돼지고기, 벨기에)

2. 이력제

이력제(Traceability)는 생산단계부터 가공, 유통, 판매단계에 이르는 전과정을 소비자가 역추적하여 확인할 수 있는 시스템이다. 이력제는 특히 소해면상뇌증(BSE) 파동으로 심각한 타격을 입은 영국 등 유럽과 일본에서 축산부문을 중심으로 먼저 도입하여 일반 농산물에도 적용을 확대하고 있다. 우리나라는 소를 대상으로 2004년부터 시범사업으로 추진하다가 '소 및 쇠고기 이력관리에 관한 법률'에 근거하여 2008년부터 사육단계에 시행된 데 이어 2009년부터 유통단계까지 확대하여 전면 시행되었다. 이후 수입쇠고기(2011년 12월), 돼지(2014년 12월)에 대한 이력제를 의무시행 하기로 함에 따라 소 및 쇠고기 이력관리에 관한 법률은 '가축 및 축산물 이력관리에 관한 법률'로 개정되었다.

2.1 소 및 쇠고기 이력제

쇠고기 이력제는 소의 출생에서부터 판매에 이르기까지의 정보를 기록 · 관리하여 위생이나 안전에 문제가 발생할 경우 그 이력을 추적하여 신속하게 대처하기 위한 것이다. 이를 위하여 소의 출생에서부터 도축 · 가공 · 판매에 이르기까지 각 단계별 정보를 기록 · 관리한다. 이로써 소비자는 핸드폰이나 인터넷을 통하여 개별식별번호를 입력하면 소의 출생일 · 종류 · 성별 · 소유주 · 사육지 · 도축일자 · 등급 등의 정보를 알 수 있다.

- **사육단계** : 송아지가 출생하면 위탁기관(축협 등)에 서면으로 신고하고, 개체 식별번호(12자리)가 있는 귀표를 부착하여 출생 및 이동과 도축단계까지의 정보를 기록 저장한다. 소의 양도 · 양수, 폐사시 위탁기관에 신고하여야 한다.
- **도축단계** : 도축장에서는 출하된 소의 귀표와 신청서상의 이력번호 일치여부를 확인한 후 도축하고, 도축후 이력번호가 표시된 라벨을 출력하여 도체의 갈비 내부 등에 부착한다. 축산물품질평가사가 도체에서 시료채취 후 이력번호를 확인한 후 등급판정내역 입력 및 자료를 전송한다.
- **포장처리단계** : 개체가 섞이지 않도록 부위별로 발골 · 정형한 후, 부위별로 포장된 부분육에 이력번호가 표시된 라벨을 포장지에 부착하여 판매장으로 출고한다.
- **판매단계** : 식육판매업소는 판매 또는 판매를 위하여 진열하는 쇠고기에 대하여 개체식별번호를 표시하여야 한다. 판매중인 쇠고기 이력정보가 정확히 관리되고 있는지를 체크하기 위해 축산물품질평가원에서 시료를 채취하여 DNA(유전자) 동일성 검사를 한다.

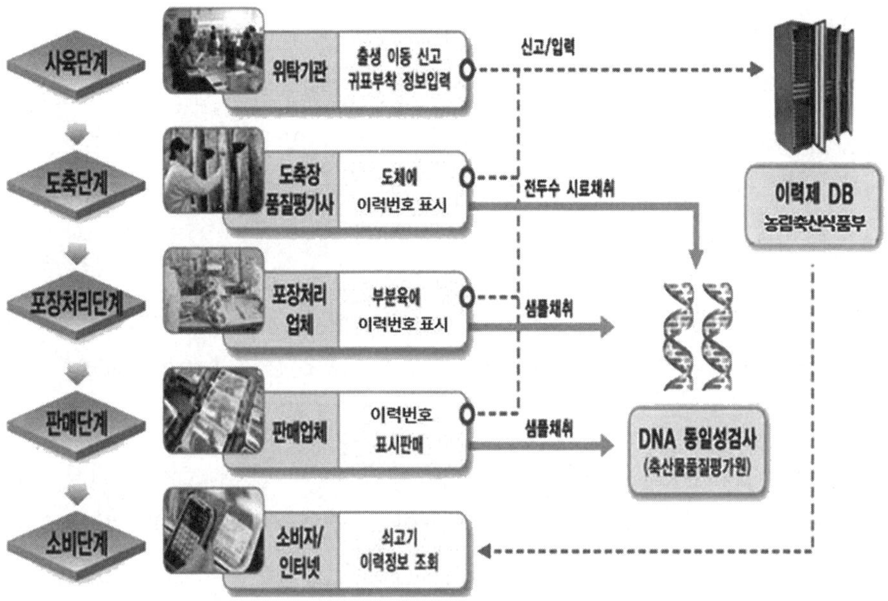

[그림 17-4] 쇠고기 이력제 단계별 추진체계

*자료 : 축산물품질평가원(2017), 한국의 축산물 유통

2.2 수입쇠고기 유통이력제

수입쇠고기 유통이력제는 수입쇠고기의 통관에서부터 소비자 판매에 이르기까지 단계별 유통정보를 실시간으로 관리하고, 위해수입 쇠고기의 문제가 발생할 경우에는 이력을 추적하여 즉각적으로 회수하기 위한 것이다. 소비자는 수입유통식별번호 12자리를 인터넷이나 휴대폰을 통하여 조회창에 입력하면 원산지 · 도축장 · 도축날자 · 가공장 · 가공날자 · 수출입업체 등의 정보 확인이 가능하다.

- **통관단계** : 쇠고기 수입업체는 통관절차 완료 전까지 이력번호(12자리)가 포함된 수입유통식별표를 발행받아 수출국의 수출지 라벨이 부착된 외부박스에 부착한다. 수입신고 이후 수입쇠고기를 식육포장처리업체나 식육판매업자에게 판매하는 경우, 거래내역(매출)을 수입쇠고기 유통이력관리시스템에 신고한다.
- **포장처리단계** : 식육포장처리업체는 매입내역을 신고하고, 사업장내에서 포장처리된 수입쇠고기의 가공생산 내역을 시스템에 등록관리하고, 매출한 경우 매출내역을 신고한다.
- **판매단계** : 판매업자는 시스템에서 관리되는 위해쇠고기 정보에 따라 전자저울에서 무게 계량시에 위해 수입쇠고기의 소비자 판매를 차단하도록 되어 있다.

2.3 돼지고기 이력제

돼지고기 이력제는 쇠고기 이력제와 마찬가지로 소비자는 인터넷, 스마트폰 등을 통하여 구매하는 돼지고기의 생산자 · 도축장 · 도축일 · 포장처리업체 · 가공일자 등의 이력정보를 확인할 수 있다. 다만, 소와 달리 개체가 아닌 농장별로 관리를 하는데, 종돈의 경우는 개체별로 관리를 한다.

- **사육단계** : 농장별로 농장식별번호(6자리)를 발급받아 돼지가 농장밖으로 이동시 농장식별번호를 표시하고 이동시켜야 한다. 종돈의 경우 이와는 별도로 개체별로 출생 · 이동 · 폐사관리를 한다.
- **도축단계** : 가축 운송시 출하농장별로 분리 수송하여야 한다. 도축 후 가공장 및 판매장 반출 전 농장식별번호와 도축순번이 포함된 이력번호(12자리)를 지육에 표시하여야 한다.
- **포장처리단계** : 가공시에는 이력번호 단위로 가공하여 각 개별 포장지 겉면에 이력번호를 표시 후 판매 및 반출을 하여야 한다.
- **판매단계** : 모든 부분육은 이력번호 단위로 관리하고, 소매단위 포장일 경우 매포장지마다 이력번호를 표시하여야 한다.

3. 농식품 국가인증제도

농식품 국가인증제도는 일정한 기준을 통과한 품질이 좋고 안전한 농식품을 생산하는 생산농가나 경영체에게 정부가 인증표지(녹색사각 단일표지)를 부여하는 제도이다. 과거 체계적으로 정비되지 않은 다양한 인증제도와 여러 가지 모양의 인증표지(Logo)가 오히려 소비자들의 인지도 저하는 물론 소비자들에게 혼란을 유발한다고 지적되어 정부는 인증제를 체계적으로 정비하고 모양과 디자인을 [그림 17-5]와 같이 국새 모양 녹색사각 표지로 단일화하여 2014.1월부터 시행하고 있다.

HACCP (안전관리인증) 농림축산식품부	유기농 (ORGANIC) 농림축산식품부	무항생제 (NON ANTIBIOTIC) 농림축산식품부	동물복지 (ANIMAL WELFARE) 농림축산식품부	지리적표시 (PGI) 농림축산식품부
HACCP	친환경축산물		동물복지	지리적표시

[그림 17-5] 농식품 국가인증 표시

3.1 HACCP(해썹)

HACCP(Hazard Analysis and Critical Control Point : 해썹)은 과거에는 '위해요소 중점관리기준'으로 통칭하였지만 최근에 보다 쉽게 이해할 수 있도록 '안전관리 인증기준'으로 바뀌었다. 완성된 제품을 통해 안전을 확인하려고 하면 매우 많은 샘플을 검사해야 하므로 사전에 예방적인 방법으로 원재료의 입하에서 출하에 이르기까지의 모든 공정을 체계적으로 관리하기 위하여 고안된 것이 HACCP이다. 원래 HACCP는 1959년 우주개발계획 중 우주인에게 무결점 식품을 공급하기 위하여 도입하였으며, 국가차원에서는 1973년 미국 식품의약품청(FDA)에서 그 개념을 처음 적용하였다. WTO협정이 발효됨에 따라 국제적인 위생기준 확보 대책의 일환으로 이 제도의 도입 필요성이 대두되었고 1993년 FAO/WHO합동 국제식품규격위원회(CODEX)에서 HACCP지침을 발표함으로써 국제기준화 되었다. 우리나라에서는 1997년부터 축산업에 대한 HACCP의 법적근거를 마련하여 모든 도축장(2000~2003년), 집유업 및 일부 축산물가공업(2013년)에 의무적용하고 있으며, 생산농장, 사료 등의 분야는 자율적으로 한국식품안전관리인증원에 신청하여 인증을 받고 있다.

HACCP 절차는 다음과 같다. (i)생산-제조-유통의 전과정에서 식품의 위생에 해로운 영향을 미칠 수 있는 위해요소를 원료별, 제조공정별로 분석 · 평가한다(HA). 위해요소는 생물적 위해요소(O157: H7, 살모넬라 등의 병원성미생물), 화학적 위해요소(항생물질 · 합성항균제 · 호르몬제 등의 동물약품, 농약 · 다이옥신 등 환경오염물질), 물리적 위해요소(털, 쇠붙이, 주사바늘 등 이물질)를 말한다. (ii)HA 결과에 기초하여 이러한 위해요소를 방지 · 제거 하거나 허용수준 이하로 감소 시킴으로써 안전성을 확보할 수 있는 단계를 중요관리점(CCP)으로 설정하여 과학적 · 체계적으로 중점관리 한다. 예를 들면 도축장에서 내장적출단계를 하나의 중요관리점으로 정하여 병원성 미생물 분변 오염도를 방지 · 제거하기 위하여 오염도를 측정하여 샤워터널 수입범위 점검 · 상향조정 등 관리하는 것이다. (iii)각 CCP에 있어서 관리기준을 설정하여 상시적인 모니터링을 행한다. 관리기준은 현장에서 쉽게 실행할 수 있도록 가능한 육안관찰이나 간단한 측정으로 확인할 수 있는 수치 또는 특정지표로 나타내어야 한다. 예를 들면 온도 및 시간, 습도(수분), 염분 농도 등이다. (iv) 모니터링 결과는 항상 기록하여 기준을 벗어난 경우는 즉각 개선조치를 강구한다.

3.2 친환경축산물

친환경축산은 원래 생산자 입장에서 자연환경 및 생태계의 보전에 기초하여 환경의 자연정화와 물질의 자연순환을 통해 지속가능한 축산업을 영위하는 것을 의미한다. 그러나 소비자 입장에서의 식품 안전성에 대한 관심이 높아지면서 최종 산물까지 포함하는 개념으로 확장되었다. 친환경축산물인증제도는 '친환경농어업 육성 및 유기식품 등의 관리 · 지원에 관한 법률'에 근거한 인증제도로 국립농산물품질관리원으로부터 인정받은 민간인증기관에서 관리 운영한다. 친환경축산물 인증제도에는 유기축산물인증, 무항생제축산물인증이 운영되고 있다.

유기축산물은 유기농산물의 재배 · 생산기준(농약과 화학비료를 일체 사용하지 않음)에 맞게 생산된 유기사료를 급여 하면서 인증기준을 지켜 생산한 축산물이다. 한우 · 육우는 식육용으로 최소 12개월 이상, 젖소 착유우는 90일 이상, 돼지 식육은 최소 5개월 이상, 육계 3주 이상, 산란계 3개월 이상 반드시 유기축산물 인증기준에 따라 사육해야 한다. 유기축산물 인증기준으로는 가축에게는 100% 유기사료를 급여해야 하고, 사료첨가제는 농림부고시 및 Codex에서 정한 허용물질만 사용하고 항생제, 성장촉진제 등을 사용해서는 안된다. 무항생제축산물은 유기사료는 아니나 항생제 · 합성항균제 · 호르몬제가 포함되지 않은 무항생제 사료를 급여하여 사육한 축산물이다. 그 외에도 유기축산물과 무항생제 축산물 인증을 받으려면 축사 및 사육조건, 가축의 입식 및 번식방법, 동물 복지 및 질병관리, 운송 · 도축 · 가공과정의 품질관리 등에 따른 조건을 이행하여야 한다.

3.3 동물복지축산농장

동물복지(animal welfare)의 핵심은 인간의 필요에 따라 동물을 이용하기는 하되 동물이 살아 있는 동안 고통을 받지 않도록 최소한의 배려를 해주자는 것이다. 나아가 동물복지는 가축을 쾌적한 환경에서 사육하여 가축의 건강을 유지함으로써 안전한 축산물 생산이 가능해져 결국 인간을 건강하게 해 준다는 주장으로 확대 되었다. 동물복지 개념은 1964년 영국의 루스 해리슨이 '동물기계animal machines'라는 책에서 가축들이 좁은 공간에서 밀집 사육되는 비참한 현실을 알림으로써 시작 되었다. 이 책 출간 즉시 영국 사회에서 큰 반향을 일으켜 바로 그 해 영국 정부는 위원회를 구성해 실태 조사에 나서 위원회는 이듬해 보고서를 작성하는데, 거기에는 축산 동물에게 다섯 가지 행동이 가능하도록 해야 한다는 권고 내용이 들어 있다. 그것은 ①배고픔 · 갈증으로부터의 자유(급이 · 급수의 확보), ②불편함으로부터의 자유(적절한 사육환경의 공급), ③통증 · 부상 · 질병으로부터의 자유(예방 · 진단 · 치료의 적용), ④두려움과 고통으로부터의 자유(적절한 취급), ⑤정상적인 행동을 표현할 수 있는 자유(적절한 공간 · 자극 · 동료의 존재)이다. 이 것이 동물복지의 기본원칙 중 하나로 이야기 되는 소위 '가축의 5대자유'의 원형이다. OIE에서는 2005년부터 12개 분야에 대한 동물복지 기준을 마련 하였고, EU는 2012년부터 산란계 배터리케이지(5~6마리가 들어가는 철장을 겹겹이 쌓아 놓은 것) 사육금지, 2013년부터 어미돼지 스톨(임신 등을 위한 철제

감금틀) 사육금지 등 동물복지의 법적기준을 마련하여 시행하고 있다.

우리나라에서도 농장 동물복지 정책의 하나로 2012년부터 동물복지축산농장 인증제를 실시하고 있다. 동물복지축산농장 인증제는 높은 수준의 동물복지 기준에 따라 동물이 본래의 습성 등을 유지하면서 정상적으로 살 수 있도록 인도적으로 동물을 사육하는 축산농장에 대해 국가에서 인증하고 인증농장에서 생산되는 축산물에 '동물복지축산농장 인증마크'를 표시하게 되는 제도이다. 주요인증기준은 가축의 5대자유를 구체화한 적정 사육밀도, 사양환경(조명, 깔짚 등), 인위적인 조치(강제털갈이, 치아 빼기, 꼬리자르기 등) 제한, 동물의 본성 유지(홰 설치, 무리지어 사육 등) 등의 조건 준수이다. 계란에 대한 인증부터 시작되어 돼지, 육계, 젖소로 점차 그 대상을 확대되어 왔다. 동물복지 인증농장은 161개소로 산란계농장 103개소, 돼지농장 11개소, 육계농장 39개소, 젖소농장 8개소이다(2018.6월 기준).

3.4 지리적표시

지리적표시제(Geographical Indication System: GIS)는 농수산물 또는 농수산 가공품의 명성 · 품질 기타 특징이 본질적으로 특정지역의 지리적 특성에 기인하는 경우 그 특정지역에서 생산된 특산품임을 표시하는 것을 말한다. 지리적표시제의 보호를 받는 경우 예를 들어 프랑스 샹파뉴아르덴주에서 생산된 발포성 백포도주를 제외한 다른 제품에는 샴페인이라는 명칭을 붙일 수 없게 된다. 지리적표시제가 국제규범으로서 실질적인 효력이 발생하기 시작한 것은 1995년 WTO가 출범하며 지적재산권 협정(TRIPs)을 채택하고 난 다음부터이다. 지리적표시제는 크게 원산지 명칭 보호 및 지리적표시 등록에 관한 특별보호(미국, 일본)와 단체표장(광의의 상표에 포함) 제도로 보호(EU)하는 2가지 형태가 있는데 우리나라는 2가지 형태가 공존하고 있다. 우리나라에서는 1999년 '농수산물품질관리법'에 지리적표시제를 도입하였으며, 2005년부터는 '상표법'에 지리적표시 단체표장제를 규정하여 일정지역에서 지리적표시 상품을 생산 · 제조 또는 가공하는 자가 공동으로 설립한 법인이 지리적표시를 단체표장으로 등록할 수 있도록 하여 농축산물, 임산물, 수산물뿐 아니라 공산품도 포함시켰다.

농수산물품질관리법에 의해 지리적표시 보호를 받으려면 국립농산물품질관리원이나 산림청에 등록을 해야 하는데, 등록을 위한 신청자는 특정지역에서 지리적 특성을 가진 농수산물 또는 농수산 가공품을 생산하거나 가공하는 자로 구성된 단체(법인만 해당)에 한정된다. 신청후 심의를 통과하여야 등록을 하게 되는데 심의기준은 ①해당 상품이 대상지역에서 생산된 역사가 깊은지, 국내외적으로 널리 알려졌는지 여부(역사성 혹은 유명성), ②해당 상품의 품질이 해당 지역 토질이나 기후 등의 특성에서 기인하는지 여부(지리적 특성), ③해당 상품의 생산과 가공이 그 지역에서 이루어졌는지 여부(지역 연계성) 등이다. 2002년 보성

녹차가 지리적 표시 1호로 등록되었으며, 순창전통고추장, 횡성한우고기, 단양마늘 등에서 기장쪽파까지 농축산물 105개, 임산물 56개 등 161개의 품목이 등록되어 있다(2018.6월 기준). 축산물은 횡성한우고기, 제주돼지고기, 홍천한우, 함평한우, 영광한우, 고흥한우, 안성한우 등 7개 품목이 등록되어 있다. 지리적표시 등록이 되면 권리침해의 금지 청구권, 손해배상 청구권, 거짓표시 등의 금지 등 지적재산권으로서 독점배타권이 인정된다.

농식품 국가인증제도의 과제

농식품 국가인증제도는 그 역사가 길지는 않지만 농산물 뿐만 아니라 축산물의 품질 고급화와 안전한 축산물 생산에 기여하고 있다. 그러나 더 발전하기 위해서는 몇가지 보완이 필요하다.

(1) 농식품 국가인증제도의 신뢰성 확보

국가의 인증을 받은 축산물의 운명은 안전관리시스템과 푸드체인 종사자(생산자 등)들의 안전관리의무 준수에 대한 소비자들의 신뢰도에 의해 좌우된다. 정부는 인증 축산물의 생산과 소비를 확대하기 위해 인증절차 및 유통되는 인증 축산물에 대한 감시활동을 대폭 확대하여 소비자의 신뢰를 확보 하도록 하여야 한다.

(2) 지속적이고 건강한 축산업에 대한 사회적 합의

안전성과 고품질을 추구하는 인증 축산물은 관행적인 생산보다 비용이 많이 들 수 밖에 없어 가격이 비싸다. 그러나 인증시스템이 소비자의 알 권리를 충족시키면서 안전한 고품질 축산물을 소비할 수 있고 생산농가들도 경영여건을 개선 하면서 지속 가능한 축산업의 기반이 된다는 사회적 인식과 합의가 이루어져 인증 축산물의 소비가 이루어져야 한다.

(3) 인증체계의 정비와 홍보

인증제도가 진전될수록 그 내용이나 설명이 모호하면 소비자들이 혼란을 가져오므로 인증제도에 대한 상시적인 모니터링을 통하여 장기적인 시각으로 인증제도에 대한 홍보전략을 구사해야 한다. 다양한 품질 인증제도의 차별화를 통해 생산자 · 소비자 · 유통업자 모두에게 인증축산물에 대한 인식향상이 될 수 있도록 하여야 한다.

■ 참고문헌 ■

- 국가법령정보센터, 도축하는 가축 및 그 식육의 세부 검사기준[농림축산검역본부 고시 제2016-18호], 동물복지 축산농장 인증기준 및 인증 등에 관한 세부실시 요령 [농림축산검역본부 고시 제2016-100호], 사료관리법[법률 제14476호, 2016.12.27., 타법개정], 사료 등의 기준 및 규격[농림축산식품부 고시 제2017-28호], 수입식품안전관리 특별법[법률 제14476호, 2016.12.27., 타법개정], 수입축산물 신고 및 검사요령[식

품의약품안전처 고시 제2016-5호], 식용란의 미생물 및 잔류물질 등 검사요령[식품의약품안전처 고시 제2014-134호], 식육 중 미생물 검사요령[식품의약품안전처 고시 제2014-135호], 식육 중 잔류물질 검사요령[식품의약품안전처 고시 제2015-59호], 원유검사 공영화 실시요령[농림축산식품부 고시 제2016-146호], 축산물위생관리법[법률 제14957호, 2017.10.24., 일부개정], 친환경농축산물 및 유기식품 등의 인증에 관한 세부실시 요령[농산물품질관리원 고시 제2017-32호]

- 국립농산물품질관리원 홈페이지(www.naqs.go.kr)
- 농림축산검역본부 홈페이지(www.qia.go.kr)
- 식품의약품안전처/한국식품안전관리인증원(2015), 알기쉬운 HACCP관리(개정판)
- 축산물이력제 홈페이지(www.aunit.mtrace.go.kr)
- 황윤재(2014), 축산물 안전성 검사 개선방안 연구, 한국농촌경제연구원/ 식품의약품안전처
- 日本食肉消費總合センター (www.jimi.or.jp) 〉 食肉大圖鑑 〉 食肉基本情報
- J. H. McCoy and M. E. Sarhan(1988), Livestock and Meat Marketing, An avi Book
- W. Lesser(1991), Marketing Livestock and Meat in the U.S., Food Products Press

제 18 장 물류 및 유통정보화

유통이 이루어 지려면 생산물이 생산장소에서 판매장소로 옮겨져야 한다. 즉, 생산물이 최종소비자의 손에 들어가기까지 운반과 보관, 가공 · 포장 등 소위 물류가 이루어져야 한다. 물류는 소유권을 가진 유통업체가 직접 할 수도 있지만 대부분 소유권과는 관련 없는 전문 물류업체에 의하여 이루어 진다. 이와 같이 물류는 유통의 한 형태로 소유권의 이전을 수반하지 않고 생산물을 생산장소에서 판매장소로 옮기는 것이다. 한편 유통을 하는데 있어서 유통경로상의 모든 구성원은 여러 가지 의사결정을 하여야 하는데 이에 도움을 주는 것이 유통정보이고 이를 처리하는 시스템이 유통정보시스템이다. 유통정보시스템은 마케팅 환경 변화에 의한 소비자 욕구의 다양화와 유통 · 판매 활동의 복잡화와 다양성에 따라 발전을 가속시켜 왔으며, 컴퓨터와 정보통신수단의 발달에 따라 변화하여 왔다. 이 장에서는 축산업 가치사슬상의 물류와 유통정보 그리고 유통정보화 수준을 다루었다.

제 1 절 물류

유통은 생산물을 생산자에서 소비자에게 이전하는 활동으로 상적유통(marketing distribution)과 물적유통(physical distribution)으로 나누어진다고 설명 하였는데(제2장 참조), 물적유통은 이를 줄여서 물류라고도 한다. 물류는 생산물이 생산지에서 소비자에게 이동해 가는 실물적인 흐름을 원활하게 수행하기 위한 모든 활동을 의미하며 구체적으로는 운송, 보관, 포장 및 하역, 물류정보관리, 유통가공물류 등의 활동이 포함되는데 이러한 활동을 통해 상품의 시간적 · 공간적 · 형태적 효용이 창출된다.

오늘날의 물류는 단순히 생산물을 이전하는 역할에 그치지 않고 과거의 마케팅 활동이나 이윤의 창출 방법으로는 경쟁우위를 달성하기 어렵게 됨에 따라 물류비의 절감 자체가 경쟁력의 중요한 요소로 떠오르고 있다. 이러한 차원에서 오늘날의 물류는 한 기업이 자신의 공급사슬상에서 요구되는 모든 물류기능을 독자적으로 하기도 하지만 외부의 전문 물류업체에게 그 일부 또는 모든 기능을 아웃소싱 하고 있다. 특히, 후자의 경우처럼 한 기업이 자신의 물류업무를 모두 아웃소싱 하는 경우를 제3자 물류(Third Party Logistics : TPL, 또는 3PL)라고 한다. 근래에는 제3자물류가 대행해 주는 업무의 영역이 기업의 물류기능의 운영 · 관리뿐만 아니라 그 기업의 공급사슬, 정보기술 역량 등을 관리하고 최적화할 수 있는 광범위한 기능을 포괄적으로 수행하는 단계까지 발전한 상태이다(제4자 물류라고 함).

농축산물에 있어서 물류표준화 등 물류개선은 유통비용을 절감함으로써 농축산물의 가격 경쟁력을 높이는데 중요한 역할을 한다. 농축산물의 물류비는 농가로부터 소비자에게 이르는 물적인 흐름에 소요되는 운송비, 보관비, 포장 · 가공비, 하역비, 물류정보를 포함한 물류관리비 등으로 구성된다. 농산물은 공산품과 달리 부패하기 쉽고 재선별이 필요하여 감모비, 쓰레기 처리비용 등도 물류비에 포함되어 있다. 따라서 공산품은 물류비 중에서 운송비가 차지하는 비중이 70% 이상으로 압도적으로 높지만 축산물은 물류비에서 보통 포장 · 가공비 40%, 운송비 30%, 보관비 22%, 물류관리비 6%, 하역비 1% 수준의 비중을 점하고 있다(aT, 2011 농산물 물류비 실태). 농축산물이 공산품에 비해 포장 · 가공비가 높은 이유는 농축산물은 그 특성상 유통과정에서 가공처리와 재선별, 재포장되는 유통가공물류 활동이 많기 때문이다. 축산물은 청과류에 비해 물류비 중 보관비의 비중이 높은 반면에 하역비, 감모비의 비중은 낮은 특징을 가지고 있다. 물류비는 [표 18-1]과 같이 유통비용을 구성하는 큰 부분으로 되어 있는데 농축산물의 경우 물류비용이 유통비용의 30~40%를 차지하고 있다.

■ 표 18-1 물류비와 유통비용의 관계

유통비용									
물류비						기타 유통비용			
운송비	보관비	포장 · 가공비	하역비	물류 관리비	감모비 등	상장 수수료	임대료	일반 관리비	이윤

* 자료 : 한국농수산식품유통공사(aT)

1. 운송

운송(transportation)은 상품 즉, 가축이나 축산물을 자동차, 선박, 항공기 등의 운송수단으로 장소적으로 이동하는 것을 말한다. 공산품의 경우 운송활동 중 공장과 물류센터 사이의 운송은 수송, 배송센터에서 고객까지의 운송은 배송이라고도 한다. 공산품의 경우 운송비는 전체 물류비용에서 차지하는 비중이 압도적으로 높으며 축산물도 포장·가공비 다음으로 운송비가 차지하는 비중이 높다. 축산물 운송에서 관심을 두어야 할 것은 운송수단의 선택과 비용문제, 운송에 따른 축산물의 감량을 들 수 있다. 소, 돼지, 가금 등은 생산농가에서 도축·도계장까지는 트럭을 이용한 생축운송, 도축·도계장에서 식육포장처리업체 및 소매점까지는 냉동차량 또는 보냉차를 이용한 지육·통닭 또는 부분육 운송이 이루어진다. 우유는 생산농가에서 착유한 원유는 농가가 보유한 냉각기에서 보존되다가 탱크로리가 부착된 수집차량에 의해 집유되어 우유 가공업체 공장으로 운반되고 가공·제조 후 우유 가공업체의 냉동 또는 보냉차량에 의하여 대리점, 소매점으로 운반된다.

생축운송이란 살아 있는 가축을 운반하는 것을 말한다. 생축운송은 최근에는 특수제작한 가축수송 전문차량이 도입되었지만 아직은 일반영업용 트럭에 차양막, 칸막이, 깔판 등을 설치하고 운송하는 경우가 대부분이다. 따라서 상하차 및 운송과정에서 생축이 스트레스를 많이 받아 도축 시 육질 저하와 육량이 감소하는 경우가 많다. 생축운송 차량은 전문운송업체 소속이 많고 협동조합, 일부 도축장 등은 자체 보유하고 있다. 가축의 운송과정중 가축이 받는 스트레스로 약 1～5% 정도의 체중감량(tissue shrinkage)이 발생하며 소 보다는 돼지가 더욱 심한 것으로 알려져 있다. 출하하는 한우가 피로한 상태가 지속되거나 스트레스를 많이 받은 상태에서 도축을 하면 심할 경우 암적색(dark firm dry muscle: DFD)육이 됨으로서 조직 손상이 있는 것은 아니지만 식육의 외관상 가치는 떨어지게 된다. 돼지의 경우도 도축 전 일시적이고 강한 스트레스는 고기의 색이 창백하고(pale), 조직이 연하며(soft), 육즙분리가 심하여(exudative) 기호성이 떨어지는 물돼지(PSE) 발생비율을 높이게 된다. DFD나 PSE 상태의 고기는 육가공 및 유통업체 뿐만 아니라 소비자들이 구매를 기피하고 가공, 저장, 운반 중 다량의 감량으로 경제적 손실이 크다. 이외에 가축 운송 중 가축이 받을 수 있는 손상은 압상, 찰과상, 근출혈, 외상, 골절, 폐사 등이 있다.

산지 생산농가에서 도축(계)장까지 생축의 운송비용은 지역, 거리별로 차이가 있으나 평균적으로 소 1마리당 67,099원, 돼지 1마리당 6,350원, 생계 1마리당 67원으로 조사되었다(축산물품질평가원, 2017년 기준). 또한, 도축(계)장에서 1차 소비처(식육포장처리업체 및 최종 소매단계)로 반출된 지육의 운반비는 평균 소 1마리당 56,233원, 돼지 1마리당 6,998원, 도계 1마리당 73원으로 조사 되었다. 쇠고기, 돼지고기의 지육운송은 유통비용을 절감하기 위해서 부분육 유통으로 대폭 전환할 필요가 있다.

도축 후 축산물 운반은 유통주체별 자기차량 또는 전문운송업체와의 현지계약이나 아웃소싱에 의하여 이루어진다. 도축장에서 반출되는 소, 돼지의 지육 운반은 공판장·도매시장의 경우 대부분 외부 전문운송업체가 도축장과 계약관계를 맺고 상주 하면서 반출자(식육포장처리업체, 판매업체 등)에게 운임을 받고 운반하고 있으며, 일부 공판장·도매시장은 자기차량으로 운임을 받고 운반을 하여 주고 있다. 일반 도축장의 경우에는 반출자가 자기차량 또는 전문운송업체에 의뢰하여 운반하는 경우가 대부분이다. 규모가 큰 협동조합이나 기업(양계·양돈 계열화업체, 유가공업체, 2차 가공업체 등)은 자기생산 축산물의 운송을 전문운송업체에 지입차량 서비스 형태로 아웃소싱 하는 경우가 많다. 지입차량 서비스란 전문운송업체가 화물운송을 필요로 하는 고객사(화주)에게 차량 및 운전자를 직접 공급하는 서비스를 말한다. 이 때 지입차량은 전문운송업체가 영업용번호판의 소유권을 가지고 차량의 소유권은 개인차주인 운전자가 갖는데 전문운송업체는 화주로부터 매월 일정대금을 지급받아 이 중 일정액을 개인차주에게 지급한다. 따라서 개인차주의 노동법상의 소속직장이 어디냐 하는 문제가 가끔 발생하고 있다. 축산물 전문운송업체의 경우 화물자동차 운송사업 등록과 축산물운반업 신고를 하여야 한다(2018.6월 기준 2,414개 업체).

서울우유 운송업자 50%, 운송거부

서울우유의 물류 운송을 맡은 냉동탑차 차주들의 50%가 운송거부에 들어갔다. 21일 서울우유 등에 따르면 서울우유를 운반하는 특수고용직 지입차주 729명 가운데 화물연대 소속 360명이 고용안정과 노조활동 보장 등을 요구하며 지난 16일부터 운송 거부에 돌입했다.

이들은 비록 자신의 차를 소유하고 운송회사와의 계약을 맺은 차주들이지만 서울우유의 업무 지시와 감독을 받고 있다고 주장했다. 또한 다른 화물차 운전기사들에 비해 차량 자체가 유제품 운반을 위한 냉동차여서 다른 품목의 운반이 불가능한데다가 차 외각에도 '서울우유' 로고가 새겨져 있는 등 업무 종속성이 강하다는 것이다. 화물연대측은 서울우유가 기존 5톤급 차량을 8톤급으로 대형화하는 사업을 추진하면서 지입차주 30여명과의 계약을 해제하는 사실상의 구조조정을 시도하고 있다고 주장했다. 또 서울우유측이 파업직후 배송차량이 모자라자 냉동장치가 없는 일반 화물차를 동원해 제품을 운송해 소비자의 피해가 우려된다고 덧붙였다. 서울우유 관계자는 "화물연대는 정부도 인정하지 않고 있듯 운전기사들이 모두 개인사업자여서 노조결성은 말이 안된다"고 말했다.

현재 서울우유 지입 운전기사들은 제품운반은 서울우유의 자회사인 서울우유 유통 등 9개 운송사, 원유운반 2개 운송사 등 총 11개 회사와 개별적으로 운송계약을 한 상태로, 서울우유는 이들 11개 운송사들과 대화를 하겠다는 입장이다.

(자료원 : 아시아경제, 2007.10.21. 기사편집)

2. 보관

보관(storage)은 생산물을 물리적으로 저장하고 관리하여 고객의 주문에 따라 배송하는 일련의 작업을 수행하는 것이다. 보관은 일반적으로 창고에서 이루어 지는데, 최근 물류를 종합시스템적 관점으로 이해하여 창고의 개념이 기존의 저장과 보관기능 뿐만 아니라 재고관리를 통하여 적시에 물품을 출하하는 역할 및 물류전체 시스템의 조정 역할을 하는 물류센터(distribution center)라는 개념으로 바뀌고 있다. 축산물은 생산에 있어서 계절성을 가지고 있지만 수요량은 연중 비교적 평준화 되어 있으므로 축산물의 보관기능은 매우 중요하다. 축산물의 보관기능은 ①축산물의 공급이 부족하지 않기 위한 보관(운영적 보관) ②연중 안정적인 소비 충당을 위한 보관(계절적 보관) ③정부가 예기치 못한 전쟁이나 기타 국가적 재앙에 대비한 보관(비축형 보관) ④보관하고 있는 기간중 가격 차이가 발생되어 이윤이 발생할 것으로 기대하고 사전에 하는 보관(투기형 보관) 등으로 설명할 수 있다.

축산물 보관은 축산물의 부피 및 부패성 등에 따라 그 형태 및 방법 등이 다르다. 축산물 보관시설의 경우 쇠고기, 돼지고기는 지육의 신선도 유지와 위생을 위하여 냉장 · 냉동저장시설이 도축장 및 식육포장처리업체, 소매판매점 등에 설치되어 있다. 쇠고기, 돼지고기는 지육의 경우 냉장실(−2～10℃)에서 바닥과 닿지 않도록 매달아서 보관하여야 하고, 포장육은 냉동실(−18℃ 이하)에서 파레트 위에 벽과 닿지 않도록 쌓아 올려서 보관하여야 한다. 닭고기는 계열화업체와 그 대리점, 소매판매점의 냉장 · 냉동창고 등에 보관되고 있고, 계란은 유통기간이 짧고 난각 등의 특수한 처리방법이 필요하기 때문에 생산농가나 중간도매상 등의 일반창고에 저장되어 단기간에 유통된다. 우유는 생산농가에서는 농가가 보유한 냉각기에서 4℃이하로 보존되다가 탱크로리가 부착된 수집차량에 의해 1일 1회 집유하여 우유처리 공장의 유저장탱크로 운반되고, 대리점 및 소매점에서는 냉장시설에 저장하여 판매되고 있다. 축산물보관업은 전문적인 보관업종으로 시장 · 군수 · 구청장의 허가를 받아 운영되고 있는데, 대부분이 수입축산물과 부산물을 보관하고 있다(2018.6월 기준 598개소).

3. 포장 및 하역

식육의 1차가공작업에서 지육의 발골 · 정형 등 가공이 끝나면 포장작업에 돌입된다. 식품포장(packaging)은 식품의 가치 또는 상태를 보존하기 위해 적절한 재료, 용기 등을 물품에 가하는 기술 및 상태를 말한다. 오늘날 포장은 내용물의 보호, 하역 및 보관의 용이성, 내용물의 식별 등의 전통적인 기능 외에 소비자의 구매의욕을 유발하기 위한 내용물의 판매촉진 기능까지 수행하고 있다. 특히, 식육 및 육가공품의 포장에 있어서 그 내용물이 물리적 · 화학적 · 영양적 · 생화학적으로 매우 복잡하여 저장, 수송, 취급 등에 각별한 주의를 하지 않으면 안된다.

냉장육제품에 있어서 소매점에 공급하기 위한 1차가공장에서의 포장방법은 부분육을 진공포장 하여 골판지 등의 박스에 넣은 상태(boxed meat)로 유통하여 소매점에서 다시 트래이로 소포장하여 판매하는 방법과 소매점에서 곧바로 판매가능 하도록 가공장에서 완벽히 트래이로 소포장하여 공급하는 방법으로 크게 분류할 수 있다. 가공장이나 소매업체에 의한 트래이 소포장 방법에는 랩 포장, 진공 포장, 가스치환 포장 등이 있다. 가스치환 포장은 진공포장의 단점을 보완하고자 개발된 포장 방식으로 저장기간 연장을 위해 공기를 뺀 후 산소를 제외한 질소, 이산화탄소 등을 재주입하여 포장 제품내의 호흡 속도를 늦추고, 미생물 성장을 감소시키는 방식을 말한다. 최근에는 공기를 모두 뺀 후 미생물의 번식과 성장을 억제하는 비율로 산소, 질소, 이산화탄소를 혼합한 가스를 채워넣어 상품의 신선도를 보다 오래 유지할 수 있는 MAP(Motified Atmosphere Packaging)방법이 자주 사용되고 있다. 쇠고기의 경우 진공포장 한 후 0℃에서 냉장 보관하면 2개월 정도 저장할 수 있지만 보관비용 때문에 일반적으로 도축후 7~10일 정도에 거의 숙성했을 무렵 소매점에 제공된다.

하역은 각종 운반수단에 화물을 싣고 내리는 것 뿐만 아니라 보관화물을 창고 내에서 운반하고, 집어넣고, 꺼내고, 분류하는 등 이에 부수적인 작업을 총칭한다. 하역작업은 독자적으로 실시되는 경우는 거의 없으며 주로 운송이나 보관활동과 동시에 발생한다. 하역기능은 기술진보의 지연으로 물류관리 활동 중에서 가장 낙후 되어 있는 부분으로 현재 기계화 · 자동화 등이 급속히 진행되고 있기는 하지만 아직도 인력에의 의존도가 높은 분야이다. 가축의 상하차와 지육 등의 소규모 운반의 경우는 상하차를 보통 운전기사나 축산물 운송차량의 파트너인 식육운반종사자가 운전기사의 도움을 받아 하고 있으며, 박스육은 보관창고에서의 적재 · 피킹과 운송차량에서의 상하차가 기계로 이루어지고 있다.

4. 물류정보관리

물류정보는 상품이 이동하는 과정에서 발생하는 다양한 정보를 의미하며 수발주정보, 재고정보, 생산정보, 출하정보, 판매정보 등을 포괄한다. 많은 기업들이 물류정보의 효율적인 관리를 위해 물류정보시스템(Logistics Information System)을 도입하고 있으며, 이 시스템 구축을 위해 전자문서교환(EDI), POS시스템, 바코드, RFID 등 다양한 정보기술이 활용되고 있는데 이에 관해서는 제2절 유통정보화 부분에서 설명한다.

5. 유통가공물류

유통가공물류 활동은 소비자에게 가까운 장소에 위치한 물류센터나 창고 등에서 보관기간 동안에 제품을 절단, 조립, 재포장 등 단순 가공하여 부가가치를 높이는 활동이다. 농축산물의 경우에는 물류비 중 가공비가 큰 비중을 차지하고 있는데, 특히 식육은 유통단계를 거치면서 지육, 부분육, 정육 형태로 가공되는 뚜렷한 특징을 가지고 있다.

제2절 유통정보화

1. 유통정보

1.1 유통정보의 개념과 중요성

생산에 대한 지식과 기술이 더욱 정교하여진 만큼 축산물의 판매도 더욱 정교하여 지고 있는데, 효율적인 생산의 성과가 부적절한 시장정보로 소실 될 수 있다. 생산농가들이 판매에 자신감을 가지려면 고품질 생산도 중요하지만 시장수요, 생산량 및 가격 예측 등 의사결정에 필요한 정보가 필수적이다. 또한 시장정보가 생산되고 있더라도 사용자는 그 정보가 어디에서 생산되는지 그 원천을 알아내어 정보를 획득하여야 하고, 또 그 정보를 연구하고 분석하는데 시간을 투자하여야 한다. 그러나, 국내시장과 국제시장에 영향을 미치고 있는 경제적 힘이나 정치적인 힘이 시시각각 변하고 있어 어느 개인 혼자서는 이를 따라잡아 관찰하는 것이 여간 어려운 일이 아니다. 시장정보의 제공과 이용이 원활하지 못할 경우 생산자와 소비자는 시장 교섭력에 제약을 받는데 비해, 전문적이고 전국적인 판매망과 자금력을 가지고 있는 전문 유통인들의 경우 가격결정 과정을 지배하게 되어 생산자와 소비자는 큰 불이익을 받게 된다. 따라서 시장정보를 수집 · 분석하여 생산자에게 제공하는 것이 중요하고, 특히 공공이익이란 측면에서 공공시장정보의 중요성은 더욱 커진다.

가격동향에 초점을 맞춘 전통적 의미의 시장정보는 오늘날 체계적인 의미에서는 유통정보(market information)라고 불리운다. 축산물에 대한 유통정보는 축산물을 생산하여 소비하기까지의 과정을 보다 효율적으로 만드는 모든 정보, 즉 생산자, 유통업자 및 소비자 등 시장활동에 참가하는 사람들이 보다 유리한 거래 조건을 확보하기 위해 여러 가지 의사결정에 필요한 각종 자료(생산동향, 유통가격, 유통량 및 소비 동향, 수출입량 등)를 말한다. 유통정보는 단기와 장기의 두가지 차원에서 고려된다. 일반적으로 단기는 예정된 생산물의 양과 질을 바꾸기에는 시간이 없고 이미 실질적으로 완성된 생산물을 최선의 조건으로 판매하기 위한 것과 관련이 있고, 장기는 생산 프로그램을 조정할 수 있을 정도로 충분한 시간이 있는 것과 관련이 있다.

유통정보는 생산자 뿐만 아니라 도축업자, 가공업자, 도 · 소매상, 소비자 등 축산업 가치사슬상의 참여자 모두에게 필요하다. 유통정보는 유통업자에게는 보다 유리한 조건으로 상품을 구입, 판매할 수 있는 시장을 발견하는데 도움이 되며, 소비자는 정보가 잘 갖춰질수록 효과적인 시장 참여자가 되어 생산을 유도하는 소비자 수요를 형성할 수 있다. 한편 정책입안자들에게는 축산물의 수요 및 공급량의 조절, 가격 안정, 유통구조의 개선 등 축산물유통 정책의 수립과 시행에 필요한 자료를 제공해 준다.

1.2 유통정보의 종류

유통정보의 종류는 우선 내용 및 특성에 따라 시장정보, 통계정보, 관측정보로 분류할 수 있다. ①시장정보(market news)는 일반적으로 말하는 유통정보의 대표적인 것으로 시장 출하자 및 매매자의 의사 결정을 도와 줄 수 있는 현재의 가격 수준과 가격 형성에 영향을 끼치는 여러 요소에 관한 정보를 말한다. 주로 단기상황에 필요한 정보로서 가격 · 판매정보(price and sales information)라고도 불린다. ②통계정보(statistical data)는 일정한 목적을 가지고 사회 · 경제적 집단의 사실을 조사 · 관찰했을 때 얻을 수 있는 계량적 자료로서 주로 정책입안 및 평가기준 자료로 활용된다. ③관측정보(outlook)는 과거와 현재의 산업 관계 자료를 수집 · 정리하여 과학적으로 분석하여 미래 상황을 예측한 정보를 말한다.

1.3 유통정보의 수집 · 분석 및 전파

1.3.1 유통정보의 수집 및 분석

우리나라의 가축 및 축산물 유통정보는 [표 18-2]와 같이 농림축산식품부, 농협, 한국농수산식품유통공사(aT), 축산물품질평가원, 서울시농수산식품공사 그리고 관련단체 등이 조사 · 수집하고 있다.

- **시장정보** : 산지 시장정보는 농협에서 소, 송아지, 돼지, 닭의 생축의 산지가격(수취가격)을 매일 조사하여 발표하고 있으며, 대한양계협회에서는 계란 및 육계의 생축의 산지가격을 발표한다. 소, 돼지의 도매단계 시장정보는 축산물품질평가원에서 소, 돼지의 도체 경락가격을 실시간 중계와 함께 매일 발표하고 있다. 소매단계 시장정보는 aT에서 수집(등심, 1등급 기준)하여 매일 발표하고 있다. 소의 경우 예전에는 전국 우시장에서 거래가 많이 이루어져 우시장에서 거래되는 큰 소 가격과 송아지 가격이 소의 대표적인 산지가격으로 활용되어 왔다. 그러나 최근에는 등급제 정착에 따라 가축거래시장보다 도매시장 · 공판장 출하가 많아지면서 소의 대표가격이 도매시장 경락가격으로 대체되었다.
- **통계정보** : 통계청에서는 가축동향조사(품종별 사육두수 및 농가 ; 분기별, 연도별), 축

■ 표 18–2 우리나라 축산물 유통정보 생산 현황

구 분		생산단계	도매단계	소매단계	전체
정부	농림축산식품부				• 농림수산식품주요통계 • 농림업생산액 • 기타가축통계
	통계청	• 축산물생산비 조사 • 가축동향 조사	• 축산물 등급판정 통계		
	식약처				• 식품통계
	농림축산검역본부		• 도축통계 • 수출입검역통계		
공공	축산물품질평가원	• 소 · 돼지 농가수취가격조사	• 축산물 유통실태 • 축산물 등급판정 통계조사 • 소 · 돼지 실시간 경매시황 • 소 · 돼지 도매시장별 경락가격 • 돈육선물 대표가격		
	한국농수산식품유통공사		• 도매시장통계 • 농수산물 무역정보	• 소비실태	
	농림수산식품교육문화정보원			• 축산물 소매가격	
	한국거래소		• 돈육선물		
연구	한국축산 경제연구원			• 소 · 돼지 등급별 부위별 가격	
	한국농촌 경제연구원		• 축산관측월보		• 식품수급표
단체	농협	• 농협 축산물가격 • 소 · 돼지,닭 농가수취가격	• 농협 축산물가격		
	육류유통 수출입협회		• 육류유통실태 조사		• 식육편람
	한돈협회		• 돈지육 가격		
	양계협회	• 생계가격	• 계란 기준가격		
	육계협회	• 생계가격	• 도계육 가격	• 부분육 가격	
	낙농진흥회				• 국내외 낙농통계
15개 기관		7개	17개	4개	7개

*자료 : 축산물품질평가원(2014), 한국의 축산물 유통

산물 생산비 조사(매년 1회) 등을 발표한다. 농림축산식품부는 축산물 수출입실적, 도축실적, 등급판정통계 등을 연간 1회 발표한다.

- **관측정보** : 한국농촌경제연구원에서는 연초에 '농업전망대회'를 개최하여 국내외 농업 관련 정보와 수급전망을 분석하고 관련정보를 제공하여 농업인과 정책수요자의 의사결정을 지원하고 있다. 또한 농업전망 이외에도 주요 농축산물에 대해서 매월 또는 수시로 재배면적(사육두수), 작황, 생산 및 가격전망 등을 조사분석한 관측정보를 제공하여 농업인과 생산자 단체가 자율적으로 수급조절과 대응을 해 나가도록 하고 있다.

1.3.2 유통정보의 전파(분산)

축산물 유통정보는 주로 농림축산식품부에 의해 전파되는데 그 산하 공공기관인 한국농수산식품유통공사(aT), 축산물품질평가원, 농림수산식품교육문화정보원과 농협중앙회에서도 전파하고 있다. 과거에는 정보가 주로 통계년보 등 인쇄매체에 의해 전달되었으나, 컴퓨터가 발달하면서 인터넷, 컴퓨터 통신망 등을 통해서도 신속하게 전파하고 있다. 최근에는 모바일앱을 이용한 실시간 서비스가 늘어나고 있다.

2. 유통정보시스템

유통정보시스템(Distribution Information System: DIS)이란 상품의 유통과정에서 발생하는 각종 정보를 체계적으로 수집 · 저장 · 분석함으로써 판매활동, 재고관리, 운송관리, 창고관리, 고객관리 등의 업무가 원활하게 이루어질 수 있도록 지원하는 정보시스템이다. 앞에서 설명한 시장 · 통계 · 관측의 유통정보가 생산자, 유통인, 소비자, 정책당국이 모두 필요한 거시적 공공정보가 중심이라고 한다면 여기에서의 유통정보는 공공정보를 포함하여 기업이 마케팅 활동을 하는 과정에서 발생하는 정보를 말한다. 따라서 유통정보시스템은 축산업가치사슬상에 있어서 생산자 보다는 가공 · 유통단계의 기업들과 협동조합들이 갖추어야 할 시스템이라고 할 수 있다. 유통정보시스템의 구조는 기반정보기술과 응용시스템으로 나누어 볼 수 있다. 기반정보기술은 응용시스템을 운영하기 위해 기반이 되는 핵심기술을 말하는데 바코드, POS, EDI, RFID 등이 있다. 응용시스템은 기반정보기술을 활용하여 재고관리, 운송관리, 수발주업무, 고객관리 등의 구체적인 업무를 수행하기 위한 시스템으로 전사적자원관리(ERP), 공급사슬관리(SCM), 고객관계관리(CRM) 등이 있다.

2.1 기반정보기술

2.1.1 바코드

바코드는 POS시스템을 가능하게 해주는 근간이 된다. 바코드는 컴퓨터가 판독할 수 있도록 고안된 굵기가 다른 흑백 막대들로 구성된 코드이다. 막대의 굵기는 숫자를 표현하는데, 스캐너를 통해 광학적으로 판독된 후 컴퓨터에 저장된다. 바코드는 코드를 부여하는 주체에 따라 소스마킹(Source Marking)과 인스토아마킹(In-Store Marking)이 있다. 소스마킹은 상품제조업체 및 수입업자가 상품의 생산, 포장단계에서 코드를 상품의 포장과 내용에 일괄적으로 마킹하는 것이다. 소스마킹은 국제코드관리기관인 EAN(European Article Number) International로부터 1988년 부여받은 한국 고유의 국가코드(880)인 KAN체계를 따른다. 표준형 KAN13은 13자리로 구성되어 있는데 앞에서부터 국가번호 3자리, 제조업체번호 4자리, 상품번호 5자리, 에러체크번호 1자리로 구성되어 있다. 인스토아마킹은 유통업체에서 청과, 야채, 정육 등을 포장하면서 일정한 기준으로 정해진 코드를 계량 및 탁상프린트 등으로 라벨에 인쇄하여 상품에 붙이는 것을 말한다.

2.1.2 POS(Point of Sales)시스템

POS시스템은 판매시점정보시스템이라고 하는데 유통업체 매장에서 판매와 동시에 품목, 가격, 수량 등의 유통정보를 자동으로 컴퓨터에 입력시켜 정보를 분석, 활용하는 관리시스템이다. 상품포장지에 바코드를 인쇄 또는 부착하면 해당상품이 스캐너라고 하는 바코드 판독기를 통과할 때 광학식 자동판독 방식에 의해 그 상품의 각종 정보가 자동으로 POS터미널에 입력된다. POS터미널은 금전등록기 기능과 함께 스캐너와 연결하여 상품코드로 표시되어 있는 상품정보를 읽어 들이는 기계이다. 스토어콘트롤러(Store Controller)는 상점내의 복수의 POS터미널을 통제 하면서 본부의 메인컴퓨터와 연결되어 있다. POS는 고객에게 신속한 체크아웃 서비스를 제공할 뿐만 아니라 적정 재고수준의 유지를 통해 재고비용을 감소시킬 수 있으며, 품절을 방지하고 고객이 원하는 품목을 적절한 시각에 비치함으로써 매출증진에 기여할 수 있다. 회원카드를 발급하고 있는 유통업체들은 고객카드나 고객번호를 바탕으로 상품정보와 함께 누가 해당상품을 구매하였는지에 대한 정보도 동시에 파악할 수 있어 이른바 고객관계관리(CRM)활동을 전개할 수 있다.

2.1.3 전자문서교환(Electronic Data Interchange: EDI)

EDI는 견적요청서, 견적서, 주문서, 납품서, 청구서 등 기업 간의 거래내용이나 관련정보를 정형화된 일정한 표준양식과 코드체계를 이용하여 컴퓨터 간에 교환하는 정보전달시스템이다. EDI의 실현을 위해서는 문서표준, 사용자시스템, 통신네트워크가 갖추어져야 한다. EDI는 구조화된 데이터 표준양식을 이용하여 데이터가 한번 발생하면 사람의 추가 작업 없이 데이터가 수신자의 컴퓨터에 자동으로 입력되어 처리된다. EDI는 서류제거와 신속전달로 각종 경비를 절감할 수 있고 자료 입력의 실수 및 오류를 제거할 수 있다는 장점이 있다. EDI는 조직 내에서 보다는 조직 간의 문서교환에 보다 활발하게 활용되고 있는데 공급사슬관리(SCM)시스템은 EDI를 전제로 한다.

2.1.4 RFID(Radio Frequency Identification)

RFID는 대상물에 부착된 태그(Tag)에 저장된 정보를 무선주파수를 이용하여 판독해 내는 무선주파수 인식기술이다. RFID는 RFID 태그(이하 태그), RFID 판독기(이하 판독기), 그리고 중앙컴퓨터 등으로 구성된다. 태그는 안테나와 IC칩으로 이루어져 있는데, IC칩에 상품에 대한 각종 정보를 기록하고 안테나를 통해 판독기에 정보를 송신한다. 판독기는 전파를 태그에 발사하여 IC칩에 저장된 정보를 판독하는 기능을 수행한다. 중앙컴퓨터는 판독기로부터 네트워크를 통해 정보를 수집하여 가공 · 처리한다. RFID는 바코드에 비해 원거리에서 정보 인식이 가능하고, 여러 개의 정보를 동시에 판독하는 것이 가능하다. 또한 정보인식시간도 매우 짧아 정보처리에 소요되는 시간이 절감 된다.

2.2 응용시스템

2.2.1 전사적자원관리(Enterprise Resource Planning: ERP)

그동안의 기업의 경영지원을 위한 회계관리, 인사관리, 급여관리 등 각 하위 시스템들은 별개의 시스템으로 운영되어 정보가 타 부문에 동시에 연결되지 않아 불편과 낭비를 초래하게 되었다. 이러한 요구에 따라 발생한 것이 전사적자원관리(이하 ERP라 함)이다.

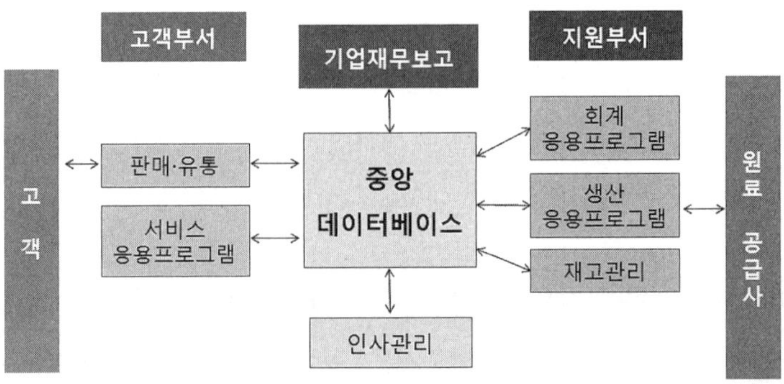

[그림 18-1] 전사적자원관리(ERP) 개념도

ERP는 구매, 생산, 물류, 마케팅, 회계, 인사 등 기업활동에 필요한 모든 자원을 일원화하여 관리하고 이에 관련된 업무 처리방식을 선진화하여 하나의 체계로 통합함으로써 정보를 서로 공유하는 통합패키지 시스템이다. 어느 한 부서에서 수집 · 생성되는 하나의 데이터와 정보는 한 번만 입력하면 통합데이터베이스에 저장 되면서 전체적으로 자동연결 된다. 예를 들어 수주의 경우 판매부서의 데이터 입력 한 번으로 출고, 출하, 청구, 회수까지의 매출처리가 이루어진다. 각 부서는 데이터베이스에 접근하여 업무수행 또는 의사결정에 필요한 데이터나 정보를 손쉽게 사용할 수 있어 기업내 정보의 일관성 유지와 의사소통이 원활해져 업무효율이 향상될 뿐만 아니라 전사적인 관점에서 보다 나은 의사결정을 할 수 있다.

2.2.2 공급사슬관리(Supply Chain Management: SCM)

최근의 기업들은 내부 직원은 점점 줄어들고, 같이 일해야 하는 외부의 파트너는 점점 많아지는 경영환경 속에서 더욱 상호 의존적이 되어가고 있다. 기업은 이들 외부 파트너와 긴밀한 관계가 유지 되어야만 보다 강력한 시장 경쟁력을 갖추게 되는 것이다. 따라서 이러한 긴밀한 관계가 가능 하도록 원재료 생산, 제품제조, 물류 및 유통업체 등을 하나의 공급사슬로 간주하여 공급사슬에 참여하는 모든 거래 파트너들이 원료와 상품, 자금, 정보 등의 흐름을 통합 관리하는 것이 공급사슬관리(이하 SCM이라 함)시스템이다.

SCM에 의해 제조업체는 원자재 · 부품 공급업체와 유통업체 등으로부터 생산계획에 반영할 수 있는 정보를 공급 받아 적정량의 상품을 생산하여 적정 재고를 유지할 수 있고, 원

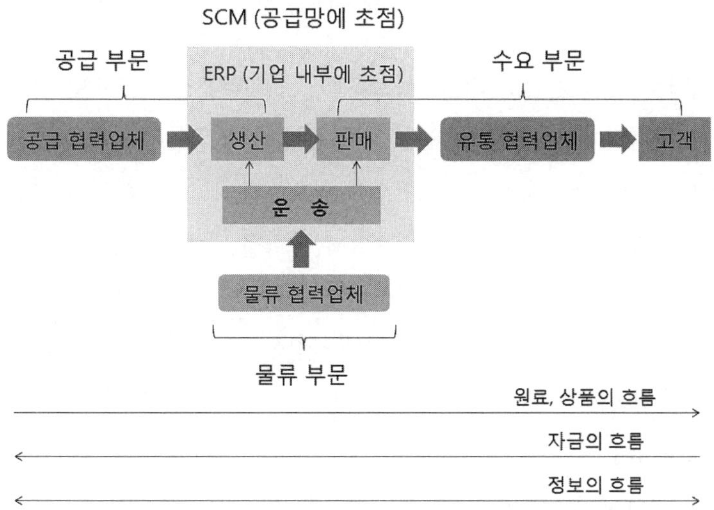

[그림 18-2] 공급사슬관리(SCM) 개념도

*자료 : 삼성경제연구소(2008), "경쟁 우위의 새로운 원천 : SCM", CEO 인포메이션(제666호) ; 저자가 자료 일부 수정

자재 공급업체와 유통업체도 불확실성을 줄일 수 있다(채찍효과의 최소화). 채찍효과(Bull-whip Effect)란 채찍을 휘두르면 채찍을 잡고 있는 손목 부분에서 시작된 파장은 채찍 끝으로 가면 갈수록 커지는 것과 마찬가지로, 최종고객의 수요가 최종 공급업체에 이르는 과정에서 유통단계별로 계속 과대평가되는 것을 말한다. 또한 SCM에 의해 납기예측과 고객의 구매주문 이후 그 고객이 주문한 제품을 받아보기까지 소요되는 시간, 즉 리드타임 최소화를 통해 고객 만족도를 향상 시킬 수 있다.

2.2.3 고객관계관리(Customer Relationship Management: CRM)

기업들은 시장 포화와 경쟁 심화 등으로 불특정 다수의 대중을 향한 광고가 이제는 기대치 만큼 효과가 없다는 것을 깨달았다. 불특정 다수를 대상으로 하는 획일화된 광고보다는 찾아진 고객의 특성과 필요에 맞는 메시지를 전달하여 더욱 더 고객과 친밀한 관계를 유지하여, 결국은 평생고객으로 유도해야 하겠다는 전략을 세우게 되었다. 이러한 배경에서 등장한 것이 고객관계관리(이하 CRM이라 함)이다.

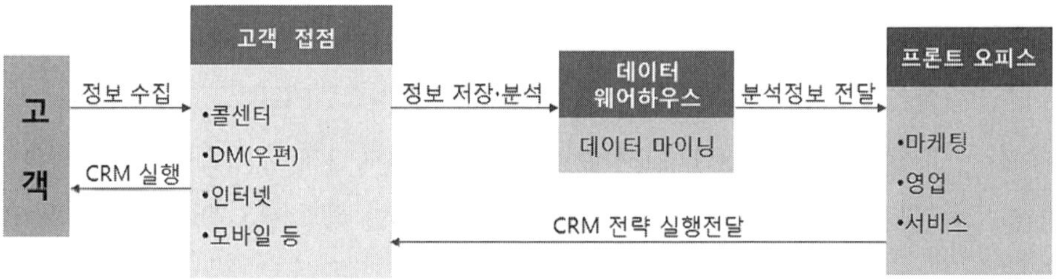

[그림 18-3] 고객관계관리(CRM) 개념도

CRM은 고객과 관련된 기업의 내외부 자료를 분석 · 통합하여 고객의 라이프 스타일 및 구매행동 분석을 통해 고객특성에 맞게 마케팅 활동을 계획 · 지원 · 평가하는 시스템이다. CRM을 구현하기 위해서는 세가지 정보기술이 필요하다. ①고객정보 저장소인 데이터웨어하우스와 저장된 정보의 고객특성 분석 등 CRM 전개를 위해 필요한 분석업무를 수행하는 데이터마이닝 도구가 구축되어야 한다. 데이터마이닝은 방대한 고객정보를 고객과 기업 간의 관계, 고객과 상품 간의 관계 등을 분석하여 일정한 패턴이나 규칙을 찾아내는 정보기술이다. ②고객과의 접촉이 이루어지는 마케팅, 영업, 서비스의 3개 영역에서 분석된 고객정보를 활용하여 그 업무(구체적 CRM 계획)가 정해진 프로세스에 따라 규칙적으로 이루어진다. ③콜센터, 인터넷, DM(Direct Mail), 모바일기기, 오프라인 매장 등 다양한 고객접점(customer contact point)에서 CRM이 실행된다. CRM의 예로는 고객카드, 멤버십프로그램 등의 도입을 통해 고객정보를 수집하고, 그 분석을 통해 마일리지프로그램이나 교차판매전략, 이탈고객방지전략 등의 활동을 전개하는 것을 들 수 있다.

3. 축산 유통정보화 현황 및 발전방안

3.1 축산 유통정보화 현황

3.1.1 산지단계

개개인의 축산물 생산농가들은 유통정보 응용시스템의 구축보다는 개인경영관리시스템 즉, 시장 · 통계 · 관측의 유통정보를 수집하여 활용할 수 있는 마인드와 정보활용 능력 등에 중점을 두는 것이 적절할 것이다. 생산농가들의 정보화 단계는 1990년대 중반부터 시작 되었으며 2000년대 중반이후 경영체의 정보화마인드 향상, IT기술의 발전으로 농업현장에서 활용할 수 있는 소프트웨어 개발이 활발해 졌다.

그러나 아직도 산지단계에서는 산지유통의 일정 부분을 담당하고 있는 산지수집상들의 정보화가 제대로 이루어지지 않고 있으며, 영농조합법인, 농축협 등 생산자 조직의 유통정보화도 미진하다. 농축협은 공판장 등에 출하시 송품장을 작성하고 있으나 EDI가 되어있지 않아 실시간 정보수집이 불가능하고, 송품장도 도매시장별로 각기 다른 양식을 사용하여 정보의 표준화도 미비하다. 최근에는 경영체의 규모 확대와 가공 · 유통 · 소비까지 업무영역이 확장됨에 따라 생산농가와 산지 농축협, 영농조합법인이 연결되어 산지유통을 중심으로 도매유통, 소비지 유통에 이르는 통합정보화가 활발히 시도되고 있다. 특히 축산물이력시스템은 정부가 주도하여 소, 돼지 양축농가에서 도축 · 도매단계, 그리고 소매 · 소비단계까지 연결된 통합 정보화시스템으로 발전해 나가고 있다.

3.1.2 도축·도매단계

공영도매시장에 입주한 도매법인이나 공판장들은 정산업무 및 관리업무를 전산화 하였으나 도매시장 내 중도매인들은 규모가 영세하여 정보화가 취약하다. 도매시장법인들도 정산, 경매 등 단위업무의 전산화가 이루어진 수준으로 ERP, SCM, CRM 등의 구축은 미진한 실정이다. 축산물공판장의 업무의 전산화의 경우 도축장에 도축공정운영시스템, 상장경매운영시스템 그리고 축산물이력시스템 등이 구축되어 있다. 도축공정운영시스템은 소 · 돼지의 계근, 등급판정결과의 처리, 임도축물량과 상장물량의 자동처리, 도축공정에서 생성된 데이터의 보관관리 등을 주로 담당하고 있다. 최근 선진화된 도축장은 도축된 지육이 농장, 등급, 스펙별로 구분되어 보관되는 자동화시스템(RFID)을 구축하고 있다. 상장경매운영시스템은 전자경매시스템으로 경매사가 상장된 지육에 대한 데이터를 원클릭으로 상장하고 중도매인들의 유 · 무선 전자경매 응찰기를 통해서 지육 개체별로 실시간 경매를 진행하게 된다. 도축공정운영시스템과 상장경매운영시스템은 이력시스템과 연계되어 있다.

최근 보급되고 있는 1차 가공업체 등의 ERP시스템의 예를 들어보자. ERP를 통하여 입고제품은 지육 입고와 부분육 입고를 처리하며, 생산작업은 지육의 발골 · 정형 작업을 통한 생산수율과 생산 실시간 현황 및 생산원가 산출내역이 자동적으로 처리된다. 가공된 제품들은 팔레트 단위로 바코드를 통해 자동 분류되어 재고의 실시간 전산관리가 이루어지고 보관제품의 자동 선입 · 선출이 이루어 진다. 또한 출고관리를 통한 거래처별 미수 · 미지급 관리가 가능한 원장관리와 판매관리를 운영할 수 있으며 이에 따른 제품재고장 · 제품수불장 · 제품재고원장을 관리할 수 있다. 그러나 현재 보급되어 있는 축산 ERP시스템도 개발시점이 이미 상당기간 경과 하였고 특정 상용SW제품 플랫폼에 종속화 되어 있다는 지적이다.

3.1.3 소매단계

소매단계에는 일반적인 POS시스템 외에도 축산물 이력시스템과 연계되어 있는 축산전용 POS시스템이 개발되어 보급되어 있다. 일반정육점들의 POS시스템은 정육 판매장의 제품을 중량별 입고관리 · 재고관리 · 판매관리 · 신용승인관리를 운영하는 시스템이다. 대형마트, 백화점, SSM 등 대형유통업체들은 POS시스템을 이용하여 입고 · 재고 · 판매관리 등 뿐만 아니라 판매 관련 정보를 실시간으로 수집 · 분석하여 경영전략 수립에 활용하고 있다. 또한 대형유통업체들은 ERP, SCM, CRM 등의 유통정보화 응용시스템을 잘 갖추어 활용하고 있다. 반면 소규모영세상인들은 규모의 영세성, 정보공개 회피 등으로 POS시스템 도입율 조차 낮은 실정이다.

3.2 축산 유통정보화 발전방안

첫째, 축산 유통정보화의 수준이 발전하기 위해서는 우선 축산업 가치사슬상에 있는 유통경로구성원들의 유통정보화 의식이 높아져야 하며, 유통정보화 시스템의 확충이 필요 하다. 또한 유통정보의 수집과 분산도 모바일 등을 중심으로 실시간으로 확장 되어야 한다.

둘째, 공공 유통정보를 중심으로 유통정보의 내용이 확충 되어야 한다. 특히 생산농가 출하 이후 유통단계별 · 유통주체별 물류의 흐름과 점유율, 가격 등이 정기적으로 공표될 수 있도록 체계화 되어야 한다. 예를 들면 광역도축장별 출하량, 소비지 대형유통업체별 반입량 및 가격 등이다. 부분육 취급량과 가격에 대한 정보도 확립 되어야 한다.

셋째, 축산물 유통정보가 확충 되어도 여러 축산전문기관에 의해 정보가 분산되어 있어 불편하기 때문에 포털서비스를 통해 제공되도록 재편하여 정보소비자들이 활용하기 편하도록 해야 한다. 현재 포털서비스 수준에는 못 미치지만 이에 가까운 사이트로는 이카페피아 : 축산유통종합정보센터(www.ekapepia.com), 농협축산정보센터(livestock.nonghyup.com) 등이 있다.

넷째, 빅데이터에 기반한 생산 · 유통정보의 활용이 활발해 져야 한다. 쇠고기의 경우 축산물품질평가원(이력정보, 등급정보, 유통정보 등) 및 농촌진흥청(생산정보), 농협중앙회(가격 · 유통정보 등) 등 유관기관을 통해 소 및 쇠고기 관련 빅데이터가 발생 중에 있다. 이렇게 축산관련 여러 전문기관에서 생성한 생산 · 유통 빅데이터를 축적 · 분석하면 다양한 정책모델을 발굴할 수 있다. 예를 들어 소의 유전능력을 예측하여 맞춤형 사료와 사육방식에 의해 육질 고급화와 성장기간 단축을 도모하고(농촌진흥청 개발, 2018년 상반기 보급 예정), 축산물 수급 · 유통 등 다양한 분석모델을 발굴하여 활용할 수 있을 것이다. 또한 축산차량 이동정보, 동물 검역자료, 농가 정보, 통신사 이동통신통계데이터 등 축산 현장의 다양한 빅데이터를 종합 분석하면 가축 전염병이 발생한 농장에 얼마나 많은 사람과 차량이 방문했는지, 접촉자나 차량이 어느 경로로 빠져 나갔는지를 파악하여 과학적인 방역전략을 수립할 수 있을 것이다. 이렇게 빅데이터가 활발하게 활용되면 좀 더 효율적인 축산정책 수립과 국내 축산업에 대한 국민적 신뢰 확보를 기대할 수 있고, 축산물 유통은 더욱 효율화 될 수 있을 것이다.

■ 참고문헌 ■

- 김동환 외(2011), 농산물 유통론, 농민신문사
- 박찬욱(2017), 실전유통론, 청람
- 서울특별시농수산물공사(2006), 농수산물유통론
- 장성기(2014), 물류관리론, 두남
- (주) 노도시스템(www.nodosys.co.kr) 〉 축산물ERP구축사업
- 한국농수산식품유통공사(2013), 2011 농산물 물류비 실태

제 5 부

축산가공품의 유통

제 19 장 축산가공품의 종류와 유통경로

축산물은 그 자체로서도 뛰어난 영양식품이지만 그 가공품 역시 식품으로서 이용가치를 더욱 높여준다. 국민소득의 증가와 함께 육류와 우유 소비가 증가 하면서, 그 가공품인 육가공품과 유제품의 소비 또한 빠르게 증가하고 있다. 소비자들의 식품소비 패턴이 간편화 · 다양화 · 고급화 되면서 육가공품의 소비는 빠르게 증가하여 왔으나 최근들어 그 성장세가 다소 둔화되고 있다. 그러나, 아이스크림, 치즈, 버터, 발효유 같은 유제품의 수요는 계속 증가하고 있으며, 낙농선진국들과의 FTA 추진에 따라 수입 유제품의 소비는 더욱 커지고 있다. 그러나 우리나라의 축산가공품의 산업적 토대는 여전히 부족한 실정이다. 국내 축산가공품 산업은 중 · 대기업이 주도하고 있어 유통구조가 신선육류에 비해 상대적으로 체계화 되어 있지만 소수 기업에 의한 시장집중도는 높은 편이다. 축산가공품은 완제품 형태인 경우도 있지만 원료 형태로 수입되는 경우도 많기 때문에, 국내 축산가공품의 시장구조는 꽤 복잡하다. 이 장에서는 육가공품 및 유가공품(우유 및 유제품)의 종류와 유통경로 그리고 관련산업의 발전방안을 다루었다.

제 1 절 축산가공품의 종류와 수급상황

축산가공품이란 식용고기를 사용하는 육가공품, 우유를 원료로 하는 유가공품과 난가공품을 합친 식품류를 지칭한다. 세계 축산가공품 시장은 서양을 중심으로 이루어져 있다. 육가공품은 북미와 호주, 유럽 등이 주요 수출입국가이고 치즈의 수출국도 유럽에 몰려 있는데 최근 그 소비가 중국, 한국 등 아시아 지역에서 급격히 증가하고 있다. 2차축산물가공업체는 3,350개소(식육가공 2,942개소, 유가공 289개소, 알가공 119개소 ; 식품의약품안전처, 2016년 기준)이다.

1. 육가공품

육가공품은 고기를 갈아서 소금에 절이고 훈연이나 건조, 열처리 등을 통해 본래의 성질과 형태를 바꾼 식품이다. 우리나라 육가공산업은 일제시대부터 시작 되었으나 해방후 1970년대까지 중소업체들이 주를 이루었고, 1980년대 들어 롯데햄, CJ 등의 기업이 시장에 진출하면서 본격적인 경쟁구도가 형성 되었다. 1990년 이후 축협의 진출(목우촌) 등 제조사의 증가와 하림의 계육 가공 등 원료의 다양화에 따라 육가공품의 종류가 지속적으로 증가되었다. 이들 2차육가공업체는 원료를 계열화농가 또는 양돈농가로부터 계약 구매하거나, 1차육가공업체(식육포장처리업체) 또는 수입 등에 의하여 확보한다. 육가공품 생산은 2010년 이후 햄 생산량은 약보합세를 보이는 반면, 수제소시지와 베이컨, 캔 등의 생산량은 증가추세를 보이고 있는데, 육가공품 생산량은 22만6천톤으로 이 중 소시지가 31.7%로 가장 많고 햄 28.2%, 캔 23.5%, 혼합소세지 12.0%, 베이컨이 4.1%를 차지하고 있다(한국육가공협회, 2016년 기준). 2차육가공업의 생산액은 4조7,095억원으로 추정된다(식품의약품안전처, 2016년 기준).

1.1 햄

햄은 독특한 풍미와 보존성을 가진 대표적인 육가공품으로 세계에 100종류 이상 있는 것으로 알려져 있다. 햄은 주로 돼지의 햄(ham, 돼지 뒷다리) 부위를 원료로 하여 염지(소금과 향신료를 물에 녹인 피클에 절이는 것)하여 훈연 또는 삶은 것과 생햄으로 나누어진다. 훈연은 목재(벚나무, 상수리나무, 자작나무 등)를 불완전 연소시켜 발생하는 연기를 식육제품에 부착·침투 시키는 것으로, 훈연은 특유의 향기와 풍미를 더하고 외관에 특유의 훈연색을 주며 제품의 보존성을 높이는 효과가 있다. 햄의 독특한 맛과 향은 염지할 때 소금과 섞는 향신료와 훈연 목재의 향에서 나온다. 훈연하거나 삶은 것으로는 뼈를 제거하지 않은 본인햄(레귤러햄), 뼈를 제거하고 만든 본리스 햄이 있다. 생햄은 훈연은 하지만 가열하지 않는 것(락스햄)과 건조만 하고 훈연하지 않는 것(프로슈토, 하몽, 세라노)이 있다. 햄 부위 이외에 로인(loin, 등심부위)을 이용하여 만든 로스트햄, 숄더(shoulder, 어깨부위)를 이용하여 만든 숄더햄도 있다.

1.2 베이컨

베이컨은 돼지고기의 삼겹부위를 원료로 하여 과다한 지방과 모서리육을 제거하고 염지한 후 장시간에 걸쳐 훈연한 제품이다. 햄은 훈연한 후 보일 또는 스팀하는 경우가 많지만 베이컨은 전혀 하지 않아 훈연의 향이 강하게 남아 있다. 베이컨에는 정상적인 제품 외에 염지한 후 훈연을 하지 않고 삶기만 한 보일드 베이컨, 바람에 말려 숙성시킨 판체타(이탈리아식), 로스 부위를 사용한 로스베이컨(덴마크식) 등 부위와 제조방식에 따라 다양한 종류가 있다.

1.3 소시지

소시지는 햄이나 베이컨을 제조할 때 생긴 잔육과 쇠고기, 양고기, 닭고기 등을 소금에 절여 잘게 절단한 것을 주원료로 하여 조미료, 향신료, 기타 첨가물을 혼합하여 케이싱에 다져 넣은 것을 말한다. 햄과 베이컨은 고깃덩어리를 그대로 사용해서 만든 단일고기덩어리 제품이고 소시지는 작은 고깃점들을 저미거나 갈아서 만든 제품이다. 소시지는 건조나 훈연하지 않는다. 어떤 고기를 사용하느냐, 무엇을 넣느냐에 따라 종류가 나뉘는데 미리 조리한 원료육을 돼지의 작은창자 굵기로 성형한 후 가열하여 만든 후랑크 소시지, 염소·양의 장에 조리한 고기를 넣어 훈연·가열하여 염주 모양으로 줄줄이 달아 만든 비엔나 소시지, 저온에서 장시간 건조시켜 만든 살라미(이탈리아식) 등이 있다.

1.4 식육통조림(can)

돼지고기나 쇠고기 등을 조미하여 캔에 담아 멸균한 제품으로 별도의 양념없이 간편하게 먹을 수 있다. 나폴레옹 전쟁 때 발명된 것으로 유명하다.

2. 유가공품

우리나라에서 우유의 대량생산은 1960년대 정부의 낙농장려정책에 따라 젖소가 다량 수입되고 고온살균법 등 우유처리기술이 수입되면서 부터이다. 1960년대 초반 서울우유협동조합을 필두로 후반에 들어서는 남양유업, 매일유업, 빙그레 등 현존하는 유가공업체들이 설립되어 대규모 산업화 되기 시작하였다. 우리나라 유가공산업은 과점적 시장구조로 상위 몇 개 업체만이 수도권 등 큰 시장을 놓고 경쟁하고 있으며, 약 20여개 업체가 지역적으로 시장을 확보하고 있다. 유가공산업에서 최상위인 서울우유의 시장점유율이 30%에 육박하고 상위 4개기업의 집중도(CR4)가 80%에 육박하고 있다. 유가공업체의 출하액은 8조249억원(액상 시유 및 기타 낙농제품 6조5,176억원+아이스크림 및 기타 식용 빙과류 제조업 1조5,073억원)이다(통계청, 2016년 기준).

유가공산업의 집중화 현상은 유가공제품의 시장이 내수 위주로 되어있고, 유가공산업은 초기 설비투자비용이 상당히 소요되는 장치산업이기 때문에 시장으로의 신규진입이 매우 제한적이기 때문이다. 따라서 지금까지는 유가공산업은 타 산업에 비해 상대적으로 산업구조가 안정적이었으나 최근에는 우유 소비의 감소와 낙농선진국들과 FTA가 체결되어 이들 나라로부터 저렴하고 질 좋은 유제품들이 많이 수입되고 있어 그 환경이 변하고 있다. 유가공품 중 우유를 제외한 유제품은 미국, EU, 호주, 뉴질랜드 등과의 FTA 체결로 탈지분유, 전지분유, 연유, 조제분유의 경우 국가마다 무관세 쿼터를 적용하고 매년 3%씩 복리로 쿼터 물량을 늘려야 한다. 치즈와, 밀크, 크림, 버터, 유장도 일정물량에 대해 무관세 쿼터를 적용하고 10~15년에 걸쳐 관세를 철폐하도록 되어 있다.

2.1 액상유제품 : 시유 및 발효유

시유는 젖소에서 착유된 생유 또는 원유를 원료로 하여 다른 유제품이나 영양소를 가하지 않고 그대로 균질화와 살균 또는 멸균처리하여 음용할 수 있는 액상우유를 말한다. 시유에는 백색시유, 가공시유(쵸코·딸기·커피), 강화우유(비타민D를 강화한 DHA우유 등) 등이 있다. 생유의 지방함량은 3.5~4%인데 이들 제품은 대부분 유지방이 3.0% 이상 함유 되어 있으며, 2.0% 이하인 제품을 저지방 우유라고 한다.

발효유는 생유나 유가공품에 유산균이나 효모 등을 첨가하여 발효시켜 풍미와 산미를 강화시킨 것으로 크게 액상과 호상(떠먹을 수 있도록 순두부 형태로 응고된 것)으로 구분된다. 발효유에는 요구르트, 발효 버터밀크 등이 있다. 2017년 발효유 국내생산량은 56만990톤으로, 이중 액상발효유가 44만6,389톤(79.6%), 호상발효유가 11만4,601톤(20.4%)이다. 발효유의 수입량은 546톤, 수출량은 6,154톤이다.

2.2 지방성 유제품(크림, 버터) 및 건조 유제품(분유)

크림은 생유에서 크림분리기로 분리한 지방분을 말하는 것으로 생크림과 발효크림이 있다. 버터는 생유로부터 유지방을 분리한 크림을 교동(churning : 지방을 일정크기로 결합시키는 것), 연압(working : 압력을 가하여 덩어리로 만드는 것)과 같은 공정을 통하여 만들어진 것이다.

분유는 생유에서 수분을 대부분 제거하여 분말로 한 것인데 전지분유, 탈지분유, 조제분유 등이 있다. 전지분유(whole milk powder)는 원유를 분말화 한 것이고, 탈지분유(skim milk powder)는 생유에서 지방을 제거한 탈지유를 분말화 한 것이며 조제분유(modified milk powder)는 모유의 조성분과 비슷하게 조제한 분유이다. 조제분유에는 생유를 비롯하여 유장분말, 유당, 탈지분유 등 다양한 원재료가 이용 된다. 2017년 분유 국내생산량은 2만7,566톤(조제 1만6,727톤, 탈지 9,041톤, 전지 1,798톤)이었다. 수입량은 3만2,456톤(탈지

2만3,817톤, 전지 4,625톤, 조제 4,014톤)으로 국내공급량 대비 수입비중이 54.7%로 계속 증가 추세에 있다. 분유 국내소비량은 5만4,242톤이고, 분유 수출은 6,730톤으로 대부분 조제분유이다.

2.3 발효 유제품 : 치즈 및 유장분말

치즈는 생유를 유산균에 의하여 발효시키고 여기에 생유를 응고시키는 효소(스타터, 렌닛)를 첨가하여 생유 속 단백질과 지방이 10분의 1로 농축된 것이다. 치즈는 크게 자연치즈와 가공치즈로 나뉘는데 자연치즈는 생유가 자연상태에서 혹은 저열 처리로 응고된 것(커드라고 함)을 그대로 먹거나(후레시 치즈) 또는 젖산균, 흰 곰팡이, 푸른 곰팡이를 넣어 숙성시킨 것(숙성치즈)이 있다. 특히, 푸른곰팡이를 넣어 숙성시킨 치즈는 푸른곰팡이의 대리석 무늬가 나타나 블루치즈라고 부른다. 가공치즈는 여러 가지 자연치즈에 식품첨가제, 유화제를 첨가하여 가열해 만들어내는 것으로 보존기간이 길고 품질이 균일한 게 특징이다. 가격면에서 국내산 생유를 이용한 치즈는 수입치즈 원료를 이용하여 생산한 치즈보다 약 2배 높다.

치즈의 종류는 치즈의 수분함량에 의한 경도(딱딱한 정도)에 따라 연질치즈(수분 55~80%)와 경질치즈(수분 34~45%)로 구분하기도 하는데, 연질치즈에는 모짜렐라, 까망베르, 리코타 등이 있고 경질치즈에는 체다, 고우다, 에멘탈 등이 있다. 2017년 치즈 국내생산량은 3만5,214톤, 수입량은 12만5,002톤으로 수입이 국내공급량의 78.0%를 차지하고 있다. 미국,

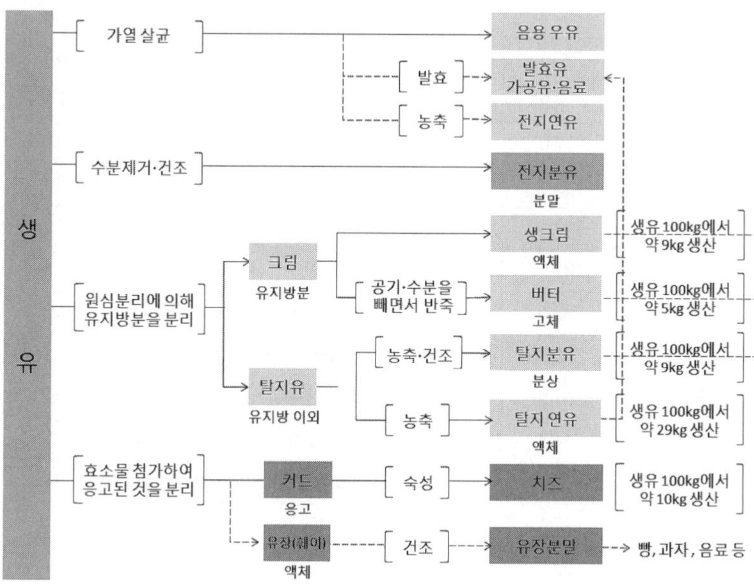

[그림 19-1] 우유 · 유제품의 제조공정

* 자료: 農林水産省(www.maff.go.jp) 〉 畜産關係對策 〉 牛乳·乳製品 〉 牛乳·乳製品の製造工程について : 저자가 일부 수정

뉴질랜드, 독일, 네덜란드, 스위스 등 다양한 국가로부터 치즈가 수입 되고 있다. 치즈 국내 소비량은 15만8,612톤(자연치즈 11만5,700톤, 가공치즈 4만2,912톤), 수출은 320톤이다.

유장은 생유로 치즈를 제조할 때 생기는 부산물로 훼이(whey) 또는 유청이라고도 하는데, 유장분말(훼이파우더)은 이를 분말화한 것이다. 유장분말은 빵, 과자, 발효유 등에 이용되고 유장은 리코타 치즈의 기본 재료로 쓰인다.

2.4 농축 유제품 : 연유

연유는 생유 또는 시유를 진공농축기에서 그 용적을 약 1/3으로 농축한 것이다. 농축후에 캔에 넣고 멸균한 무당연유와 설탕을 넣은 가당연유가 있다.

■ 표 19-1 유제품 수급 동향(제품기준)

(단위 : 천톤)

구분	연도	생산			소비		
		국내 생산	수입	소계(A)	국내 소비	수출	소계(B)
조제분유	2000	26.6	0.9	27.5	27.2	0.7	28.0
	2005	15.2	2.3	17.5	15.7	1.7	17.5
	2010	14.5	2.8	17.3	14.8	2.3	17.1
	2015	22.1	3.6	25.8	16.5	9.3	25.8
	2017	16.7	4.0	20.7	13.8	6.6	20.4
탈지분유	2000	24.2	3.0	27.2	20.8	0.3	21.1
	2005	23.6	6.1	29.8	25.8	0.0	25.8
	2010	9.5	7.9	17.4	19.6	1.0	20.6
	2015	17.0	21.2	38.3	36.6	0.0	36.6
	2017	9.0	23.2	32.2	33.9	0.1	34.0
발효유	2000	529.6	0.0	529.6	526.1	3.0	529.1
	2005	482.5	0.0	482.5	476.5	6.4	483.0
	2010	502.6	0.0	502.6	496.7	5.3	502.0
	2015	596.9	0.4	597.3	589.1	6.4	596.2
	2017	561.0	0.5	561.5	555.1	6.2	561.3
치즈	2000	14.9	30.5	45.5	43.1	0.7	43.8
	2005	23.7	44.0	67.7	67.5	0.3	67.8
	2010	27.4	60.9	88.3	87.5	0.0	87.5
	2015	23.1	111.5	134.7	132.6	0.4	133.0
	2017	35.2	125.0	160.2	158.6	0.3	158.9

주) 소비중 국내 소비에는 타제품 생산원료로 투입된 자가소비량을 포함

*자료 : 낙농진흥회

2.5 냉동 유제품 : 아이스크림

아이스크림은 우유에 지방, 무지고형분(생유에서 수분을 제거한 것을 고형분이라 하고 그 중에서 지방성분을 제외한 것), 감미료, 유화제와 안정제, 향료, 색소 등을 혼합하여 공기를 넣어 냉동시킨 제품이다.

3. 난가공품

우리나라의 계란 이용실태는 가정용이 63.8%, 음식점 · 단체급식용이 20.5%, 가공용이 15.7%를 차지하고 있다(축산물품질평가원, 2017년 기준). 미국, 일본 등에 비하면 적은 편이지만 난가공산업도 계란 소비의 한 축을 담당하고 있다.

난가공품에는 단순가공품과 고차가공품이 있다. 단순가공품으로 액란, 농축란, 건조란 등이 있는데 이 중 액란은 계란을 깨어 얻어진 것으로 전란액(제과 · 제빵의 원료 및 단체급식의 조리용), 액상난백(제과용, 수산연제품, 소시지 및 계란음료제조용), 액상난황(마요네즈용) 등으로 나누어진다. 고차가공품으로는 계란음료, 마요네즈, 샐러드 드레싱, 피단, 훈연란, 염지란 등이 있다. 마요네즈는 식물성유, 난황, 식초, 식염을 원료로 하여 만든 것이다. 피단은 소금이 섞인 강알칼리성의 진흙 등을 물로 개어 만든 페이스트 속에 계란을 파묻어 난내용물에 침투시켜 특유의 맛과 단단한 조직을 갖도록 숙성시켜 만든 것이다. 난가공업체의 매출액은 3,709억원이다(식품의약품안전처, 2016년 기준).

제 2 절 축산가공품의 유통경로

1. 육가공품

육가공품의 유통경로는 대형 육가공업체와 중소 육가공업체가 다른 형태를 가지고 있다. 대형 육가공업체는 대리점을 통하여 중소슈퍼 등에 판매하거나 본사가 직접 대형마트, SSM 등에 판매한다. 대형 육가공업체의 대리점은 주로 중소슈퍼에 공급 하지만 단기적으로 많은 물량을 할인된 가격에라도 처분하여야 할 필요가 있을 때에는 도매상이나 중소식자재업체에 판매 하기도 한다. 또한 계열 식자재업체 등을 통하여 대형 식당, 계열기업 급식업체 등에 판매한다. 중소 육가공업체의 경우 도매업체, 중소식자재업체 등에 판매하는데 다시 도매업체는 중소슈퍼, 중소식당 등에 판매하고 중소식자재업체는 중소식당, 단체급식업체 등

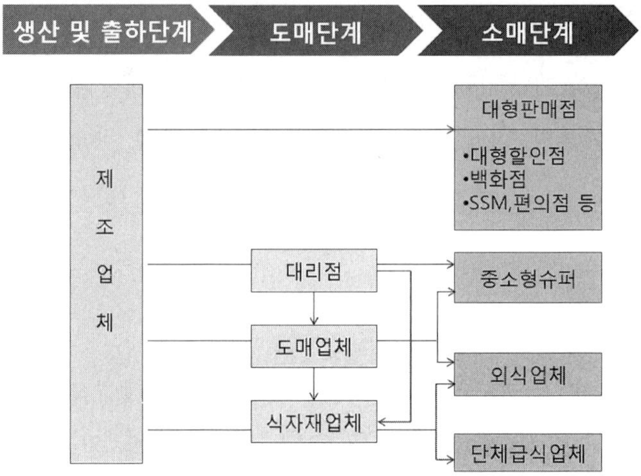

[그림 19-2] 육가공품 유통경로

에 공급한다.

육가공품의 소매유통채널별 점유율은 대형마트에 이어 SSM, 중소슈퍼 순이다. 육가공품 판매액 점유율이 대형마트와 SSM 등은 증가하고 있는 반면, 중소슈퍼, 전통시장 등의 판매액은 지속적으로 감소하고 있어 이들에 상품을 공급하는 대리점이나 도매상도 축소되고 있다. 최근 육가공품 유통의 소매단계는 가정밖의 외식, 단체급식 등에서 소비하는 비중이 절대적으로 커짐에 따라 B2B 거래가 주된 거래가 되고 있다.

2. 유가공품

우유의 유통경로는 제15장에서 설명하였다. 분유 · 치즈 · 버터 · 크림 등 유제품은 B2B거래는 제조업체에서 대리점 또는 식자재업체을 통하여 주로 아이스크림업체와 제과 · 제빵업체 등에 공급하고 이밖에 외식업체(패스트푸드, 커피전문점 등) 및 단체급식시장에 부재료로 공급된다. B2C거래는 제조업체에서 대형마트, SSM 등에 직접 공급하거나 대리점영업소를 통하여 중소형슈퍼 등에 공급한다.

3. 난가공품

액란가공공장에서는 계란을 가공(할란)하여 식품가공업체(제과 · 제빵, 마요네즈 등)에 공급하는데 제과 · 제빵용으로 쓰이는 비율은 절반이 넘고, 나머지는 육가공, 수산연제품, 냉동제품 등에 쓰이고 있다. 일반적으로 난가공공장에 계란이 유통되기까지 파란 등 가공에 부적합한 계란은 농장에서 1차적으로 폐기되며, 공장에서 2차적으로 폐기된다.

제3절 축산가공산업의 발전방안

1. 육가공산업

육가공산업의 발전을 위해 검토 되어야 할 사항은 첫째, 육가공 시장의 수요 창출을 위해 외식업체가 원하는 제품(반가공, 반조리 상품 등)이나 소비자 지향적인 차별화된 제품 개발이 필요하다. 예를 들면 고품질 수요에 대응해 고급재료를 활용한 프리미엄 제품 라인의 강화, 친환경 포장재를 사용한 웰빙제품 등의 개발 등이다. 둘째로, 국산 원료육을 이용한 육가공품 수요 확대가 필요하며 이를 위해 계약거래에 의한 안정적인 원료조달과 수출시장 개척이 이루어져야 한다. 셋째, 삼겹살, 목살 위주의 소비문화에 따른 부위별 수급 불균형 해소와 새로운 수요 창출을 위해 저지방 부위를 활용한 가공제품 개발이 필요하다. 또한 육가공품은 소비자에게 패스트푸드의 대표적인 식품으로 인식되고 발색제로 사용되는 아질산염 등 식품 안전성에 대한 우려 등으로 소비 성장이 둔화 되고 있다. 이와 같은 소비자들의 불안감을 해소하기 위해서는 정부에서 보다 철저한 안전관리 방안을 마련하여 실시하고 업계에서는 육가공산업 전반에 대한 객관적인 사실을 홍보하고 정보를 전달할 수 있는 체계가 필요하다.

2. 유가공산업

유가공산업의 발전을 위해서는 첫째, 국내산 원유 및 유가공제품의 소비확대가 이루어져야 한다. 최근 국내 원유시장은 우유 소비의 침체로 재고부담이 가중된 상태에서 원유의 가격이 높아 유가공품의 수입원료 의존도가 높기 때문에 원유 수급과 유가공품 수급이 연계되지 못하고 있다. 대표적으로 국내 치즈시장은 확대되고 있지만, 거의 저렴한 수입품에 의해 대체되고 있고, 국내산 잉여원유는 분유로 하여 카페라떼 등의 음료, 과자, 빵 등 식품재료로서 사용되고 일부는 소매점에서 판매 되는데 그치고 있다. 따라서 가공용 원유에 대한 쿼터제 실시, 용도별 가격차별정책 등도 보완 되어야 한다. 둘째, 국내산 친환경 원료를 이용한 고부가 유가공 기술개발, 기능성 표시제도 도입 등을 통하여 신규시장을 개척하고, 틈새시장 개발을 위해 목장형 유가공 또는 중소규모 치즈 제조 및 판매에 대한 규제 완화도 검토되어야 할 것이다.

■ 참고문헌 ■

- 농림축산식품부 & 한국농수산식품유통공사(2013), 가공식품 세분화 시장 보고서(식육가공편)
- 박찬욱(2017), 실전 유통론, 청람
- 양철영 외(2011), 축산물의 과학과 이용, 형설출판사
- 장재봉 외(2011), 유가공산업의 발전전략, 한국농촌경제연구원
- 정찬진(2015), 육가공 및 유가공산업의 구조분석, 한국농촌경제연구원
- 최지현 외(2011), 육가공 산업의 중장기 발전방안, 한국농촌경제연구원
- 통계청, 국가통계포털(kosis.kr) 〉 광업제조업조사보고서
- 한국식품안전관리인증원/식품의약품안전처(2017), 2016 축산물가공품 생산실적 등 통계구축
- 한국유가공협회 홈페이지(www.koreadia.or.kr)
- 한국육가공협회 홈페이지(www.kmia.or.kr)
- 日本食肉消費總合センター (www.jimi.or.jp) 〉 食肉大圖鑑 〉 食肉基本情報

제 6 부

미래의 도전

제20장 축산물 유통의 전망과 과제

제 20 장 축산물 유통의 전망과 과제

오늘날 축산물유통을 둘러싼 국내외 여건은 급속히 변화하고 있다. 대외적으로 FTA 등 시장통합화의 가속화로 수입축산물과의 경쟁이 심화되고 있어 국내 축산업은 기본적으로 국민식품 제공, 부가가치 창출과 고용 창출이라는 축산업의 가치를 국민들에게 인식시켜 나감과 동시에 환경오염 경감 노력, 안전하고 위생적인 축산물 생산 등을 바탕으로 유통의 효율성이 제고 되어야 한다. 이 장에서는 향후 축산물유통 환경의 전망을 살펴보고, 이에 따른 축산물유통의 기본과제와 나아가야 할 방향을 다루었다.

제 1 절 축산물 유통환경의 전망

축산업은 국민 식생활에서 차지하는 비중이 높은 산업이지만 이를 지속적으로 영위해 나가기 위해서는 그 유통을 둘러싸고 있는 외적 · 내적인 환경변화 요인들과 이 요인들에 의해 예측되는 유통의 모습을 전망하고 이에 따른 과제들을 해결해 나가야 한다. 축산물유통에 직 · 간접으로 영향을 줄 것으로 예상되는 주요 외적인 요인들을 살펴보면 수입축산물과의 경쟁, 축산업에 대한 국민들의 전반적 이미지, 육류와 축산 가공품 등에 대한 소비자 수요의 변화, 기술발전의 변화 등이다. 또한 축산물유통에 직접적인 영향을 미칠 내적인 요인들은 축산업 구조의 집중과 경쟁 심화, 축산물 유통경로의 변화, 유통환경 변화에 따른 제도의 변화 등을 들 수 있다.

1. 외적 요인

1.1 수입 축산물과의 경쟁 심화

1990년대 후반부터 2001년 쇠고기 수입 자유화까지 국제경쟁에 노출된 우리 축산물은 그

동안 국제 경쟁력 확보를 위하여 많은 노력을 기울여 왔다. 그러나 2000년대 들어 FTA의 진전으로 우리나라에 대한 수출 대상국 증가와 함께 관세가 점점 낮아져 국내산 축산물과 미국, EU, 캐나다, 호주, 뉴질랜드 등 축산선진국으로부터 들어오는 수입 축산물과의 경쟁은 한층 더 심하여 지고 있고 앞으로도 그럴 것이다.

1.2 축산업에 대한 전반적인 이미지

축산업이 성장하고 축산활동이 활발해 질수록 축산의 환경오염, 질병, 안전성문제 등이 국민적 관심사가 되고 있으며, 이는 국민들의 축산업에 대한 부정적인 이미지로 연결되고 있다. 축산업은 필연적으로 분뇨를 발생시키고 규모가 커질수록 사료곡물 수입과 분뇨 발생량은 그만큼 더 늘어나 환경오염의 주요 요인으로 인식되고 있다. 또한 가축질병이 발생할 때마다 가축이 대량 살처분 되어 사체가 매몰되고 막대한 방역비용이 소요될 뿐만 아니라, 국내 축산물 수급의 불균형을 초래하고 있다. 국내외 소비자들은 축산활동의 가치도 인정하지만 악취 없는 건전한 생활환경과 자연생태계의 지속가능성에 대한 가치도 중시해 나갈 것이다. 그동안 지자체에서 환경부의 권고안을 토대로 가축사육제한구역(주거지역으로부터 축사거리 제한)을 설정, 조례로 운영중에 있는데 지자체 조례는 더욱 엄격해 지는 추세에 있다. 그러나 한편으로는 축산경영의 위험분산과 축산기반 유지, 안전 축산물 생산 차원에서 한우 번식농가 등 중소규모 가족농들의 중요성에 대한 목소리도 높아질 것이다.

1.3 축산물 수요 및 소비의 변화

과거와 마찬가지로 소득, 인구 증가, 기호와 선호 그리고 동물복지나 채식주의 운동과 같은 요인들이 축산물, 특히 육류 소비에 영향을 줄 것이다. 건강과 경제적 요인에 의해 영향을 받아 소비자들의 기호와 선호가 적색육(소, 돼지, 양 등)에서 다른 생산물로 이동한다면 적색육의 1인당 소비나 총소비량이 감소할 것이다. 그러나 현재는 그러한 이동이 큰 규모로 일어나지는 않고 있으나 지방이 더 적은 살코기 위주의 소비 변화는 현저하게 감지되고 있다. 이와 함께 안전하고 위생적인 축산물에 대한 소비자 요구가 계속 증대할 것이다. 또한 사회 · 경제 · 인구학적 변화에 의해 소비자는 외식과 간편식품을 선호할 것이다.

1.4 기술 발전의 변화

기술의 변화는 생산, 도축, 가공, 유통 등 축산업의 가치사슬상의 모든 단계에서 일어나고 있다. 그동안 생산단계에서는 수정란 이식, 난분할 기술, 암수판별 기술, DNA(유전자) 해석 기술 등이 주류를 이루어 왔다. 미래의 기술발전의 진전을 예측하기는 어렵지만 새로운 기

월마트, 블록체인으로 '유통 혁명' 실험

다국적 유통 기업인 월마트가 1996년 최대 소비 시장으로 통하는 중국에 첫발을 들였지만 만리장성의 벽은 높았다. 월마트에서 납품 업체 관리를 강화해도 중국 업체의 불량한 위생 상태와 가짜 식품을 완벽하게 걸러내기는 불가능에 가까웠다.

월마트는 이 난제를 블록체인 기술을 통해 해결하기로 했다. 월마트는 첫 시도로 중국인들이 가장 즐겨 먹는 돼지고기를 택했다. 방법은 간단하다. 먼저 돼지고기를 생산하는 축산업자는 돼지에 사물인터넷(IoT) 센서를 부착해 사육 환경과 사육 방식을 블록체인에 실시간 저장한다. 이후 가공 업체는 가공 정보를 센서에 입력함으로써 도축 과정을 블록체인에 저장한다. 운송 과정에서 부착된 센서는 온도와 습도, 물리적 충격 등을 측정해 블록체인에 기록한다. 그다음 도소매 업체는 포장지 센서에 판매 환경 등의 관련 정보를 입력한다.

해당 기술을 월마트에 제공한 IBM에 따르면 각 거래에서 수집된 정보는 블록체인을 통해 영구 기록된다. 월마트와 IBM에 따르면 이 블록체인 시스템을 통해 돼지고기에 문제가 생겼을 때 단 몇 초 만에 문제의 원인을 파악할 수 있게 됐다. 이전에는 수백여 명의 조사관이 2주가량 조사해야 확인할 수 있었던 일이다.

(자료원 : 한경 비즈니스 제 1159호, 2018.2.7. 기사편집)

술들은 주로 가축의 생산성과 품질을 경제적인 방법으로 향상 시키기 위한 것이 중심이 될 것이다. 한편 식량부족과 동물 밀집사육, 환경부담 등에 따른 문제가 불거지면서 과학기술로 대체 육류를 직접 만드는 푸드테크(Food-tech)가 주목받고 있고, 컴퓨터와 정보통신기술의 발달은 축산업의 소위 4차산업혁명의 도화선이 되어 농장 관리에 사물인터넷(IoT)과 인공지능(AI) 등 첨단기술의 활용이 늘어나고 있다. 최근 금융시장에서 주목 받는 블록체인(block chain) 기술을 이용하여 기존의 축산물이력제와 연계하면 살충제 달걀과 같이 문제가 있는 제품의 즉각 추적 등 그 효율성을 크게 높일 수 있을 것으로 기대되고 있다.

2. 내적 요인

2.1 축산업 구조의 집중과 경쟁 심화

축산업에 있어 몇 개의 소수 기업이 차지하는 시장점유율이 높아지는 집중도가 심화될 것이나 그럴수록 독과점과 계약의 불공정성 문제는 더욱 부각 될 것이다. 육계와 오리 중심의 민간 계열화가 진전된데 이어 양돈산업도 민간과 협동조합에 의한 계열화가 확대되고 있고, 이는 농협을 중심으로 한우산업으로도 확대될 것으로 전망된다. 향후 수직계열화는 협동조합 및 민간업체가 주도하는 이원적 체제가 경쟁적으로 전개될 것이다. 이에 따라 축산물 품질에 대한 경쟁이 더욱 치열하여지고 품질 차별화를 위한 등급과 브랜드 중심의 경쟁도 더욱 심화될 것이다.

2.2 축산물 유통경로의 변화

축산물 유통경로는 대형소매업체와 생산농가 간의 계약에 의한 직거래와 B2B 및 B2C 전자상거래의 비중이 계속 늘어나는 등 확연하게 달라질 것이다. 직거래와 전자상거래가 늘어남에 따라 중간상인들의 숫자가 크게 감소할 것이고 그 역할도 소매상에 대한 국내도매 중심에서 소비자들의 외식 소비가 늘어남에 따라 외식산업 및 단체급식소에 축산물 식자재를 공급하거나 수출입 등으로 많이 이전될 것이다.

2.3 제도의 변화

그동안 육류산업은 소비자의 건강과 후생을 보호하고 시장의 경쟁을 증진시키기 위하여 필요하다고 증명이 된 여러 가지 형태의 정부 규제와 감독을 받아 왔다. 이러한 제도적인 조치들은 앞으로도 육류 산업의 구조와 방향에 영향을 미칠 것이다. 등급제도, 식육검사, 분뇨 등에 의한 오염 통제, 독점적 행위 및 불공정거래 통제 등 정부의 정책은 육류산업의 구조뿐만 아니라 시장의 운영과 가격의 효율성에 영향을 미칠 것이다. 최근에는 가축질병이 국내외적으로 인류의 초미의 관심사로 등장하면서 보다 철저한 가축방역관리와 강력한 축산환경 규제가 요구되고 있다.

대기업 축산업 진출...축산농가 '생사의 갈림길'

• 앵커 •

축산 대기업들이 문어발로 전국의 대규모 농장을 사들이면서 농가의 긴장감이 고조되고 있습니다. 사료와 가공, 유통에서 직접 생산까지 나서겠다는 건데, 중소농들이 설 자리를 잃고, 생존권을 위협받고 있다고 반발하고 있습니다.

• 기자 •

보령 천북면에 위치한 돼지 농가. 2만5천마리 이상 대규모 돈사로, 최근 사조그룹이 동아원 등 사료업체를 인수하면서 380억원에 농장 인수를 검토하고 있습니다. 지난해를 전후로 국내 대형 양돈계열화 기업들이 이처럼 대규모 양돈 농장을 인수하거나 사들이는 작업이 활발히 진행되고 있습니다. 대기업의 축산업 참여 제한 규정인 축산법 27조가 삭제된 이후 기업 참여가 계속해서 확대되는 추세입니다. 사조와 이지바이오, 선진과 팜스코, 피그랜드 등 대형 축산기업들은 최근 전국 13개 농장을 사들이거나 인수를 추진하고 있습니다.

일부 기업은 농장을 주식시장에까지 상장할 계획인데, 사료와 도축, 가공과 유통을 뛰어넘어 직접 생산까지 하겠다는 겁니다. 축산 농가들은 반발하고 나섰습니다.

농민들은 대기업들이 사육에까지 지배력을 확대하면서, 가격 독과점은 물론 농가 쥐어짜기로 중소농들이 결국 대기업 종속 노동자로 전락할 것이라고 반발합니다. 생사의 갈림길에 선 축산 농가의 긴장감이 커지면서 만여 명의 농민들은 내일(20일) 서울에서 생존권을 위한 투쟁을 계획하고 있습니다.

(자료원 : SBS 뉴스, 2016.7.20. 기사편집)

제도변화의 뜨거운 감자 중의 하나는 대기업의 축산업 참여 문제이다. 1989년 당시 수입개방에 대비하여 국내 양돈 · 양계농가의 보호차원에서 대기업(자산총액 10조원 이상의 기업집단)의 축산업 직접참여가 금지(사육 부문에만 해당되고 사료 · 유통업 등은 참여가능)되었으나 2010년에 다시 허용 되었다. 대기업이 축산업에 참여하면 축산기술의 향상과 인재양성에 도움이 되고, 축산농가가 전업화 됨으로써 그 실질적 피해는 크지 않을 것이라는 판단에 따른 것이었다. 그러나 양돈농가 중심으로 대기업의 참여로 인한 공급과잉 발생과 농가의 계약생산자로의 전락을 우려하는 반대논리도 아직 강하게 남아있다. 대기업의 축산업 참여에 대한 갈등조정역할이 정부에 요구될 것이다.

제 2 절 | 축산물 유통의 과제

축산물 유통에 영향을 줄 것으로 전망되는 외적 · 내적 요인을 감안할 때 앞으로 우리 축산물유통에서 풀어야 할 기본과제는 축산물 시장에서의 가격 효율성 및 운영 효율성의 제고(주로 민간부문의 활동)와 제도적인 대응(정부의 역할)으로 크게 나누어 생각해 볼 수 있다. 그러나 이 두 분야는 완전히 분리 되어 있는 것이 아니고 서로 연계되어 있다.

1. 가격 효율성과 운영 효율성의 제고

가격 효율성과 운영 효율성은 시장의 효율성에 관한 것으로 네가지 측면에서 생각해 볼 수 있다(제3장 참조).

첫째, 생산물의 가격은 항상 그 가치에 적합한 모든 가용한 정보가 반영 되어야 하며 이에 따라 소비자의 수요가 결정 되어야 한다. 독과점이나 정보의 비대칭성 등에 의한 힘이 수요와 공급의 힘을 왜곡하여 결국 가격을 왜곡하지 않아야 한다.

둘째, 소비자 수요의 변화가 가치사슬상의 상류단계로 신속하고 정확하게 전달되어 자원의 적절한 분배가 이루어져야 한다. 오늘날 소비자들의 기대와 욕구는 안전하고 위생적인 축산물, 동물복지, 자연과 조화를 이루는 지속가능한 축산 등에 집중 되어 있다. 안전하고 위생적인 축산물의 생산을 위하여 생산농가는 가축 사육환경 개선, 사료 위생관리, 동물약품의 오남용 방지, 휴약기간 및 도축전 절식 등을 준수해야 하고 정부는 가축질병 예방과 외래 전염병 유입을 차단하기 위한 검역을 강화하여야 한다. 또한 도축장, 가공 및 판매단계는 물론 보관, 운송 등 물류과정에도 시설이 제대로 갖추어지고 위생적취급의 개념이 강하게 침투 되어야 한다. 이러한 소비자들의 기대와 욕구에 따라 생산시스템은 자연순환농업을 중시하는 시스템으로 전환되어 자원의 효율적인 재배분이 이루어짐으로써 축산의 이미지를 개선 하여야 한다. 한편 이를 충족시키기 위한 가치사슬상의 변화가 있게 되고, 특히 가축생산시스템은 관행적인 시스템에 비하여 생산비용이 더 들어가게 되지만 소비자들은 이에 대해 추가 비용부담의 수용도 비교적 긍정적으로 인식하고 있다.

셋째, 축산물유통 과정에 참여한 당사자 간에 소득이 공평하게 분배 될 수 있어야 한다. 국내 축산물유통은 특히 수입육과의 경쟁을 위해서는 신선, 안전, 고육질 등을 표방하는 브랜드육 등 품질경쟁력을 확보하려는 노력과 수출개척 시도가 계속 요구된다. 다만 경쟁은 촉진 되어야 하지만 유통과정에 참여한 당사자 간의 소득분배에 정부의 규범적인 판단이 너무 강하게 개입되지 않고 오히려 유통정보 공개 등 투명한 유통여건을 조성하고 소비자단체의 유통 부조리 적발, 소비자 홍보 및 교육 등 역할이 강조 되어야 한다. 이에 따라 과도한 가격과 물량조정 등에 의한 특정주체의 불공정한 이윤 추구가 어렵도록 되어야 한다. 또한 WTO체제하에서 정부의 역할에는 국제규범의 제약이 있는 만큼 자조금(checkoff) 등을 활용한 생산자단체의 자발적인 노력과 활동이 중요하다. 자조금은 생산자단체가 자체적으로 조성한 기금에 정부가 이 금액 만큼 지원하여 단체가 스스로 소비촉진 홍보, 교육 및 정보제공, 자율적 수급안정, 조사와 연구 등을 추진할 수 있다.

넷째, 운영 효율성을 높여 동일한 상품의 양을 더 적은 자원으로 생산자에서 소비자까지 이전하여야 한다. 운영 효율성을 높이기 위하여 포장 · 가공기술의 개발, 부분육 유통 활성화 등 물류의 개선과 전자상거래의 활성화 등 유통길이가 짧아져야 한다. 운영의 효율성을 높이기 위해 또 한가지 주목할 만한 것은 협동조합의 계열화 사업이 강화되어 점차 협동조합형 패커로 발전해 나가고 민간기업의 패커화가 진전 된다면 유통단계의 축소와 단위당 유통비용의 감소가 가능해 질 것이고, 이는 소비자 가격에 반영 되어야 한다. 동시에 유통정보 및 그 시스템의 확충을 통한 유통과정의 효율성과 투명성 제고로 유통비용을 줄여 나가야 한다.

2. 제도적인 대응

축산물 유통에 있어서 가격과 운영의 비효율성에 의한 시장의 실패 등 바람직하지 못한 현상의 시정과 바람직스런 목표의 적극적인 실현을 위한 정부의 역할이 기대되는데 이것이 축산물 유통정책이다. 앞으로의 축산물 유통정책의 기조를 방향성 측면에서 크게 꼽아보자.

첫째, 국민식량의 확보라는 큰 틀에서 생산부문은 경제적 가치와 사회 · 환경적 가치를 동시에 추구하여 균형을 맞추어 나가는 쪽으로 설정하되 생산자를 비롯한 축산물유통 가치사슬에 참여하고 있는 주체들의 창의와 자율성을 존중하는 방향으로 추진 되어야 한다. 동시에 이들의 자율적인 의사결정에 도움을 주기 위해 공공유통정보의 구축과 확산에도 소홀함이 없어야 한다. 또한 지속가능한 축산을 위하여 이에 필요한 규제와 병행하여 후계축산인 육성, 생산자 소득안정 및 적절한 생산환경 조성에도 힘써야 한다.

둘째, 개인이나 기업의 마케팅 활동에 대해 정부의 규제는 원칙적으로 공익(public interest)의 증진을 위하여 필요한 경우에만 하여야 한다. 공익은 개인의 개별적 이익과는 달리 다수인 개개인의 이익이 잘 조화될 때 성립하는 사회구성원 전체의 이익을 의미한다. 공익이란 용어는 건강, 경제적 복지, 사회적 환경, 인간적인 배려 등을 포함하는 넓은 개념이지만, 공익 개념의 적용은 고정되어 있는 것은 아니다. 왜냐하면 인간의 가치는 시간이 변하면 바뀔 수 있기 때문에 규제적인 조치의 정립은 영원히 불변하는 것은 아니고 새로운 변화가 기대될 수 있다. 예를 들면 대기업의 축산업 참여에 대한 규제도 시대에 따라 변하여 왔다. 대기업 축산업 참여는 현재 법적으로 제한은 없으나 독립경영농가의 전업화 수준과 협동조합 유통의 비중, 가치사슬상의 각 단계의 발전수준 등을 종합적으로 고려하여 유도하되 기업계열주체와 농가 간의 투명하고 공정한 계약관계 형성, 계열주체들의 독과점 방지 등 정밀한 제도적 장치를 마련하여야 한다. 대기업 진출이 필요한 분야는 사육 부문이 아니라 막대한 자본과 인력, 시간투자가 요구되는 육종분야라고 하는 주장도 귀를 기울일 필요가 있다.

결론적으로 효율적인 축산물유통과 가격안정을 위해 원론적이기는 하지만 정부는 지나친 시장개입으로 자원배분의 왜곡을 초래(이를 시장의 실패와 대칭되는 정부의 실패라고 함)하지 않으면서 공정한 경쟁룰을 마련하여 경쟁여건을 촉진하고, 축산물유통 참여자 간의 공평한 소득분배를 실현하는데 초점을 두어야 한다.

■ 참고문헌 ■

- 우병준(2012), 기업의 농업진입 관련 쟁점과 과제, 한국농촌경제연구원
- 우병준 외(2016), 국민경제를 고려한 미래 축산정책 개선방안 연구, 한국농촌경제연구원
- 유철호(2004), 축산물 수급과 유통, 한국농촌경제연구원
- 이정환(2008), "무엇이 한국축산업을 위협하는가?", GS&J
- 축산신문, "〈포커스〉 국민소득 3만불 시대, 축산정책방향은", 2015년 5월 13일
- J. H. McCoy and M. E. Sarhan(1988), Livestock and Meat Marketing, An avi Book
- W. Lesser(1991), Marketing Livestock and Meat in the U.S., Food Products Press

찾아보기

INDEX

밸류체인 관점의

축 산 물 유 통 론

2019년 1월 20일 초판 1쇄 발행 **값 25,000원**

저 자 **최 형 규**

발행자 **양 희 돌**

경기도 고양시 일산서구 하이파크3로 17

發行處 **先 進 文 化 社**

〈등록 제410-2005-000040호〉

ISBN 978-89-7392-271-0 93520

 ☏ (031)925-8237 FAX 925-8239